CAD/CAM/CAE 技术应用新形态教材

中文版 MATLAB 实用教程

（案例视频版）

胡仁喜　李永建　孙立明　编著

中国水利水电出版社
www.waterpub.com.cn

·北京·

内 容 提 要

《中文版 MATLAB 实用教程（案例视频版）》以 MATLAB 2024 软件为基础，详细介绍了 MATLAB 编程、MATLAB 数据分析、MATLAB 图像处理、MATLAB 智能算法、MATLAB 信号处理等内容，既是一本涉及数学计算的 MATLAB 教程，也是一本讲解清晰、包含 261 集同步微视频的 MATLAB 视频教程。

《中文版 MATLAB 实用教程（案例视频版）》一书共包含 15 章，详细介绍了 MATLAB 所有常用知识点，具体内容包括 MATLAB 用户界面、帮助系统、MATLAB 基础知识、向量与多项式、矩阵运算、二维绘图、图形标注、三维绘图、程序设计、矩阵分析、符号运算、数列与极限、积分、方程求解、微分方程。为了进一步提高读者的 MATLAB 使用水平，本书还赠送了 7 个 MATLAB 大型工程应用分析实例和大量中小实例，详细介绍了 MATLAB 在闭环传递函数的响应分析、单摆系统振动系统仿真、控制系统的稳定性分析、求解时滞微分方程组、数字低通信号频谱输出、推测世界人口、希尔伯特矩阵运算设计等方面的具体使用方法和技巧。基础知识和经典案例相结合，知识掌握更容易，学习更有目的性。

《中文版 MATLAB 实用教程（案例视频版）》既可作为 MATLAB 软件初学者的入门用书，也可作为理工科院校相关专业的教材或辅导用书。MATLAB 功能强大，对大数据处理技术、深度学习和虚拟现实感兴趣的读者，也可选择 MATLAB 图书参考学习相关内容。

图书在版编目（CIP）数据

中文版 MATLAB 实用教程：案例视频版 / 胡仁喜，李永建，孙立明编著. -- 北京：中国水利水电出版社，2025. 7. -- (CAD/CAM/CAE 技术应用新形态教材).
ISBN 978-7-5226-3290-2

Ⅰ.TP317

中国国家版本馆 CIP 数据核字第 2025GV0809 号

系 列 名	CAD/CAM/CAE 技术应用新形态教材
书　　名	中文版 MATLAB 实用教程（案例视频版） ZHONGWENBAN MATLAB SHIYONG JIAOCHENG (ANLI SHIPINBAN)
作　　者	胡仁喜　李永建　孙立明　编著
出版发行	中国水利水电出版社 （北京市海淀区玉渊潭南路 1 号 D 座　100038） 网址：www.waterpub.com.cn E-mail：zhiboshangshu@163.com 电话：（010）62572966-2205/2266/2201（营销中心）
经　　售	北京科水图书销售有限公司 电话：（010）68545874、63202643 全国各地新华书店和相关出版物销售网点
排　　版	北京智博尚书文化传媒有限公司
印　　刷	北京富博印刷有限公司
规　　格	170mm×240mm　16 开本　20.75 印张　478 千字
版　　次	2025 年 7 月第 1 版　2025 年 7 月第 1 次印刷
印　　数	0001—3000 册
定　　价	69.80 元

凡购买我社图书，如有缺页、倒页、脱页的，本社营销中心负责调换

版权所有·侵权必究

前　　言

MATLAB 是美国 MathWorks 公司出品的一款优秀的商业数学软件，它将数值分析、矩阵计算、数据可视化以及非线性动态系统的建模和仿真等诸多强大功能集成在一个易于使用的视窗环境中，为科学研究、工程设计以及与数值计算相关的众多科学领域提供了一种全面的解决方案，并成为自动控制、应用数学、信息与计算科学等专业大学生与研究生必须掌握的基本技能。

MATLAB 功能强大，应用范围广泛，是各大公司和科研机构相关专业的专用软件，也是各高校理工科相关学生必须掌握的专业技能之一。本书以 MATLAB 2024 版本为基础进行编写。

本书特点

▶ 内容合理，适合自学

本书定位以初学者为主，因 MATLAB 功能强大，为帮助初学者快速掌握 MATLAB 的使用方法和应用技巧，本书从基础着手，详细地介绍了 MATLAB 的基本功能，同时根据不同读者的需求，详细地介绍了数学计算、图形绘制、仿真分析、最优化设计和外部接口编程等不同领域的内容，让读者快速入门。

▶ 视频讲解，通俗易懂

为了提高学习效率，书中的大部分实例都录制了教学视频。视频录制时采用模仿实际授课的形式，在各知识点的关键处给出解释、提醒和注意事项，专业知识和经验的提炼让读者在高效学习的同时，能更多地体会 MATLAB 功能的强大，以及数值计算的魅力与编程的乐趣。

▶ 内容全面，实例丰富

本书在有限的篇幅内，尽可能地介绍 MATLAB 2024 常用的全部功能，包括 MATLAB 用户界面、帮助系统、MATLAB 基础知识、向量与多项式、矩阵运算、二维绘图、图形标注、三维绘图、程序设计、矩阵分析、符号运算、数列与极限、积分、方程求解、微分方程。知识点全面、够用。在介绍知识点时，辅以大量中小型实例（共 261 个），并提供具体的分析和设计过程，以帮助读者快速理解并掌握 MATLAB 的知识要点和使用技巧。

本书显著特色

▶ 体验好，随时随地学习

二维码扫一扫，随时随地看视频。书中大部分实例都提供了二维码，读者朋友可以通过手机微信扫一扫，随时随地观看相关的教学视频。（若个别手机不能播放，请参考下面的"本书资源获取方式"，下载后在计算机上观看。）

▶ 实例多，用实例学习更高效

实例多，覆盖范围广泛，用实例学习更高效。为方便读者学习，针对本书实例专门制作了 261 集配套教学视频，读者可以先看视频，像看电影一样轻松、愉悦地学习本书内容，然后对照课本加以实践和练习，可以大大提高学习效率。

📢 **入门易，全力为初学者着想**

遵循学习规律，入门实战相结合。编写模式采用"基础知识+中小实例+综合实例+大型案例"的形式，内容由浅入深，循序渐进，入门与实战相结合。

📢 **服务快，让你学习无后顾之忧**

提供 QQ 群在线服务，随时随地可交流。提供微信公众号、QQ 群等多渠道贴心服务。

本书资源获取方式

📢 **注意：**

本书附带视频和源文件、赠送的 7 个 MATLAB 大型工程应用分析实例的视频和源文件及对应电子书，所有资源均需通过下面的方法下载后使用。

（1）读者朋友可以扫描左侧的二维码，或在微信公众号中搜索"设计指北"，关注后并发送 MAT3290 到公众号后台，获取本书资源的下载链接。

（2）读者可加入 QQ 群 561063943（若群满，会创建新群，请注意加群时的提示，并根据提示加入相应的群），作者在线提供本书学习疑难解答，让读者无障碍地快速学习本书。

（3）如果在图书写作方面有好的建议，可将您的意见或建议发送至邮箱 961254362@qq.com，我们将根据您的意见或建议在后续图书中酌情进行调整，以更方便读者学习。

📢 **注意：**

在学习本书或按照本书中的实例进行操作之前，请先在计算机中安装 MATLAB 2024 操作软件，您可以在 MathWorks 中文官网下载 MATLAB 软件试用版本（或购买正版），也可在当地电脑城、软件经销商处购买安装软件。

关于作者

本书由河北工程技术学院的胡仁喜博士、陆军工程大学石家庄校区的李永建博士以及陆军工程大学石家庄校区的孙立明副教授联合编著，其中胡仁喜执笔了第 1~6 章，李永建执笔了第 7~9 章，孙立明执笔了第 10~15 章。

致谢

MATLAB 功能强大，本书虽然内容全面，但是也仅涉及 MATLAB 在各方面应用的一小部分，就是这一小部分内容为读者使用 MATLAB 的无限延伸提供了各种可能。本书在写作过程中虽然几经求证、求解、求教，但仍难免有个别疏漏之处。在此，本书作者恳切期望得到各方面专家和广大读者的指教。

本书所有实例均由作者在计算机上验证通过。

本书能够顺利出版，是作者、编辑和所有审校人员共同努力的结果，在此表示深深的感谢。同时，祝福所有读者在学习过程中一帆风顺。

编　者

目　　录

第1章　MATLAB 用户界面 ………… - 1 -
　　视频讲解：11 分钟
1.1　MATLAB 2024 的工作界面 …… - 1 -
　　1.1.1　标题栏 ………………………… - 2 -
　　动手练一练——熟悉操作界面 …… - 2 -
　　1.1.2　功能区 ………………………… - 2 -
　　1.1.3　工具栏 ………………………… - 3 -
　　1.1.4　命令行窗口 …………………… - 4 -
　　1.1.5　命令历史记录窗口 …………… - 6 -
　　实例——显示命令历史记录窗口 …… - 6 -
　　1.1.6　当前文件夹窗口 ……………… - 7 -
　　实例——设置目录 ………………… - 7 -
　　实例——设置搜索路径 …………… - 7 -
　　动手练一练——环境设置 ………… - 8 -
　　1.1.7　工作区窗口 …………………… - 8 -
　　实例——变量赋值 ………………… - 8 -
　　1.1.8　图形窗口 …………………… - 10 -
　　实例——绘制函数图形 …………… - 10 -
1.2　课后习题 ……………………… - 11 -

第2章　帮助系统 …………………… - 12 -
　　视频讲解：6 分钟
2.1　MATLAB 内容及查找 ………… - 12 -
　　2.1.1　MATLAB 的搜索路径 ……… - 12 -
　　实例——显示文件路径 …………… - 13 -
　　2.1.2　扩展 MATLAB 的搜索路径 … - 14 -
　　实例——添加搜索路径 …………… - 14 -
2.2　MATLAB 的帮助系统 ………… - 15 -
　　2.2.1　联机帮助系统 ……………… - 15 -
　　2.2.2　帮助命令 …………………… - 16 -
　　实例——打开帮助文档 …………… - 17 -
　　实例——查询函数 eig() …………… - 18 -
　　实例——搜索函数 quadratic() …… - 19 -
　　2.2.3　联机演示系统 ……………… - 20 -
　　2.2.4　网络资源 …………………… - 21 -
2.3　课后习题 ……………………… - 22 -

第3章　MATLAB 基础知识 ………… - 23 -
　　视频讲解：10 分钟
3.1　MATLAB 命令的组成 ………… - 23 -
　　3.1.1　基本符号 …………………… - 23 -
　　3.1.2　功能符号 …………………… - 24 -
　　3.1.3　常用指令 …………………… - 26 -
　　实例——清除内存变量 …………… - 26 -
3.2　数据类型 ……………………… - 27 -
　　3.2.1　变量与常量 ………………… - 27 -
　　实例——改变圆周率初始值 ……… - 28 -
　　3.2.2　数值 ………………………… - 28 -
　　实例——显示十进制数字 ………… - 29 -
　　实例——显示长整型圆周率 ……… - 30 -
　　动手练一练——对比数值的显示
　　　　　　　　　格式 ……………… - 30 -
3.3　运算符 ………………………… - 31 -
　　3.3.1　算术运算符 ………………… - 31 -
　　实例——计算平方根 ……………… - 32 -
　　3.3.2　关系运算符 ………………… - 32 -
　　实例——比较变量大小 …………… - 32 -
　　3.3.3　逻辑运算符 ………………… - 33 -
　　动手练一练——数值的逻辑运算
　　　　　　　　　练习 ……………… - 34 -
3.4　函数运算 ……………………… - 34 -
　　3.4.1　复数运算 …………………… - 34 -
　　3.4.2　三角函数运算 ……………… - 37 -
3.5　课后习题 ……………………… - 37 -

第4章　向量与多项式 ……………… - 38 -
　　视频讲解：20 分钟
4.1　向量 …………………………… - 38 -
　　4.1.1　向量的生成 ………………… - 38 -
　　实例——直接输入生成向量 ……… - 38 -
　　实例——使用冒号法创建向量 …… - 39 -
　　实例——利用函数生成向量 ……… - 39 -
　　实例——生成对数分隔向量 ……… - 40 -
　　4.1.2　向量元素的引用 …………… - 40 -
　　实例——抽取向量元素 …………… - 40 -
　　4.1.3　向量运算 …………………… - 40 -
　　实例——向量的四则运算 ………… - 41 -

实例——向量的点积运算 ············· - 41 -	5.2.2 矩阵的乘法运算 ················· - 61 -
实例——向量的叉积运算 ············· - 42 -	实例——矩阵乘法运算 ··············· - 62 -
实例——向量的混合积运算 ·········· - 42 -	5.2.3 矩阵的除法运算 ················· - 63 -
4.2 多项式 ·· - 42 -	实例——验证矩阵的除法 ··········· - 64 -
4.2.1 多项式的创建 ····················· - 43 -	实例——矩阵的除法 ··················· - 64 -
实例——输入符号多项式 ············· - 43 -	动手练一练——矩阵四则运算 ···· - 65 -
实例——构建多项式 ····················· - 43 -	5.3 矩阵运算 ·· - 65 -
4.2.2 数值多项式四则运算 ·········· - 43 -	5.3.1 幂函数 ······························· - 65 -
动手练一练——多项式的计算 ···· - 44 -	实例——矩阵的幂运算 ··············· - 66 -
实例——构造多项式 ····················· - 44 -	5.3.2 矩阵的逆 ··························· - 66 -
实例——多项式的四则运算 ········· - 44 -	实例——随机矩阵求逆 ··············· - 67 -
4.2.3 多项式导数运算 ················· - 45 -	实例——矩阵更新 ······················· - 68 -
动手练一练——创建导数多项式 - 45 -	5.3.3 矩阵的条件数 ··················· - 70 -
4.3 特殊变量 ·· - 45 -	5.3.4 矩阵的范数 ······················· - 70 -
4.3.1 单元型变量 ······················· - 46 -	实例——矩阵的范数与行列式 ···· - 70 -
实例——生成单元数组 ················· - 46 -	动手练一练——矩阵一般运算 ···· - 71 -
实例——引用单元型变量 ············· - 47 -	5.4 矩阵分解 ·· - 71 -
实例——图形显示单元型变量 ····· - 48 -	5.4.1 楚列斯基分解 ··················· - 71 -
4.3.2 结构型变量 ······················· - 48 -	实例——分解正定矩阵 ··············· - 72 -
实例——创建结构型变量 ············· - 49 -	5.4.2 LU 分解 ···························· - 72 -
4.4 课后习题 ·· - 49 -	实例——矩阵的三角分解 ··········· - 73 -
第 5 章 矩阵运算 ··································· - 51 -	5.4.3 LDM^T 与 LDL^T 分解 ·········· - 74 -
视频讲解：45 分钟	实例——矩阵的 LDM^T 分解 ········ - 75 -
5.1 矩阵 ·· - 51 -	5.4.4 QR 分解 ···························· - 76 -
5.1.1 矩阵的定义 ······················· - 51 -	实例——随机矩阵的 QR 分解 ···· - 76 -
实例——创建复数矩阵 ················· - 52 -	动手练一练——矩阵变换分解 ···· - 77 -
5.1.2 矩阵的生成 ······················· - 52 -	5.4.5 SVD 分解 ·························· - 78 -
实例——M 文件矩阵 ··················· - 52 -	实例——随机矩阵的 SVD 分解 ·· - 78 -
实例——创建生活用品矩阵 ········· - 53 -	5.4.6 舒尔分解 ··························· - 79 -
动手练一练——创建成绩单 ········ - 54 -	实例——矩阵的舒尔分解 ··········· - 79 -
5.1.3 创建特殊矩阵 ··················· - 54 -	实例——矩阵的复舒尔分解 ······· - 80 -
实例——生成特殊矩阵 ················· - 55 -	5.4.7 海森伯格分解 ··················· - 80 -
5.1.4 矩阵元素的运算 ················· - 56 -	实例——求解变换矩阵 ··············· - 81 -
实例——新矩阵的生成 ················· - 56 -	5.5 综合实例——方程组的求解 ·· - 81 -
实例——矩阵维度修改 ················· - 56 -	5.5.1 利用矩阵的逆求解 ············· - 83 -
实例——矩阵的变向 ····················· - 57 -	5.5.2 利用矩阵分解求解 ············· - 83 -
实例——矩阵抽取 ························· - 58 -	5.6 课后习题 ·· - 87 -
动手练一练——创建新矩阵 ········ - 59 -	**第 6 章 二维绘图** ··································· - 89 -
5.2 矩阵数学运算 ································ - 59 -	视频讲解：22 分钟
5.2.1 矩阵的加法运算 ················· - 59 -	6.1 二维绘图简介 ································ - 89 -
实例——验证加法法则 ················· - 59 -	6.1.1 plot 绘图命令 ··················· - 89 -
实例——矩阵求和 ························· - 60 -	实例——实验数据曲线 ··············· - 90 -
实例——矩阵求差 ························· - 60 -	实例——图形窗口布局应用 ······· - 92 -

iv

目录

实例——摩擦系数变化曲线……… - 93 -	实例——绘制铸件尺寸误差棒图‥ - 126 -
实例——正弦余弦图形……… - 94 -	实例——绘制火柴杆图……… - 127 -
实例——曲线属性的设置……… - 96 -	实例——绘制阶梯图……… - 128 -
实例——函数图形……… - 97 -	7.2.3 向量图形……… - 129 -
6.1.2 fplot 绘图命令……… - 97 -	实例——罗盘图与羽毛图……… - 130 -
实例——绘制函数曲线……… - 98 -	实例——绘制箭头图形……… - 131 -
动手练一练——绘制函数图形 - 99 -	动手练一练——绘制函数的罗盘图
6.2 不同坐标系下的绘图命令……… - 99 -	与羽毛图……… - 131 -
6.2.1 在极坐标系下绘图……… - 99 -	7.3 综合实例——部门工资统计图
实例——直角坐标与极坐标系	分析……… - 132 -
图形……… - 99 -	7.4 课后习题……… - 137 -
6.2.2 在半对数坐标系下绘图…… - 100 -	**第 8 章 三维绘图**……… - 138 -
实例——半对数坐标系图形…… - 101 -	视频讲解：62 分钟
6.2.3 在双对数坐标系下绘图…… - 101 -	8.1 三维绘图简介……… - 138 -
实例——双对数坐标系绘图…… - 101 -	8.1.1 三维曲线绘图命令……… - 138 -
6.2.4 双 y 轴坐标……… - 102 -	实例——绘制三维曲线……… - 138 -
实例——双 y 轴坐标绘图……… - 102 -	动手练一练——圆锥螺线……… - 139 -
动手练一练——绘制不同坐标系	8.1.2 三维网格命令……… - 140 -
函数图形……… - 103 -	实例——绘制网格面……… - 141 -
6.3 图形窗口……… - 103 -	实例——绘制山峰曲面……… - 141 -
6.3.1 图形窗口的创建……… - 104 -	实例——绘制函数曲面……… - 142 -
6.3.2 工具条的使用……… - 106 -	实例——绘制符号函数曲面…… - 144 -
6.4 综合实例——绘制函数曲线 - 108 -	动手练一练——函数网格面的
6.5 课后习题……… - 110 -	绘制……… - 144 -
第 7 章 图形标注……… - 111 -	8.1.3 三维曲面命令……… - 144 -
视频讲解：31 分钟	实例——绘制山峰表面……… - 145 -
7.1 图形属性设置……… - 111 -	实例——绘制带洞孔的山峰
7.1.1 坐标系与坐标轴……… - 111 -	表面……… - 145 -
实例——坐标系与坐标轴转换… - 112 -	实例——绘制参数曲面……… - 147 -
7.1.2 图形注释……… - 113 -	8.1.4 柱面与球面……… - 148 -
实例——正弦波填充图形……… - 113 -	实例——绘制柱面……… - 148 -
实例——余弦波图形……… - 115 -	实例——绘制球面……… - 149 -
实例——正弦函数图形……… - 117 -	8.1.5 三维图形等值线……… - 150 -
实例——倒数函数图形……… - 118 -	实例——三维等值线图……… - 150 -
实例——图例标注函数……… - 119 -	实例——绘制二维等值线图…… - 151 -
实例——分隔线显示函数……… - 120 -	实例——绘制二维等值线图及
动手练一练——幂函数图形显示 - 120 -	颜色填充……… - 152 -
7.2 特殊图形……… - 121 -	实例——绘制等值线……… - 154 -
7.2.1 统计图形……… - 121 -	实例——绘制符号函数等值
实例——绘制矩阵图形……… - 122 -	线图……… - 155 -
实例——各个季度所占盈利总额	实例——绘制带等值线的三维
的比例统计图……… - 124 -	表面图……… - 156 -
7.2.2 离散数据图形……… - 125 -	动手练一练——多项式的不同网格
	数的表面图……… - 156 -

v

8.2 三维图形修饰处理·············· - 157 -
 8.2.1 视角处理·················· - 157 -
  实例——绘制网格面视图·········· - 157 -
  实例——绘制函数转换视角的三
   维图······················ - 158 -
 8.2.2 颜色处理·················· - 159 -
  实例——映射球面颜色············ - 160 -
  实例——渲染图形················ - 161 -
  实例——颜色映像················ - 162 -
 8.2.3 光照处理·················· - 163 -
  实例——三维图形添加光照········ - 164 -
  实例——色彩变幻················ - 165 -
  实例——函数光照对比图·········· - 166 -
8.3 图像处理及动画演示··········· - 167 -
 8.3.1 图像的读写················ - 167 -
  实例——转换电路图片信息········ - 168 -
 8.3.2 图像的显示及信息查询······ - 168 -
  实例——设置电路图图片颜色
   显示······················ - 169 -
  实例——转换灰度图·············· - 170 -
  实例——显示图形················ - 171 -
  实例——显示图片信息············ - 172 -
  动手练一练——办公中心图像
   的处理···················· - 172 -
 8.3.3 动画演示·················· - 173 -
  实例——球体旋转动画············ - 173 -
  动手练一练——正弦波传递
   动画······················ - 173 -
8.4 综合实例——绘制函数的三维
 视图···························· - 174 -
8.5 课后习题······················ - 176 -

第9章 程序设计·················· - 177 -
  视频讲解：52 分钟
9.1 M 文件························ - 177 -
 9.1.1 命令文件·················· - 177 -
  实例——矩阵的加法运算·········· - 178 -
 9.1.2 函数文件·················· - 178 -
  实例——分段函数················ - 179 -
  实例——10 的阶乘··············· - 179 -
  实例——阶乘求和运算············ - 180 -
  实例——阶乘函数················ - 181 -
9.2 MATLAB 程序设计·············· - 182 -
 9.2.1 程序结构·················· - 182 -

实例——矩阵求差运算············ - 182 -
实例——魔方矩阵················ - 183 -
实例——由小到大排列············ - 184 -
实例——数组排列················ - 186 -
实例——矩阵变换················ - 186 -
实例——判断数值正负············ - 187 -
实例——方法判断················ - 188 -
实例——成绩评定················ - 188 -
实例——矩阵的乘积·············· - 190 -
 9.2.2 程序的流程控制············ - 191 -
  实例——数值最大值循环·········· - 191 -
  实例——绘制平方曲线············ - 192 -
  实例——阶乘循环················ - 193 -
  实例——矩阵之和················ - 193 -
  实例——查看内存················ - 195 -
  实例——底数函数················ - 196 -
 9.2.3 交互式输入················ - 197 -
  实例——赋值输入················ - 198 -
  实例——修改矩阵数值············ - 198 -
  实例——选择颜色················ - 199 -
 9.2.4 程序调试·················· - 199 -
  实例——程序测试················ - 201 -
9.3 函数句柄······················ - 202 -
 9.3.1 函数句柄的创建与显示······ - 202 -
  实例——创建保存函数············ - 202 -
  实例——显示保存函数············ - 203 -
 9.3.2 函数句柄的调用与操作······ - 203 -
  实例——差值计算················ - 203 -
9.4 综合实例——比较函数曲线···· - 204 -
9.5 课后习题······················ - 206 -

第10章 矩阵分析················ - 208 -
  视频讲解：17 分钟
10.1 特征值与特征向量············ - 208 -
 10.1.1 标准特征值与特征向量
   问题······················ - 208 -
  实例——矩阵特征值与特征
   向量······················ - 209 -
  实例——矩阵特征值·············· - 210 -
 10.1.2 广义特征值与特征向量
   问题······················ - 211 -
  实例——广义特征值和广义特征
   向量······················ - 211 -
 10.1.3 部分特征值问题············ - 212 -

　　　　　实例——按模最大与最小特
　　　　　　　征值·················· - 213 -
　　　　　实例——最大与最小的两个广义
　　　　　　　特征值················ - 213 -
10.2 矩阵对角化·················· - 214 -
　　10.2.1 预备知识················ - 214 -
　　　　　实例——矩阵对角化········ - 215 -
　　　　　动手练一练——判断矩阵对
　　　　　　　角化·················· - 215 -
　　10.2.2 具体操作················ - 215 -
10.3 若尔当标准形················ - 216 -
　　10.3.1 若尔当标准形介绍········ - 216 -
　　10.3.2 jordan 命令·············· - 217 -
　　　　　实例——若尔当标准形及变换
　　　　　　　矩阵·················· - 217 -
10.4 矩阵的反射与旋转变换········ - 218 -
　　10.4.1 两种变换介绍············ - 218 -
　　10.4.2 豪斯霍尔德反射变换······ - 218 -
　　　　　实例——豪斯霍尔德矩阵···· - 219 -
　　10.4.3 吉文斯旋转变换·········· - 220 -
　　　　　实例——吉文斯变换········ - 220 -
10.5 综合实例——帕斯卡矩阵······ - 221 -
10.6 课后习题···················· - 225 -
第 11 章 符号运算···················· - 226 -
　　 视频讲解：18 分钟
11.1 符号与数值·················· - 226 -
　　11.1.1 符号与数值间的转换····· - 226 -
　　　　　实例——数值与符号转换···· - 227 -
　　11.1.2 符号表达式与数值
　　　　　　表达式的精度设置······ - 227 -
　　　　　实例——魔方矩阵的数值解· - 227 -
　　　　　实例——稀疏矩阵的数值解· - 228 -
11.2 符号矩阵···················· - 228 -
　　11.2.1 符号矩阵的创建·········· - 228 -
　　　　　实例——创建符号矩阵······ - 229 -
　　　　　实例——符号矩阵赋值······ - 230 -
　　　　　动手练一练——符号矩阵运算· - 230 -
　　11.2.2 符号矩阵的其他运算······ - 230 -
　　　　　实例——符号矩阵的转置···· - 230 -
　　　　　实例——符号矩阵的行列式· - 231 -
　　　　　实例——符号矩阵的逆运算· - 232 -
　　　　　实例——符号矩阵的求秩···· - 232 -
　　11.2.3 符号多项式的简化········ - 233 -

　　　　　实例——符号矩阵因式分解· - 233 -
　　　　　实例——幂函数的展开······ - 234 -
　　　　　实例——提取表达式的分子和
　　　　　　　分母·················· - 235 -
　　　　　实例——秦九韶型·········· - 235 -
　　　　　动手练一练——多项式运算· - 235 -
11.3 综合实例——符号矩阵······ - 236 -
11.4 课后习题···················· - 238 -
第 12 章 数列与极限················ - 239 -
　　 视频讲解：17 分钟
12.1 数列························ - 239 -
　　12.1.1 数列求和················ - 240 -
　　　　　实例——三角形点阵数列求和· - 244 -
　　12.1.2 数列求积················ - 245 -
　　　　　实例——随机矩阵的和与积· - 248 -
12.2 极限和导数·················· - 249 -
　　12.2.1 极限···················· - 249 -
　　　　　实例——函数 1 求极限····· - 250 -
　　　　　实例——函数 2 求极限····· - 250 -
　　　　　动手练一练——计算极限值· - 250 -
　　12.2.2 导数···················· - 251 -
　　　　　实例——求函数 1 阶导数··· - 251 -
　　　　　实例——求函数 3 阶导数··· - 251 -
　　　　　实例——求函数导数········ - 252 -
　　　　　动手练一练——求多阶偏导数· - 252 -
12.3 级数求和···················· - 253 -
　　12.3.1 有限项级数求和·········· - 253 -
　　　　　实例——等比数列与等差数列
　　　　　　　求和·················· - 253 -
　　12.3.2 无穷级数求和············ - 254 -
　　　　　实例——无穷数列求和······ - 254 -
　　　　　动手练一练——级数求和···· - 254 -
12.4 综合实例——极限函数
　　　图形······················ - 255 -
12.5 课后习题···················· - 255 -
第 13 章 积分························ - 257 -
　　 视频讲解：32 分钟
13.1 积分简介···················· - 257 -
　　13.1.1 定积分与广义积分········ - 257 -
　　　　　实例——函数 1 求积分····· - 258 -
　　　　　实例——函数 2 求积分····· - 258 -
　　　　　动手练一练——表达式定积分· - 258 -

vii

13.1.2 不定积分 ·················· - 259 -
　　实例——函数 1 求不定积分 ····· - 259 -
　　实例——函数 2 求不定积分 ····· - 259 -
　　动手练一练——表达式不定
　　　　积分 ························· - 260 -
13.2 多重积分 ························· - 260 -
　13.2.1 二重积分 ·················· - 260 -
　　实例——函数 1 求二重积分 ····· - 260 -
　　实例——函数 2 求二重积分 ····· - 261 -
　　动手练一练——表达式二重
　　　　积分 ························· - 262 -
　13.2.2 三重积分 ·················· - 262 -
　　实例——椭球体积分 ············ - 262 -
13.3 泰勒展开 ························· - 264 -
　13.3.1 泰勒定理 ·················· - 264 -
　13.3.2 MATLAB 实现方法 ······ - 265 -
　　实例——6 阶麦克劳林型近似
　　　　展开 ························· - 265 -
13.4 傅里叶展开 ······················· - 266 -
　　实例——平方函数傅里叶系数 ··· - 266 -
　　动手练一练——表达式傅里叶
　　　　系数 ························· - 267 -
13.5 积分变换 ························· - 267 -
　13.5.1 傅里叶变换 ················ - 267 -
　　实例——傅里叶变换 1 ·········· - 267 -
　　实例——傅里叶变换 2 ·········· - 268 -
　13.5.2 傅里叶逆变换 ·············· - 268 -
　　实例——傅里叶逆变换 1 ········ - 268 -
　　实例——傅里叶逆变换 2 ········ - 268 -
　13.5.3 快速傅里叶变换 ··········· - 269 -
　　实例——快速卷积 ··············· - 270 -
　13.5.4 拉普拉斯变换 ·············· - 270 -
　　实例——拉普拉斯变换 1 ········ - 271 -
　　实例——拉普拉斯变换 2 ········ - 271 -
　13.5.5 拉普拉斯逆变换 ··········· - 271 -
　　实例——拉普拉斯逆变换 1 ····· - 271 -
　　实例——拉普拉斯逆变换 2 ····· - 272 -
13.6 综合实例——时域信号的频谱
　　分析 ······························· - 272 -
13.7 课后习题 ························· - 273 -
第 14 章 方程求解 ··················· - 274 -
　　🎬 视频讲解：26 分钟
　14.1 方程组简介 ······················· - 274 -

14.2 线性方程组求解 ·················· - 275 -
　14.2.1 利用矩阵除法求解 ········ - 275 -
　　实例——方程组求解 1 ·········· - 275 -
　14.2.2 判断线性方程组解 ········ - 276 -
　　实例——方程组求解 2 ·········· - 277 -
　14.2.3 利用矩阵的逆（伪逆）与
　　　　除法求解 ··················· - 278 -
　　实例——方程组求解 3 ·········· - 278 -
　　实例——比较求逆法与除法 ···· - 279 -
　14.2.4 利用行阶梯形求解 ········ - 280 -
　　实例——方程组求解 4 ·········· - 280 -
　14.2.5 利用矩阵分解法求解 ····· - 281 -
　　实例——LU 分解法求方程组 ··· - 282 -
　　实例——QR 分解法求方程组 ··· - 284 -
　　实例——楚列斯基分解法求
　　　　方程组 ······················ - 285 -
　14.2.6 非负最小二乘解 ··········· - 286 -
　　实例——最小二乘解求解
　　　　方程组 ······················ - 286 -
14.3 方程与方程组的优化解 ······ - 287 -
　14.3.1 非线性方程基本函数 ····· - 287 -
　　实例——函数零点值 ············ - 288 -
　　实例——一元二次方程根求解 · - 288 -
　　实例——函数零点求解 ········· - 289 -
　　实例——一元三次方程函数零点
　　　　求解 ························· - 289 -
　14.3.2 非线性方程组基本
　　　　函数 ························· - 289 -
　　实例——方程求解 ··············· - 290 -
　　实例——非线性方程组求解 ···· - 291 -
　　实例——电路电流求解 ········· - 292 -
14.4 综合实例——带雅可比矩阵的
　　非线性方程组求解 ············ - 294 -
14.5 课后习题 ························· - 296 -
第 15 章 微分方程 ··················· - 297 -
　　🎬 视频讲解：27 分钟
　15.1 微分方程简介 ··················· - 297 -
　　实例——微分方程求解 ········· - 298 -
　　实例——微分方程求通解 ······ - 298 -
　　实例——微分方程边值求解 ··· - 298 -
　15.2 常微分方程的数值解法 ······ - 299 -
　　15.2.1 欧拉方法 ··················· - 299 -
　　实例——欧拉方法求解初值 1 ·· - 300 -

viii

　　　　实例——欧拉方法求解初值 2·· - 301 -
　　15.2.2　龙格-库塔方法………… - 302 -
　　　　实例——计算二氧化碳的
　　　　　　　百分比…………… - 303 -
　　　　实例——R-K 方法求解方程
　　　　　　　组 1 ………………… - 304 -
　　　　实例——R-K 方法求解范德波尔
　　　　　　　方程 ………………… - 306 -
　　15.2.3　龙格-库塔方法解刚性
　　　　　　问题………………… - 307 -
　　　　实例——求解松弛振荡方程… - 307 -
15.3　偏微分方程………………… - 308 -
　　15.3.1　偏微分方程简介……… - 308 -

　　15.3.2　区域设置及网格化……… - 309 -
　　　　实例——绘制心形线区域……… - 310 -
　　　　实例——心形线网格区域……… - 312 -
　　15.3.3　边界条件设置…………… - 313 -
　　15.3.4　PDE 求解………………… - 314 -
　　　　实例——求解拉普拉斯方程… - 314 -
　　　　实例——求解热传导方程…… - 315 -
　　　　实例——求解波动方程……… - 316 -
　　15.3.5　解特征值方程…………… - 317 -
　　　　实例——计算特征值及特征
　　　　　　　模态………………… - 317 -
15.4　课后习题……………………… - 319 -

ix

第 1 章 MATLAB 用户界面

内容简介

MATLAB 是 Matrix Laboratory（矩阵实验室）的缩写。它是以线性代数软件包（LINPACK）和特征值计算软件包（EISPACK）中的子程序为基础发展起来的一种开放式程序设计语言，是一种高性能的工程计算语言，其基本的数据单位是没有维数限制的矩阵。本章主要介绍 MATLAB 2024 的工作界面。

内容要点

- MATLAB 2024 的工作界面
- 课后习题

1.1 MATLAB 2024 的工作界面

本节主要介绍 MATLAB 2024 的工作界面，使读者初步认识工作界面各组成部分，并掌握其操作方法。

如果是第一次使用 MATLAB 2024，启动后将进入其默认设置的工作界面，如图 1-1 所示。

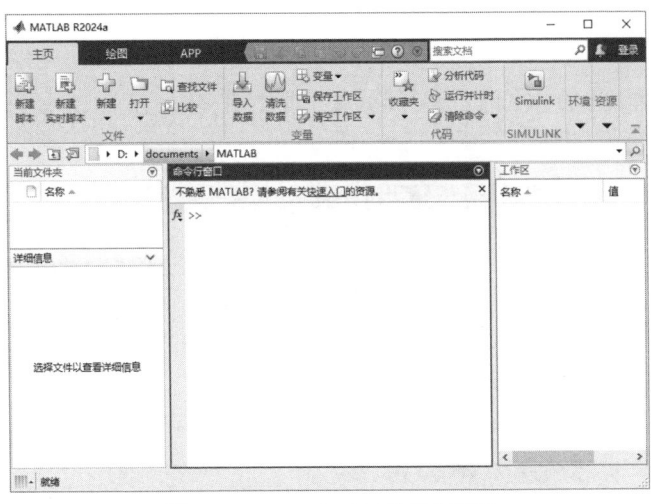

图 1-1 MATLAB 2024 的工作界面

MATLAB 2024 的工作界面形式简洁，主要由标题栏、功能区、工具栏、当前文件夹窗口、命令行窗口和工作区窗口等组成。

1.1.1 标题栏

标题栏位于工作界面的顶部，如图 1-2 所示。

图 1-2 标题栏

在标题栏中，左侧为软件图标及名称；右侧有 3 个按钮，用于控制工作界面的显示。其中，单击"最小化"按钮 ━ ，将最小化显示工作界面；单击"最大化"按钮 ▢ ，将最大化显示工作界面，该按钮显示为"向下还原" ▢ ，单击可以还原工作界面大小；单击"关闭"按钮×，将关闭工作界面。

> **提示：**
> 在命令行窗口中输入 exit 或 quit 命令，或按快捷键 Alt+F4，同样可以关闭 MATLAB。

动手练一练——熟悉操作界面

> **思路点拨：**
> 打开 MATLAB 2024，熟悉操作界面。
> 了解操作界面各部分的功能，掌握不同的操作命令，能够熟练地打开、关闭文件。

1.1.2 功能区

有别于传统的菜单栏形式，MATLAB 以功能区的形式显示各种常用的功能命令。它将所有的功能命令分类别放置在 3 个选项卡中，下面分别介绍这 3 个选项卡。

1."主页"选项卡

选择标题栏下方的"主页"选项卡，显示基本的文件、变量、代码及环境等操作命令，如图 1-3 所示。

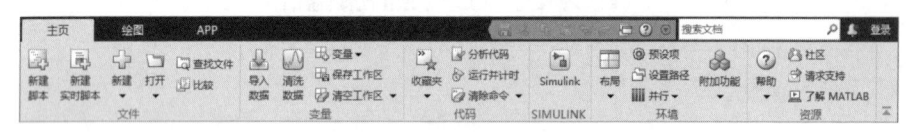

图 1-3 "主页"选项卡

2."绘图"选项卡

选择标题栏下方的"绘图"选项卡，显示关于图形绘制的编辑命令，如图 1-4 所示。

图 1-4 "绘图"选项卡

单击"绘图"列表框的下拉按钮,弹出如图 1-5 所示的下拉列表,从中可以选择不同的绘制命令。

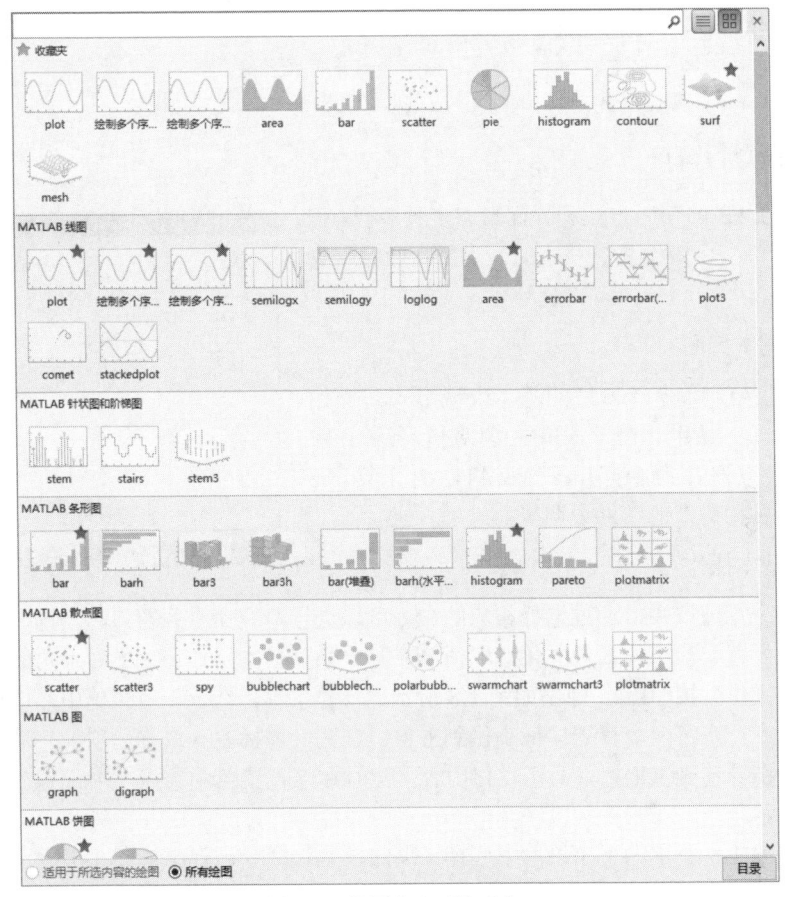

图 1-5　绘图命令下拉列表

3. APP(应用程序)选项卡

选择标题栏下方的 APP(应用程序)选项卡,显示多种应用程序命令,如图 1-6 所示。

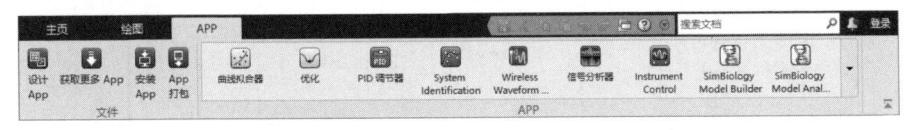

图 1-6　APP(应用程序)选项卡

1.1.3　工具栏

工具栏分为两部分,其中一部分以图标的形式汇集了常用的操作命令,位于功能区上方;另一部分位于功能区下方,用于设置工作路径。下面简要介绍工具栏中部分常用按钮的功能。

- ⊞:保存 M 文件。

- ➢ ✂、▢、▢：剪切、复制或粘贴已选中的对象。
- ➢ ↶、↷：撤销或恢复上一次操作。
- ➢ ▢：切换窗口。
- ➢ ?：打开 MATLAB 帮助系统。
- ➢ ←→▢▢：向前、向后、向上一级、浏览路径文件夹。
- ➢ ▢ D: ▸ documents ▸ MATLAB：当前路径设置栏。

1.1.4 命令行窗口

MATLAB 的使用方法和界面形态多种多样，但命令行窗口指令操作是最基本的，也是入门时首先要掌握的。

1．基本界面

MATLAB 命令行窗口的基本表现形式和操作方式如图 1-7 所示。在该窗口中可以进行各种计算操作，也可以使用命令打开各种 MATLAB 工具，还可以查看各种命令的帮助说明等。

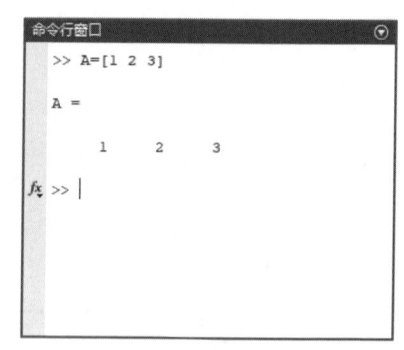

图 1-7　命令行窗口

2．基本操作

在命令行窗口中，通过选择相应的命令可以进行清空命令行窗口、全选、查找、打印、页面设置、最小化、最大化、取消停靠等一系列基本操作。单击右上角的"显示命令行窗口操作"按钮 ⊙，弹出如图 1-8 所示的下拉菜单。在该下拉菜单中，选择"↗最小化"命令，可将命令行窗口最小化到主窗口左侧，以标签（或称选项卡）形式存在，当将鼠标指针移到上面时，显示窗口内容。此时在下拉菜单中选择"▢还原"命令，即可恢复显示。

在如图 1-8 所示的下拉菜单中选择"页面设置"命令，弹出如图 1-9 所示的"页面设置：命令行窗口"对话框。该对话框中包括 3 个选项卡，分别用于对打印当前命令行窗口中的布局、标题、字体进行设置。

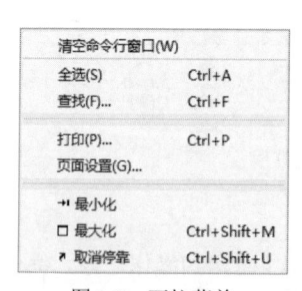

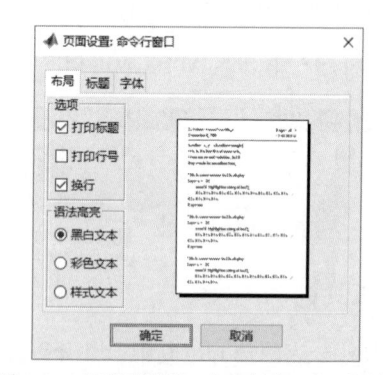

图 1-8　下拉菜单　　　　图 1-9　"页面设置：命令行窗口"对话框

（1）"布局"选项卡：用于对打印对象的标题、行号及语法高亮颜色进行设置。

（2）"标题"选项卡：用于对打印的页码、边框样式及布局进行设置，如图 1-10 所示。

(3)"字体"选项卡：选择使用命令行窗口字体，或使用自定义字体样式显示打印对象，如图 1-11 所示。

图 1-10　"标题"选项卡　　　　图 1-11　"字体"选项卡

3．快捷操作

选中命令行窗口中的命令并右击，在弹出的快捷菜单（图 1-12）中选择所需命令，即可进行相应的操作。

下面介绍几种常用命令。

（1）执行所选内容：对选中的命令进行操作。

（2）打开所选内容：执行该命令，查找所选内容所在的文件，并在命令行窗口中显示该文件中的内容。

（3）关于所选内容的帮助：执行该命令，弹出关于所选内容的相关帮助窗口，如图 1-13 所示。

图 1-12　快捷菜单　　　　图 1-13　帮助窗口

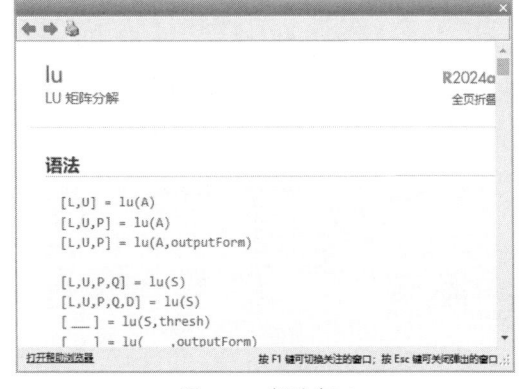

（4）函数浏览器：执行该命令，弹出如图 1-14 所示的函数窗口。在该窗口中可以选择编程所需的函数，并对该函数进行安装与介绍。

（5）剪切：剪切选中的文本。

（6）复制：复制选中的文本。

（7）粘贴：粘贴选中的文本。

（8）全选：将显示在命令行窗口中的文本全部选中。

（9）查找：执行该命令后，弹出"查找"对话框，如图 1-15 所示。在"查找内容"文本框中输入要查找的文本关键词，即可在庞大的命令程序历史记录中迅速定位所需对象的位置。

（10）清空命令行窗口：删除命令行窗口中显示的所有命令程序。

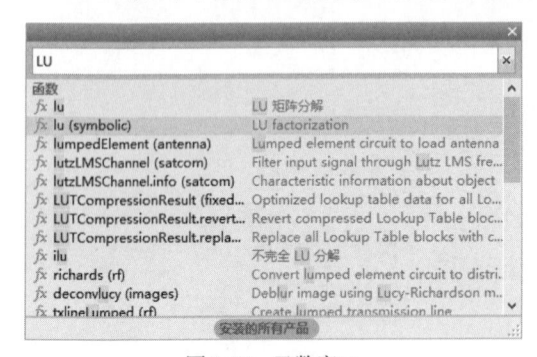

图 1-14 函数窗口 　　　　　　　　　图 1-15 "查找"对话框

1.1.5　命令历史记录窗口

命令历史记录窗口主要用于记录所有执行过的命令。在默认条件下，它会保存自安装以来所有运行过的命令的历史记录，并记录运行时间，以方便查询。

在"主页"选项卡中单击"布局"按钮，选择"命令历史记录"→"停靠"命令，如图 1-16 所示，可在工作界面中固定显示命令历史记录窗口。

在命令历史记录窗口中双击某一命令，即可在命令行窗口中执行该命令。

实例——显示命令历史记录窗口

在工作界面中显示命令历史记录窗口，如图 1-17 所示。

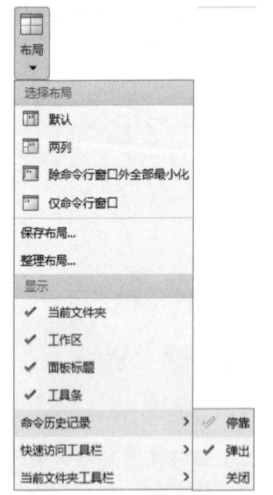

图 1-16 "命令历史记录"　　　　　图 1-17 显示命令历史记录窗口
　　　　　命令

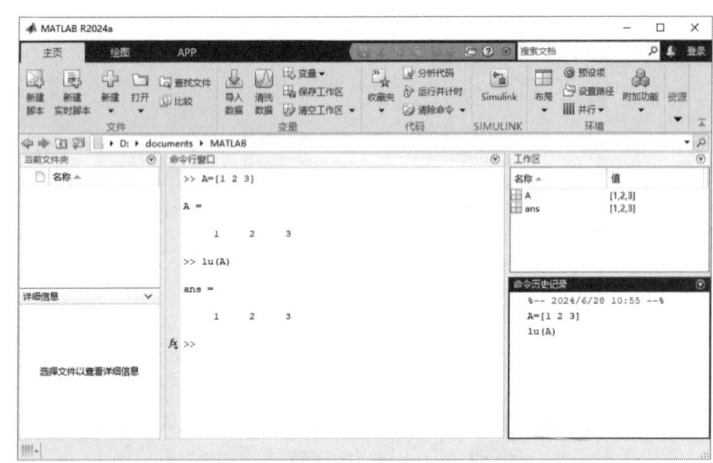

【操作步骤】

选择"命令历史记录"→"停靠"命令，在工作界面中固定显示命令历史记录窗口，如图 1-17 所示。

1.1.6 当前文件夹窗口

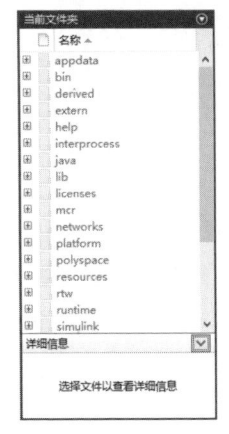

在如图 1-18 所示的当前文件夹窗口中，可显示或改变当前目录，在当前目录或子目录下搜索文件。单击 按钮，在弹出的下拉菜单中选择相应的命令，可以执行一些常用的操作，如图 1-19 所示。例如，在当前目录下新建文件或文件夹（还可以指定新建文件的类型）、查找文件、显示/隐藏文件信息、将当前目录按某种指定方式排序和分组等。

图 1-18　当前文件夹窗口

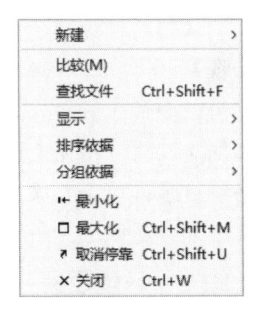

图 1-19　下拉菜单

MATLAB 提供了搜索路径的设置命令，下面分别进行介绍。

实例——设置目录

通过设置目录，在命令行窗口中显示 MATLAB 文件路径，如图 1-20 所示。

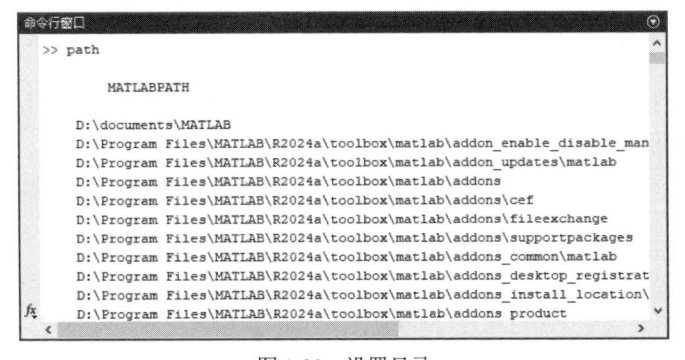

图 1-20　设置目录

【操作步骤】

在命令行窗口中输入 path 命令，按 Enter 键，即可在命令行窗口中显示如图 1-20 所示的目录。

实例——设置搜索路径

通过设置搜索路径，在命令行窗口中显示 MATLAB 搜索路径，如图 1-21 所示。

图 1-21 "设置路径"对话框

【操作步骤】

在命令行窗口中输入 pathtool 命令，弹出"设置路径"对话框，如图 1-21 所示。

单击"添加文件夹"按钮，进入文件夹浏览对话框，把某一目录下的文件包含进搜索范围而忽略子目录；单击"添加并包含子文件夹"按钮，进入文件夹浏览对话框，将子目录也包含进来。建议选择后者，以避免一些可能的错误。

动手练一练——环境设置

演示 MATLAB 2024 软件的基本操作。

> **思路点拨：**
> （1）调出命令历史记录窗口。
> （2）切换文件目录。

1.1.7 工作区窗口

在工作区窗口中，显示目前内存中所有的 MATLAB 变量名、数据结构、字节数与类型。不同的变量类型有不同的变量名图标。

实例——变量赋值

源文件：yuanwenjian\ch01\bianliangfuzhi.m

在 MATLAB 中创建变量 a、b，并给其赋值，同时将整个语句保存在计算机的一段内存中，也就是工作区中，如图 1-22 所示。

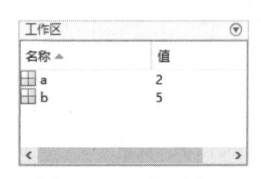

图 1-22 工作区窗口

解：MATLAB 程序如下。

```
>> a=2          %创建变量a，并赋值为2
a =
    2
>> b=5          %创建变量b，并赋值为5
b =
    5
```

功能区面板是 MATLAB 一个非常重要的数据分析与管理窗口，与之相关的一些主要按钮功能如下。

- "新建脚本"按钮 ![icon]：新建一个 M 文件。
- "新建实时脚本"按钮 ![icon]：新建一个实时脚本，如图 1-23 所示。
- "打开"按钮 ![icon]：打开选中的不同格式的文件。
- "导入数据"按钮 ![icon]：将数据文件导入工作空间。
- "清洗数据"按钮 ![icon]：该功能提供了一个数据清洗器应用程序，能以交互方式识别和清洗混乱的时间表数据。单击该按钮，即可打开如图 1-24 所示的数据清洗器窗口，导入文本文件、电子表格文件或工作区的时间表（图 1-25），然后单击"导入所选内容"按钮，即可启动数据清洗器对导入的数据进行清洗，如图 1-26 所示。如果工作区中的表不是时间表，可使用函数 table2timetable 将表转换为时间表。

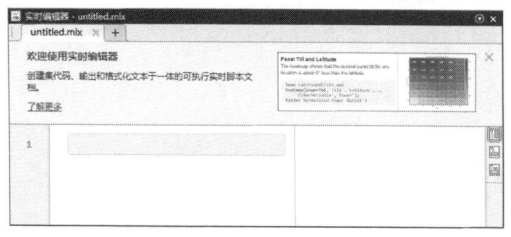

图 1-23　实时脚本编辑窗口

图 1-24　数据清洗器窗口

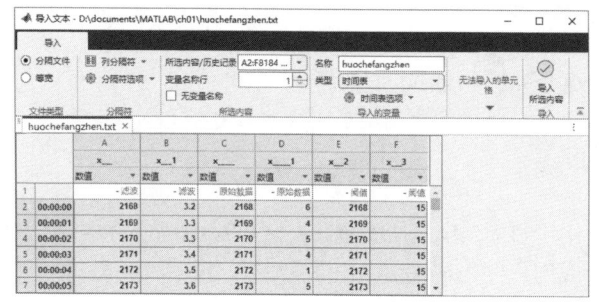

图 1-25　导入文本文件中的数据

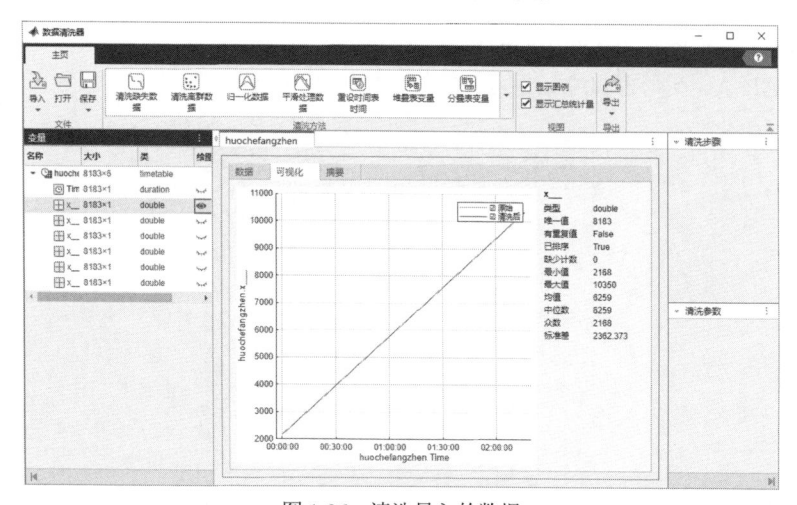

图 1-26　清洗导入的数据

➢ "新建变量"按钮:创建一个变量。
➢ "打开变量"按钮:打开选择的变量对象。单击该按钮后,功能区新增一个名为"变量"的选项卡,并弹出变量编辑窗口,如图 1-27 所示,在这里可以对变量进行各种编辑操作。

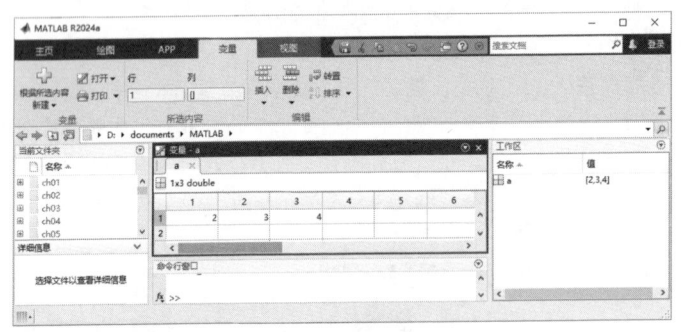

图 1-27 变量编辑窗口

➢ "保存工作区"按钮:保存工作区数据。
➢ "清空工作区"按钮:删除变量。
➢ "收藏夹"按钮:为了方便记录,当调试 M 文件时在不同工作区之间进行切换。MATLAB 在执行 M 文件时,会把 M 文件的数据保存到其对应的工作区中,并将该工作区添加到"收藏夹"文件夹中。
➢ "分析代码"按钮:打开代码分析器主窗口。
➢ Simulink 按钮:打开 Simulink 主窗口。
➢ "布局"按钮:用于调整 MATLAB 主窗口的布局。

1.1.8 图形窗口

图形窗口主要用于显示 MATLAB 图像。MATLAB 显示的图像可以是数据的二维或三维坐标图、图片或用户图形界面。

实例——绘制函数图形

源文件:yuanwenjian\ch01\hanshu.m

在 MATLAB 图形窗口中显示函数曲线,如图 1-28 所示。

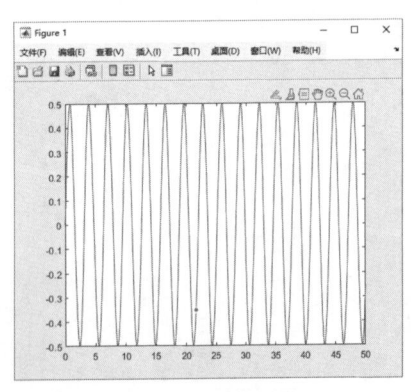

图 1-28 函数图形

解：MATLAB 程序如下。

```
>> x=0:0.1:50;            %定义一个0～50的线性间隔值组成的向量x，间隔值为0.1
>> y=sin(x).*cos(x);      %定义以向量x为自变量的函数表达式y
>> plot(x,y)              %绘制以向量x为横坐标，函数值y为纵坐标的二维线图
```

弹出如图 1-28 所示的图形窗口，显示程序绘制的函数曲线。

利用图形窗口中的菜单命令或工具按钮保存图形文件，这样当需要在程序中使用该图形时，就无须再输入上面的程序，而只需将该图形文件拖放到命令行窗口中即可执行文件。

1.2 课后习题

1. MATLAB 的命令行窗口的作用是什么？
2. MATLAB 的编辑/调试窗口的作用是什么？
3. 列出几种不同的启动 MATLAB 帮助窗口的方法。
4. 什么是工作区？
5. 如何进行工作区的编辑操作？
6. 如何清空 MATLAB 工作区中的内容？

第 2 章　帮 助 系 统

内容简介

MATLAB 的一切操作都是在它的搜索路径（包括当前路径）中进行的，需要把程序所在的目录扩展成 MATLAB 的搜索路径。若调用的函数在搜索路径之外，MATLAB 则认为此函数并不存在。

本章详细讲解 MATLAB 相关内容的查找和搜索路径的扩展，最后介绍 MATLAB 应用中比较实用的帮助系统。

内容要点

- MATLAB 内容及查找
- MATLAB 的帮助系统
- 课后习题

2.1　MATLAB 内容及查找

MATLAB 的功能是通过指令来实现的，MATLAB 包括数千条指令，对大多数用户来说，全部掌握这些指令是不可能的，但在特殊情况下，当用到某个指令时，则需要对指令进行查找。在此之前，首先需要设置的是搜索路径，方便查找。

2.1.1　MATLAB 的搜索路径

在 MATLAB 主窗口中的"主页"选项卡中单击"设置路径"按钮 设置路径，打开"设置路径"对话框，如图 2-1 所示。

列表框中列出的目录就是 MATLAB 的所有搜索路径。

如果只想把某一目录下的文件包含在搜索范围内而忽略其子目录，则单击对话框中的"添加文件夹"按钮；否则，单击"添加并包含子文件夹"按钮。

为了方便以后的操作，这里简单介绍一下图 2-1 中其他几个常用按钮的作用。

- 移至顶端：将选中的目录移动到搜索路径的顶端。
- 上移：将选中的目录在搜索路径中向上移动一位。
- 下移：将选中的目录在搜索路径中向下移动一位。
- 移至底端：将选中的目录移动到搜索路径的底部。
- 删除：将选中的目录从搜索路径中删除。
- 还原：恢复上次改变路径之前的路径。
- 默认：恢复到最原始的 MATLAB 的默认路径。

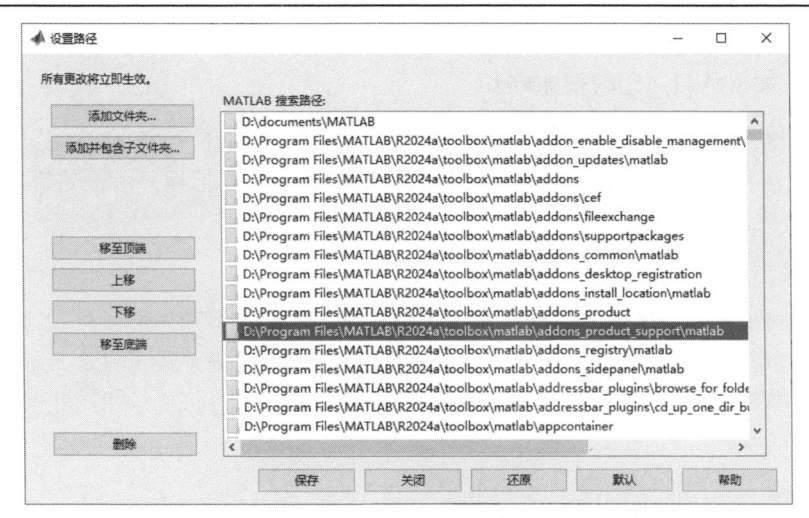

图 2-1 "设置路径"对话框

> **知识拓展：**
> 在 MATLAB 命令行窗口中输入 pathtool 命令，也可以打开图 2-1 所示的"设置路径"对话框。

实例——显示文件路径

源文件： yuanwenjian\ch02\wenjianlujing.m

本实例演示使用 path 命令得到 MATLAB 的所有文件路径。

解： MATLAB 程序如下。

```
>> path
    MATLABPATH
	D:\documents\MATLAB
	D:\Program Files\MATLAB\R2024a\toolbox\matlab\addon_enable_disable_management\matlab
	D:\Program Files\MATLAB\R2024a\toolbox\matlab\addon_updates\matlab
	D:\Program Files\MATLAB\R2024a\toolbox\matlab\addons
	D:\Program Files\MATLAB\R2024a\toolbox\matlab\addons\cef
	D:\Program Files\MATLAB\R2024a\toolbox\matlab\addons\fileexchange
	D:\Program Files\MATLAB\R2024a\toolbox\matlab\addons\supportpackages
	D:\Program Files\MATLAB\R2024a\toolbox\matlab\addons_common\matlab
	D:\Program Files\MATLAB\R2024a\toolbox\matlab\addons_desktop_registration
	D:\Program Files\MATLAB\R2024a\toolbox\matlab\addons_install_location\matlab
	D:\Program Files\MATLAB\R2024a\toolbox\matlab\addons_product
	  …
```

其中的"…"表示由于版面限制而省略的多行内容。

2.1.2 扩展 MATLAB 的搜索路径

由于路径设置错误，即使看到自己编写的程序在某个路径下，MATLAB 也找不到，并报告此函数不存在。这是初学者常犯的一个错误，需要把程序所在的目录扩展成 MATLAB 的搜索路径。

1. 使用"设置路径"对话框设置搜索路径

在 MATLAB 主窗口的"主页"选项卡中单击"设置路径"按钮，打开"设置路径"对话框。如果只想把某一目录下的文件包含在搜索范围内而忽略其子目录，则单击对话框中的"添加文件夹"按钮；否则，单击"添加并包含子文件夹"按钮，进入浏览文件夹的对话框。

实例——添加搜索路径

本实例演示添加 MATLAB 搜索路径，如图 2-2 所示。

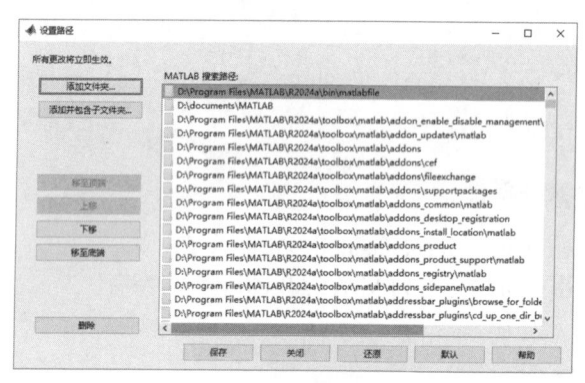

图 2-2　添加搜索路径

【操作步骤】

在 MATLAB 主窗口的"主页"选项卡中单击"设置路径"按钮，打开"设置路径"对话框。

单击"添加文件夹"按钮，打开如图 2-3 所示的浏览文件夹的对话框。选择名为 matlabfile 的文件夹，要把此文件夹包含在 MATLAB 的搜索路径中。

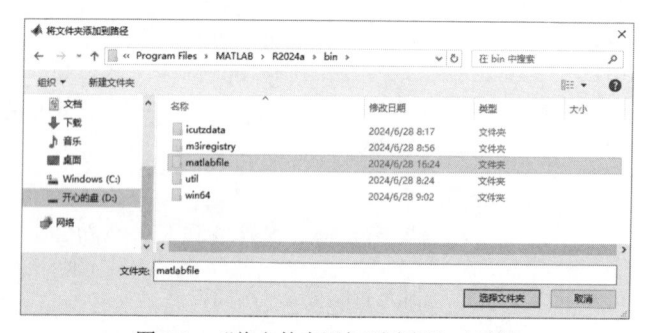

图 2-3　"将文件夹添加到路径"对话框

单击"选择文件夹"按钮，新的目录出现在搜索路径的列表中，如图 2-2 所示，单击"保存"按钮保存新的搜索路径，单击"关闭"按钮关闭对话框。新的搜索路径设置完毕。

2．使用 path 命令扩展目录

使用 path 命令也可以扩展 MATLAB 的搜索路径。例如，把 D:\matlabfile 扩展到搜索路径的方法是在 MATLAB 的命令行窗口中输入：

```
>> path(path,'D:\matlabfile')
```

3．使用 addpath 命令扩展目录

在早期的 MATLAB 版本中，用得最多的扩展目录命令是 addpath，如果要把 D:\matlabfile 添加到整个搜索路径的开始，使用命令：

```
>> addpath D:\matlabfile -begin
```

如果要把 D:\matlabfile 添加到整个搜索路径的末尾，使用命令：

```
>> addpath D:\matlabfile -end
```

4．使用 pathtool 命令扩展目录

在 MATLAB 命令行窗口中输入 pathtool 命令，打开"设置路径"对话框。然后参照"使用'设置路径'对话框设置搜索路径"的方法扩展目录。

2.2　MATLAB 的帮助系统

MATLAB 的帮助系统非常完善，这与其他科学计算软件相比是一个突出的特点，要熟练掌握 MATLAB，就必须熟练掌握 MATLAB 帮助系统的应用。因此，用户在学习 MATLAB 的过程中，理解、掌握和熟练应用 MATLAB 帮助系统是非常重要的。

2.2.1　联机帮助系统

MATLAB 的联机帮助系统非常全面，进入联机帮助系统的方法有以下几种。

➢ 单击 MATLAB 主窗口中的"帮助"按钮。
➢ 在命令行窗口中执行 doc 命令。
➢ 在 MATLAB 主窗口的"主页"选项卡中单击"资源"功能组中的"帮助"按钮，打开如图 2-4 所示的下拉菜单。选中前 3 项中的任何一项，即可打开 MATLAB 联机帮助系统窗口。

联机帮助系统窗口如图 2-5 所示，在上面的搜索文档文本框中输入想要查询的内容，下面将显示帮助内容。

图 2-4　"帮助"下拉菜单

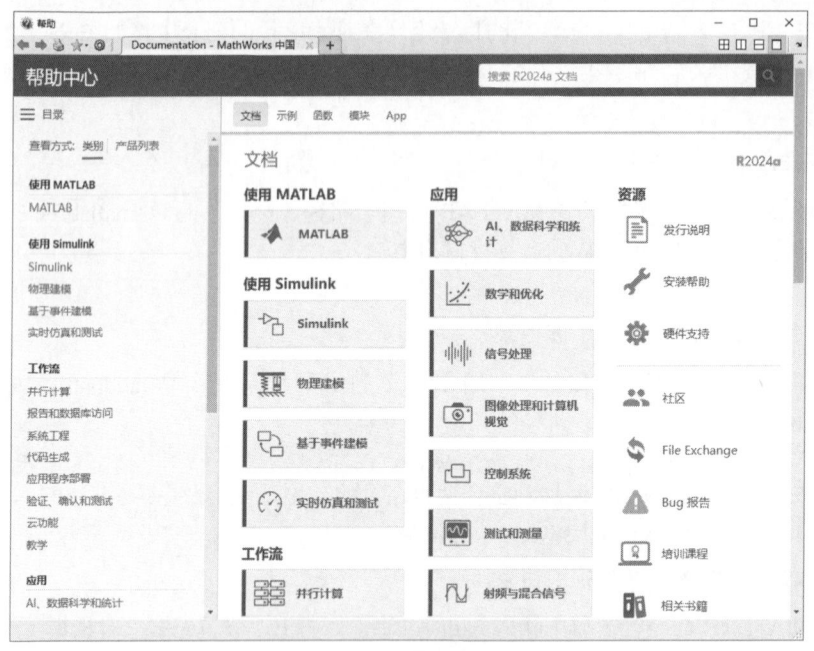

图 2-5　联机帮助系统窗口

2.2.2　帮助命令

为了使用户更快捷地获得帮助，MATLAB 提供了一些帮助命令，包括 help 系列命令、lookfor 命令和其他常用的帮助命令。

1．help 系列命令

help 系列的帮助命令有 help、help+函数（类）名、helpwin，其中 helpwin 用于调用 MATLAB 联机帮助系统窗口。

2．help 命令

help 命令是最常用的帮助命令。在命令行窗口中直接输入 help 命令可显示最近使用的帮助命令（图 2-6），或打开在线帮助文档，进入帮助中心。

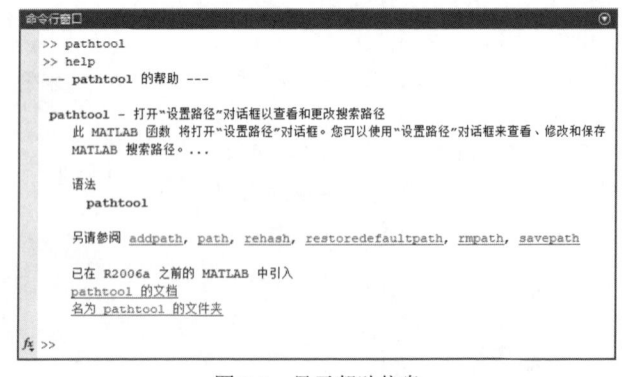

图 2-6　显示帮助信息

- 16 -

实例——打开帮助文档

源文件：yuanwenjian\ch02\sousuowenjian.m

本实例介绍如何打开帮助文档。启动 MATLAB 后，如果没有在命令行窗口中执行任何命令，这种情况下可以使用 help 命令打开帮助文档。

解：MATLAB 程序如下。

```
>> help
不熟悉 MATLAB?请参阅有关快速入门的资源。

要查看文档，请打开帮助浏览器。
```

单击"快速入门"超链接，即可打开帮助文档，并定位到"MATLAB 快速入门"的相关资源，如图 2-7 所示。

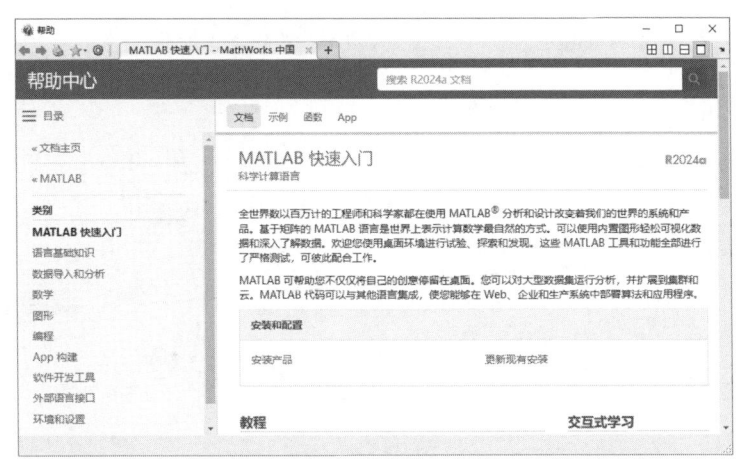

图 2-7 帮助文档

单击"打开帮助浏览器"超链接，即可进入如图 2-8 所示的帮助中心。

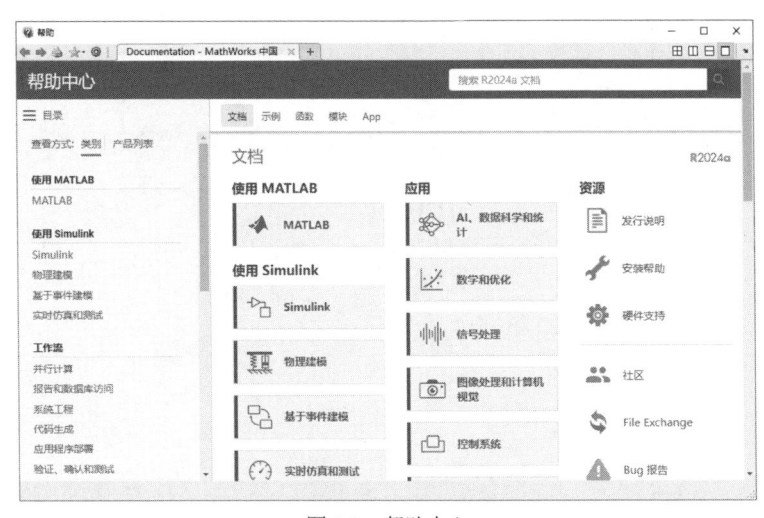

图 2-8 帮助中心

3. help+函数（类）名

如果准确知道所要求助的主题词或指令名称，那么使用 help 系列命令是获得在线帮助的最简单有效的途径，能最快、最好地解决用户在使用过程中遇到的问题。help 系列命令的调用格式如下：

```
>> help 函数（类）名
```

实例——查询函数 eig()

源文件：yuanwenjian\ch02\sousuohanshu1.m
本实例演示如何查询函数 eig()。
解：MATLAB 程序如下。

```
>> help eig
eig - 特征值和特征向量
    此 MATLAB 函数返回一个列向量，其中包含方阵 A 的特征值。

    语法
      e = eig(A)
      [V,D] = eig(A)
      [V,D,W] = eig(A)

      e = eig(A,B)
      [V,D] = eig(A,B)
      [V,D,W] = eig(A,B)

      [___] = eig(A,balanceOption)
      [___] = eig(A,B,algorithm)

      [___] = eig(___,outputForm)

    输入参数
      A - 输入矩阵
        方阵
      B - 广义特征值问题输入矩阵
        方阵
    balanceOption - 均衡选项
      "balance" (默认值) | "nobalance"
    algorithm - 广义特征值算法
      "chol" (默认值) | "qz"
    outputForm - 特征值的输出格式
      "vector" | "matrix"

    输出参数
      e - 特征值（以向量的形式返回）
        列向量
      V - 右特征向量
        方阵
      D - 特征值（以矩阵的形式返回）
```

　　　　　　对角矩阵
　　　　W – 左特征向量
　　　　　方阵

　　示例
　　　矩阵特征值
　　　矩阵的特征值和特征向量
　　　排序的特征值和特征向量
　　　左特征向量
　　　不可对角化（亏损）矩阵的特征值
　　　广义特征值
　　　病态矩阵使用 QZ 算法得出广义特征值
　　　一个矩阵为奇异矩阵的广义特征值

　　另请参阅 eigs, polyeig, balance, condeig, cdf2rdf, hess, schur, qz

　　已在 R2006a 之前的 MATLAB 中引入
　　eig 的文档
　　eig 的其他用法

4．lookfor 命令

如果知道某个函数的函数名，但是不知道该函数的具体用法，help 系列命令足以解决这些问题。然而，用户在很多情况下还不知道某个函数的确切名称，这时就需要用到 lookfor 命令。

实例——搜索函数 quadratic()

源文件：yuanwenjian\ch02\sousuohanshu2.m

本实例利用 lookfor 命令查询关键字 quadratic，搜索相关函数。

解：MATLAB 程序如下。

```
>> lookfor quadratic
  qubo                    - Quadratic Unconstrained Binary Optimization
  qubo.evaluateObjective- Evaluate QUBO (Quadratic Unconstrained Binary
Optimization) objective
  qubo.solve              - Solve QUBO (Quadratic Unconstrained Binary
Optimization) problem
  qubo.QuadraticTerm      - Quadratic term for objective function
  lqrd                    - Design discrete linear-quadratic (LQ)
regulator for continuous plant
  mpcActiveSetSolver      - Solve quadratic programming problem using
active-set algorithm
  mpcInteriorPointSolver- Solve a quadratic programming problem using an
interior-point algorithm
  ...
```

执行 lookfor 命令后，它对 MATLAB 搜索路径中每个 M 文件注释区的第一行进行扫描，发现此行中包含有所查询的字符串，则将该函数名和第一行注释全部显示在显示器上。当然，用户最好在自己的 M 文件中加入在线注释。

5．其他的帮助命令

MATLAB 中还有许多其他的常用查询帮助命令，如下所示。

- who：列出工作区中的变量。
- whos：列出工作区中的变量及大小和类型。
- what：列出给定目录中的文件列表。
- which：确定函数和文件的路径。
- exist：检查变量、脚本、函数、文件夹或类的存在情况。

2.2.3 联机演示系统

除了在使用时查询帮助，对 MATLAB 或某个工具箱的初学者来说，最好的学习办法是查看它的联机演示系统。MATLAB 一向重视演示软件的设计，因此无论 MATLAB 旧版还是新版，都随带各自的演示程序，只是新版内容更丰富了。

选择 MATLAB 主窗口功能区的"资源"→"帮助"→"示例"选项，或者直接在 MATLAB 联机帮助系统窗口中选中"示例"选项卡，或者直接在命令行窗口中输入 demos 命令，进入 MATLAB 联机帮助系统的示例页面，如图 2-9 所示。

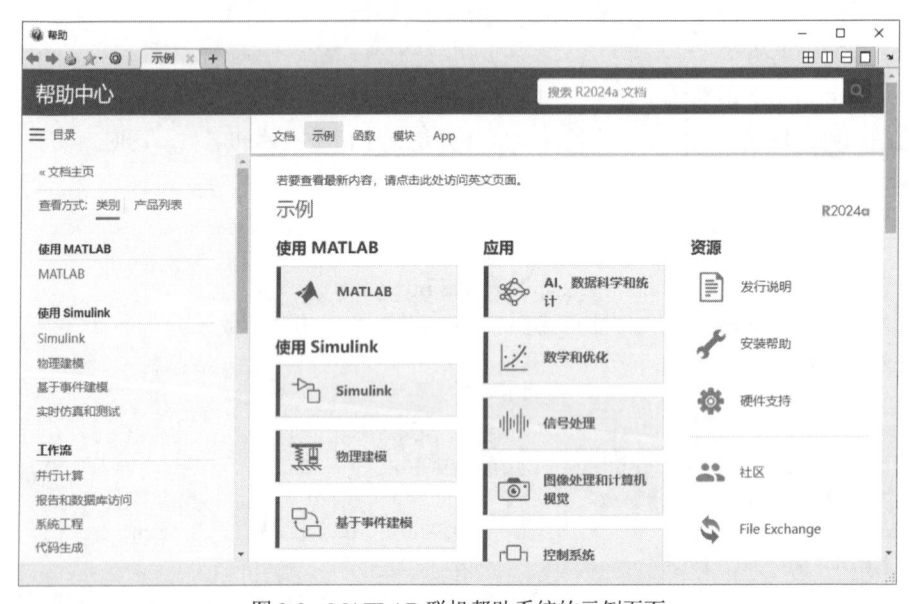

图 2-9　MATLAB 联机帮助系统的示例页面

左边是类别选项，选择任一选项后，右边将显示对应类别中的示例超链接，单击某个示例超链接即可进入具体演示界面。例如，二维图和三维图的具体演示界面如图 2-10 所示。

单击界面中的"打开实时脚本"按钮，将在实时编辑器中打开该示例，如图 2-11 所示。运行该示例可以得到绘图结果，如图 2-12 所示。

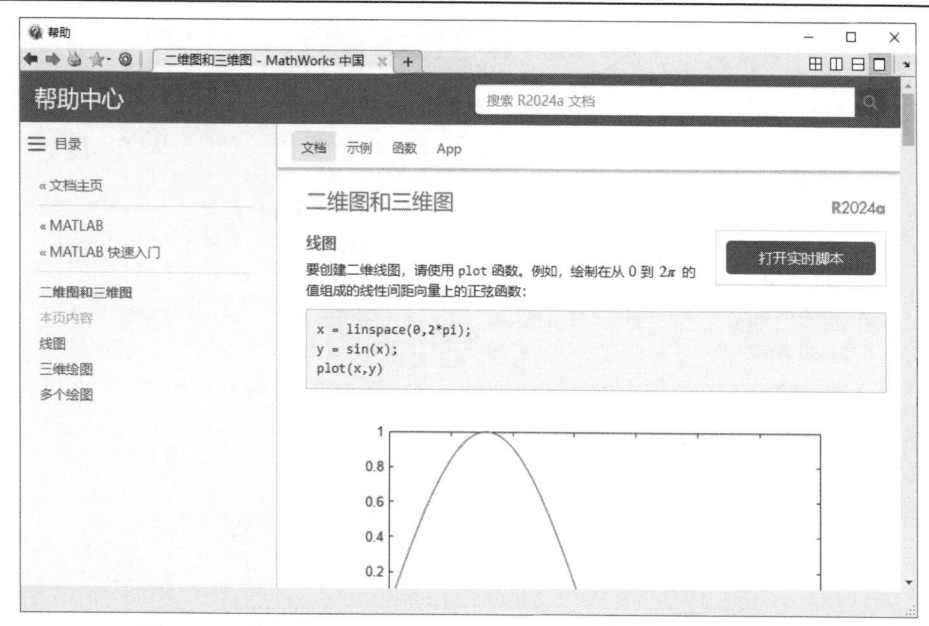

图 2-10　二维图和三维图的具体演示界面（位于 MATLAB 选项中）

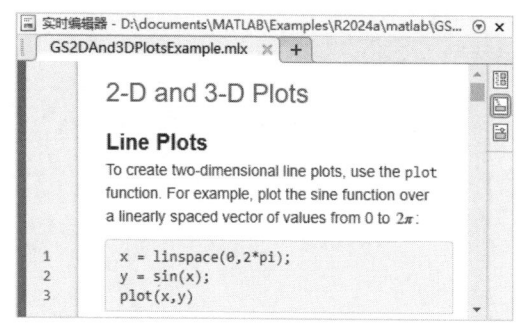

图 2-11　实时编辑器

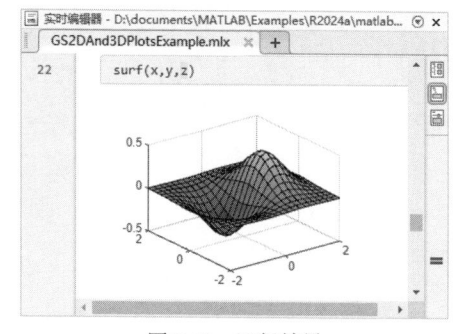

图 2-12　运行结果

2.2.4　网络资源

开发 MATLAB 软件的初衷是为了方便矩阵运算，随着商业软件的推广，MATLAB 不断升级。如今，为了使 MATLAB 能够处理更多的数学、工程和科学问题，MathWorks 公司和全球 MATLAB 用户社区提供了包括产品、App、工具箱和支持包在内的各种网络资源。这些网络资源通常称为附加功能，它们通过为特定任务和应用程序提供额外功能（如连接到硬件设备、其他算法和交互式应用程序）来扩展 MATLAB 的功能。

要查找、安装和管理这些附加功能，用户可以在 MATLAB 2024 的"主页"选项卡中单击"环境"功能组中的"附加功能"按钮，将弹出如图 2-13 所示的下拉菜单。通过该下拉菜单，用户除了可以获取、管理附加功能之外，还可以创建自己的附加功能（包括工具箱和 App）。

图 2-13　下拉菜单

2.3 课后习题

1. 在 MATLAB 中,(　)命令可以用于查看当前搜索路径。
   A. path　　　　　　B. pwd　　　　　　C. what　　　　　　D. whos
2. 如果一个函数或脚本不在当前搜索路径中,MATLAB 会(　)。
   A. 返回错误信息　　　　　　　　　　B. 忽略该函数或脚本
   C. 自动将该目录添加到搜索路径　　　D. 提示用户输入文件路径
3. (　)不是 MATLAB 联机帮助系统的一部分。
   A. 示例代码　　　　B. 实时演示　　　　C. 视频教程　　　　D. 命令行窗口
4. 在 MATLAB 中,(　)命令用于临时添加一个目录到搜索路径。
   A. addpath　　　　B. genpath　　　　C. savepath　　　　D. restorepath
5. 在 MATLAB 中,(　)命令用于显示帮助文档的目录结构。
   A. helpbrowser　　B. docsearch　　　C. lookfor　　　　D. help navigator
6. 如何在 MATLAB 中使用帮助命令来获取特定函数的信息?
7. 如何在 MATLAB 中保存对搜索路径的更改,以便在下次启动时仍然有效?

第 3 章　MATLAB 基础知识

内容简介

本章简要介绍 MATLAB 的基本组成部分：数值、符号、函数。这三部分既可单独运行，又可组合运行，在 MATLAB 中根据不同的操作实现数值计算、符号计算和图形处理的目的。

内容要点

- MATLAB 命令的组成
- 数据类型
- 运算符
- 函数运算
- 课后习题

3.1　MATLAB 命令的组成

MATLAB 语言是基于 C++语言开发的，因此语法特征与 C++语言极为相似，而且更加简单，更加符合科技人员对数学表达式的书写格式，从而使其更便于非计算机专业的科技人员使用。同时，这种语言可移植性好、可拓展性极强。

在 MATLAB 中，不同的数字、字符、符号代表不同的含义，能组成极为丰富的表达式，以满足用户的各种应用需求，如图 3-1 所示。本节将按照命令不同的生成方法简要介绍各种符号的功能。

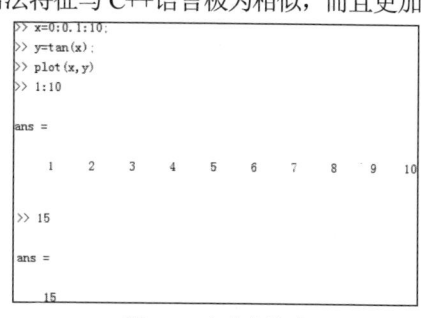

图 3-1　命令表达式

3.1.1　基本符号

命令行以命令输入提示符"$>>$"开头，它是自动生成的，表示 MATLAB 处于准备就绪状态，如图 3-2 所示。为方便读者运行本书实例的源文件命令，所附实例的源文件用 MATLAB 的 M-book 写成，而在 M-book 中运行的命令前没有提示符。

如果在提示符后输入一条命令或一段程序后按 Enter 键，MATLAB 将给出相应的结果，并将结果保存在工作区窗口中，然后再次显示一个命令输入提示符，为下一段程序的输入做准备。

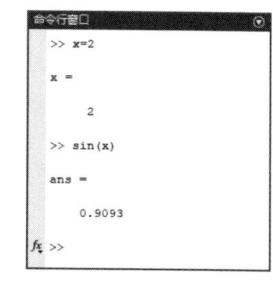

图 3-2　命令行窗口

在 MATLAB 命令行窗口中输入命令时，在中文状态下输入的括号和标点等不被认为是命令的一部分，因此在输入命令时一定要在英文状态下进行。

下面介绍命令输入过程中几种常见的错误及显示的警告与错误信息。

（1）输入的括号为中文格式。

```
>> sin（）
 sin（）
    ↑
错误：文本字符无效。请检查不受支持的符号、不可见的字符或非 ASCII 字符的粘贴。
```

（2）函数使用格式错误。

```
>> sin( )
错误使用 sin
输入参数的数目不足。
```

（3）缺少步骤，未定义变量。

```
>> sin(x)
函数或变量'x'无法识别。
```

以下是格式正确的命令。

```
>> x=1
x =
     1
>> sin(x)
ans =
    0.8415
```

3.1.2 功能符号

除了必需的符号，MATLAB 为解决命令输入过于烦琐、复杂的问题，采取了分号、续行符及插入变量等方法。常用键盘按键和常用标点见表 3-1 和表 3-2。

表 3-1 常用键盘按键

键盘按键	说　明	键盘按键	说　明
←	向前移一个字符	Esc	清除一行
→	向后移一个字符	Delete	删除光标处字符
Ctrl+←	左移一个字	Backspace	删除光标前的一个字符
Ctrl+→	右移一个字	Alt+Backspace	删除光标所在行的所有字符

表 3-2 常用标点

标　点	说　明	标　点	说　明
:	冒号：具有多种功能	.	小数点：小数点及域访问符
;	分号：区分行及取消运行显示等	...	续行符
,	逗号：区分列及函数参数分隔符等	%	百分号：注释标记
()	圆括号：指定运算过程中的优先顺序	!	叹号：调用操作系统运算
[]	方括号：矩阵定义的标志	=	等号：赋值标记
{}	大括号：用于构成单元数组	'	单引号：字符串标记符

1. 分号

一般情况下，在 MATLAB 命令行窗口中输入命令，系统随即根据命令给出计算结果。命令显示如下：

```
>> A=[1 2;3 4]
A =
    1    2
    3    4
>> B=[5 6;7 8]
B =
    5    6
    7    8
```

若不想让 MATLAB 每次都显示运算结果，只需在运算式最后加上分号（;）。命令显示如下：

```
>> A=[1 2;3 4];
>>
>> B=[5 6;7 8];
>>
```

2. 续行符

如果命令太长，或出于某种需要，命令行必须多行书写时，需要使用特殊符号"…"来处理，如图 3-3 所示。

MATLAB 用 3 个或 3 个以上的连续黑点表示"续行"，即表示下一行是上一行的继续。

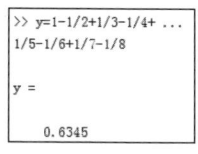

```
>> y=1-1/2+1/3-1/4+...
1/5-1/6+1/7-1/8

y =
    0.6345
```

图 3-3 多行输入

3. 插入变量

在需要解决的问题比较复杂，直接输入比较麻烦，即使添加分号依旧无法解决的情况下，可引入变量，赋予变量名称与数值，最后进行计算。

变量定义之后才可以使用，如果未定义就会出错，显示警告信息（字体为红色）。

```
>> x
函数或变量 'x' 无法识别。
```

存储变量可以不必定义，随时需要随时定义。但是如果变量很多，则需要提前声明，同时也可以直接赋予 0 值，并且注释，这样方便以后区分，避免混淆。

```
>> a=1
a =
    1
>> b=2
b =
    2
```

直接输入"x=4*3"，则自动在命令行窗口中显示结果。

```
>> x=4*3
x =
    12
```

在上面的命令中包含赋值号"="，因此表达式的计算结果被赋给了变量 x。指令执行后，变量 x 被保存在 MATLAB 的工作区中，以备后用。

若输入"x=4*3;",则按 Enter 键后不显示输出结果。命令显示如下:

```
>> x=4*3;
>>
```

3.1.3 常用指令

在使用 MATLAB 语言编制程序时,掌握常用的操作命令和技巧,可以达到事半功倍的效果。下面详细介绍其中常用的一些命令。

1. cd:显示或改变工作目录

```
>> cd
D:\documents\MATLAB                    %显示工作目录
```

2. clc:清除命令行窗口

在命令行窗口中输入 clc,按 Enter 键执行该命令,则自动清除命令行窗口中的所有程序,如图 3-4 所示。

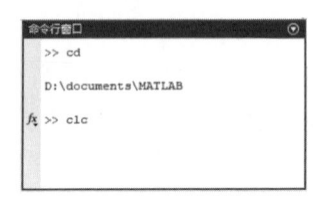

图 3-4　清除命令前、后的命令行窗口

实例——清除内存变量

源文件:yuanwenjian\ch03\neicun.m

本实例通过给变量 a 赋值 1,然后清除赋值来演示如何清除内存变量。

在命令行窗口中输入 clear,按 Enter 键,执行该命令,则自动清除内存中变量的定义。

解:MATLAB 程序如下。

```
>> a=1               %创建变量a,并赋值为1
a =
    1
>> clear a           %清除变量a
>> a                 %输出变量a
函数或变量'a'无法识别。
```

除了上述 3 个命令,在使用 MATLAB 2024 编制程序时,还经常用到一些其他命令,见表 3-3。

表 3-3　其他常用的操作命令

命令	说明	命令	说明
clf	清除图形窗口	hold	保持图形
diary	日志文件	load	加载指定文件的变量
dir	显示当前目录下的文件	ls	列出文件夹内容

续表

命　　令	说　　明	命　　令	说　　明
disp	显示变量或文字内容	path	显示搜索目录
echo	命令行窗口信息显示开关	quit	退出 MATLAB 2024
save	保存内存变量指定文件	type	显示文件内容

在命令行窗口中，还有一些键盘按键被赋予了特殊的意义。下面介绍常用的几种键盘按键操作技巧，见表 3-4。

表 3-4　键盘按键操作技巧

键盘按键	说　　明	键盘按键	说　　明
↑	重新调用前一行命令	Home	移动到当前行行首
↓	重新调用下一行命令	End	移动到当前行行尾

3.2　数　据　类　型

MATLAB 的数据类型主要包括矩阵、向量、数字、字符串、单元型数据及结构型数据。矩阵是 MATLAB 语言中最基本的数据类型，从本质上讲它是数组；向量可以看作只有一行或一列的矩阵（或数组）；数字也可以看作矩阵，即一行一列的矩阵；字符串也可以看作矩阵（或数组），即字符矩阵（或数组）；而单元型数据和结构型数据都可以看作以任意形式的数组为元素的多维数组，只不过结构型数据的元素具有属性名。

本书中，在不需要强调向量的特殊性时，向量和矩阵统称为矩阵（或数组）。

3.2.1　变量与常量

1. 变量

变量是任何程序设计语言的基本元素之一，MATLAB 语言当然也不例外。与常规的程序设计语言不同的是，MATLAB 并不要求事先对所使用的变量进行声明，也不需要指定变量类型，而是会自动依据所赋予变量的值或对变量所进行的操作来识别变量的类型。在赋值过程中，如果赋值变量已存在，则 MATLAB 将使用新值代替旧值，并以新值类型代替旧值类型。在 MATLAB 中变量的命名应遵循如下规则。

➢ 变量名必须以字母开头，之后可以是任意的字母、数字或下划线。
➢ 变量名区分字母的大小写。
➢ 变量名的最大长度为 namelengthmax 命令返回的值。
➢ 尽量不要使用某个函数的名称作为变量名。

与其他的程序设计语言相同，在 MATLAB 语言中也存在变量作用域的问题。在未加特殊说明的情况下，MATLAB 语言将所识别的一切变量视为局部变量，即仅在其使用的 M 文件内有效。若要将变量定义为全局变量，则应当对变量进行声明，即在该变量前加关键字 global。如果要从所有工作区中清除全局变量，则使用 clear global 命令；如果要从当前工作区而不从其他工作区中清除全局变量，则使用 clear 命令。

2. 常量

MATLAB 语言本身也提供了一些预定义的变量，这些特殊的变量称为常量。MATLAB 语言中经常使用的一些常量见表 3-5。

表 3-5　MATLAB 中的常量

常量名称	说明
ans	MATLAB 中的默认变量
pi	圆周率
eps	浮点运算的相对精度
inf	无穷大，如 1/0
NaN	不定值，如 0/0、∞/∞、0*∞
i（j）	复数中的虚数单位
realmin	最小正浮点数
realmax	最大正浮点数

实例——改变圆周率初始值

源文件：yuanwenjian\ch03\gaibianchuzhi.m

本实例演示如何将圆周率 pi 赋值为 1，然后恢复。

解：MATLAB 程序如下。

```
>> pi=1        %将预定义变量pi赋值为1
pi =
     1
>> clear pi    %清除变量，恢复预定义变量的初始值
>> pi          %输出预定义变量pi
ans =
    3.1416
```

> **小技巧**：
> 若不想让 MATLAB 每次都显示运算结果，只需在运算式最后加上分号（;）即可；若要显示变量 a 的值，直接输入 a 即可，即>>a。

3.2.2 数值

MATLAB 以矩阵为基本运算单元，而构成矩阵的基本单元是数值。为了更好地学习和掌握矩阵的运算，首先简单介绍数值的基本知识。

1. 数值类型

（1）整型。整型数据是不包含小数部分的数值型数据，用字母 I 表示。整型数据只用来表示整数，以二进制形式存储。下面介绍整型数据的分类。

- int8：有符号 8 位整数，值的范围为 $-2^7 \sim 2^7-1$，占用 1 字节。
- int16：有符号 16 位整数，值的范围为 $-2^{15} \sim 2^{15}-1$，占用 2 字节。

- int32：有符号 32 位整数，值的范围为 $-2^{31} \sim 2^{31}-1$，占用 4 字节。
- int64：有符号 64 位整数，值的范围为 $-2^{63} \sim 2^{63}-1$，占用 8 字节。
- uint8：无符号 8 位整数，值的范围为 $0 \sim 2^{8}-1$，占用 1 字节。
- uint16：无符号 16 位整数，值的范围为 $0 \sim 2^{16}-1$，占用 2 字节。
- uint32：无符号 32 位整数，值的范围为 $0 \sim 2^{32}-1$，占用 4 字节。
- uint64：无符号 64 位整数，值的范围为 $0 \sim 2^{64}-1$，占用 8 字节。

实例——显示十进制数字

源文件：yuanwenjian\ch03\shijinzhi.m

本实例练习十进制数字的显示。

解：MATLAB 程序如下。

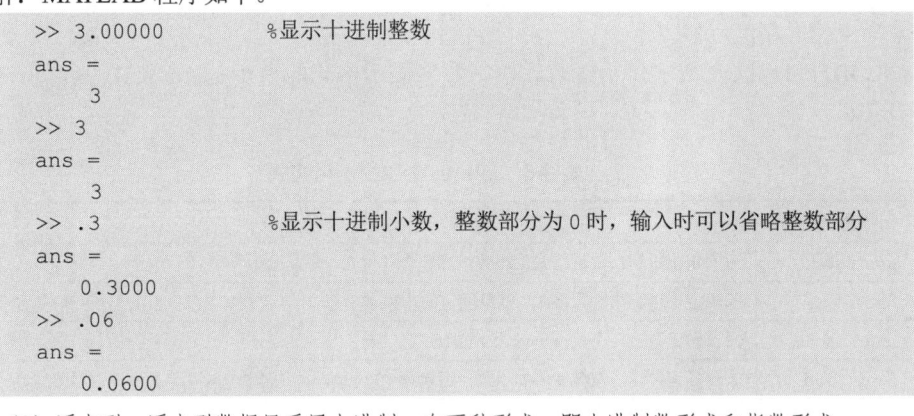

```
>> 3.00000            %显示十进制整数
ans =
    3
>> 3
ans =
    3
>> .3                 %显示十进制小数，整数部分为 0 时，输入时可以省略整数部分
ans =
    0.3000
>> .06
ans =
    0.0600
```

（2）浮点型。浮点型数据只采用十进制，有两种形式，即十进制数形式和指数形式。

1）十进制数形式：由数码 0～9 和小数点组成，如 0.0、0.25、5.789、0.13、5.0、300、-267.8230。

2）指数形式：由十进制数加阶码标志 e 或 E 以及阶码（只能为整数，可以带符号）组成。其一般形式为

$$a E n$$

其中，a 为十进制数；n 为十进制整数，表示的值为 a*10^n。

例如，2.1E5 等于 2.1*10^5，3.7E-2 等于 3.7*10^{-2}，0.5E7 等于 0.5*10^7，-2.8E-2 等于 -2.8*10^{-2}。

下面介绍常见的不合法的实数形式。

- E7：阶码标志 E 之前无数字。
- 53.-E3：负号位置不对。
- 2.7E：无阶码。

浮点型变量还可以分为两类：单精度型和双精度型。MATLAB 默认以双精度表示浮点数。

single：单精度型，占 4 字节（32 位）内存空间，其数值范围为 -3.4028E38～3.4028E38，只能提供 7 位有效数字。

double：双精度型，占 8 字节（64 位）内存空间，其数值范围为 -1.7977E308～1.7977E308，可以提供 16 位有效数字。

（3）复数类型。把形如 $a+bi$（a、b 均为实数）的数称为复数。其中，a 称为复数 z 的实部（real part），记作 Rez = a；b 称为复数 z 的虚部（imaginary part），记作 Imz=b；i 称为虚数单位。

当虚部等于 0（即 b=0）时，这个复数可以视为实数；当复数 z 的虚部不等于 0，实部等于 0（即 a=0 且 b≠0）时，z = bi，常称 z 为纯虚数。

复数的四则运算规定如下。

- 加法法则：$(a+bi)+(c+di) = (a+c)+(b+d)i$。
- 减法法则：$(a+bi)-(c+di) =(a-c)+(b-d)i$。
- 乘法法则：$(a+bi)\times(c+di) = (ac-bd)+(bc+ad)i$。
- 除法法则：$(a+bi)/(c+di) = (ac+bd)/(c^2+d^2)+(bc-ad)i/(c^2+d^2)$。

2. 数字的显示格式

一般而言，在 MATLAB 中，数据的存储与计算都是以双精度进行的，但有多种显示形式。在默认情况下，若数据为整数，就以整数表示；若数据为实数，则以保留小数点后 4 位的精度近似表示。

用户可以改变数字显示格式。控制数字显示格式的命令是 format，其调用格式见表 3-6。

表 3-6　format 命令的调用格式

调用格式	说明
format short	短固定十进制小数点格式，小数点后包含 4 位数（默认值）
format long	长固定十进制小数点格式，双精度值的小数点后包含 15 位数，单精度值的小数点后包含 7 位数
format shortE	短科学记数法，小数点后包含 4 位数
format longE	长科学记数法，双精度值的小数点后包含 15 位数，单精度值的小数点后包含 7 位数
format shortG	短固定十进制小数点格式或科学记数法（取更紧凑的一个）
format longG	长固定十进制小数点格式或科学记数法（取更紧凑的一个）
format hex	二进制双精度数字的十六进制表示形式
format +	正/负格式，对正、负和 0 元素分别显示+、-和空白字符
format bank	货币格式，小数点后包含 2 位数
format rational	以有理数形式输出结果
format compact	变量之间没有空行
format loose	变量之间有空行

实例——显示长整型圆周率

源文件：yuanwenjian\ch03\changzhengxing.m

本实例演示如何控制数字显示格式。

解：MATLAB 程序如下。

```
>> format long, pi              %以长固定十进制小数点格式显示预定义变量 pi
ans =
    3.141592653589793
>> format                       %还原显示格式
```

动手练一练——对比数值的显示格式

本练习演示长整型与短整型数字的显示。

> **思路点拨：**
> 源文件：yuanwenjian\ch03\shuzhixianshi.m
> 使用 format long 与 format short 演示整型数字与小数数字的显示结果。

3.3 运 算 符

MATLAB 提供了丰富的运算符，能够满足用户的各种应用需求。这些运算符包括算术运算符、关系运算符和逻辑运算符。本节将简要介绍各种运算符的功能。

3.3.1 算术运算符

MATLAB 语言的算术运算符见表 3-7。

表 3-7 MATLAB 语言的算术运算符

运算符	说　　明
+	算术加
–	算术减
*	算术乘
.*	点乘
^	算术乘方
.^	点乘方
\	算术左除
.\	点左除
/	算术右除
./	点右除
'	矩阵转置。当矩阵是复数时，求矩阵的共轭转置
.'	矩阵转置。当矩阵是复数时，不求矩阵的共轭转置

其中，算术运算符加、减、乘及乘方与传统意义上的加、减、乘及乘方类似，用法基本相同。而点乘、点乘方等运算有其特殊的一面，点运算是指元素点对点的运算，即矩阵内元素对元素之间的运算。点运算要求参与运算的变量在结构上必须是相似的。

MATLAB 的除法运算较为特殊。对于简单数值而言，算术左除与算术右除也不同，算术右除与传统的除法相同，即 a/b=a÷b；而算术左除则与传统的除法相反，即 a\b=b÷a。对矩阵而言，算术右除 *A/B* 相当于求解线性方程 *X*B=A* 的解；算术左除 *A\B* 相当于求解线性方程 *A*X=B* 的解。点左除和点右除与上面的点运算相似，是变量对应于元素进行点除。

在 MATLAB 中进行简单数值运算，只需在提示符（>>）之后直接输入运算式，并按 Enter 键即可。

实例——计算平方根

源文件：yuanwenjian\ch03\shuzhipingfanggen.m

本实例计算 $\sqrt{57^5+6}$ 。

解：MATLAB 程序如下。

```
>> format long       %以长固定十进制小数点格式显示数据
>> x= 57^5+6         %直接输入表达式进行计算，将计算结果存储在预定义变量 x 中
x =
    601692063
>> y= sqrt(x)        %使用函数 sqrt() 计算 x 的平方根
y =
   2.452941220249682e+04
>> format short,y    %用短固定十进制小数点格式显示计算结果
y =
   2.4529e+04
>> format            %还原显示格式
```

3.3.2 关系运算符

关系运算符主要用于对矩阵与数、矩阵与矩阵进行比较，返回表示二者关系的由逻辑值 0 和 1 组成的矩阵，0 和 1 分别表示不满足和满足指定关系。

MATLAB 语言的关系运算符见表 3-8。

表 3-8　MATLAB 语言的关系运算符

运　算　符	说　　明
==	等于
~=	不等于
>	大于
>=	大于等于
<	小于
<=	小于等于

实例——比较变量大小

源文件：yuanwenjian\ch03\bijiaobianliang.m

本实例比较 x 与 y 赋值后的大小。

解：MATLAB 程序如下。

```
>> x=1      %定义变量 x，赋值为 1
x =
     1
>> y=2      %定义变量 y，赋值为 2
y =
     2
```

```
>> x>=y        %输入关系表达式,判断 x 是否大于等于 y
ans =
  logical
   0           %结果为逻辑值 0(假),即输入的关系表达式不成立
```

3.3.3 逻辑运算符

MATLAB 语言在进行逻辑判断时,所有非零数值均被认为真,而 0 为假。在逻辑判断结果中,判断为真时输出 1,判断为假时输出 0。

MATLAB 语言的逻辑运算符见表 3-9。

表 3-9 MATLAB 语言的逻辑运算符

运算符	说 明
&或 and	逻辑与。当两个操作数同时为逻辑真时,结果为 1,否则为 0
|或 or	逻辑或。当两个操作数同时为逻辑假时,结果为 0,否则为 1
~或 not	逻辑非。当操作数为逻辑假时,结果为 1,否则为 0
xor	逻辑异或。当两个操作数相同时,结果为 0,否则为 1
any	有非零元素则为真
all	所有元素均非零则为真

在算术、关系、逻辑 3 种运算符中,算术运算符优先级最高,关系运算符次之,而逻辑运算符优先级最低。在逻辑运算符中,"非"的优先级最高,"与"和"或"有相同的优先级。

下面结合实例详细介绍 MATLAB 语言的逻辑运算符。

(1) &或 and:逻辑与。

```
>> 1&1              %两个操作数同时为逻辑真,与运算结果为真
ans =
  logical
   1
>> and(5,0)         %两个操作数中有一个为逻辑假,与运算结果为假
ans =
  logical
   0
```

(2) |或 or:逻辑或。

```
>> 0|0              %两个操作数同时为逻辑假,或运算结果为假
ans =
  logical
   0
>> or(0,0)          %使用 or()函数计算两个操作数的或运算
ans =
  logical
   0
>> or(0,1)          %两个操作数中有一个为逻辑真,或运算结果为真
ans =
  logical
   1
```

（3）xor：逻辑异或。输入格式为 C=xor(A,B)。

```
>> xor(0,1)         %两个操作数的逻辑值不相同，异或运算结果为真
ans =
  logical
    1
```

（4）any：检测矩阵中是否有非零元素，有则返回 1；否则返回 0。输入格式为 B = any(A)；B = any(A,dim)。

```
>> any(15)                           %操作数为非零元素，运算结果为真
ans =
  logical
    1
>> any(logical(5),logical(5))        %操作数均为非零元素，运算结果为真
ans =
  logical
    1
```

（5）all：检测矩阵中是否全为非零元素，如果是，则返回 1；否则返回 0。输入格式为 B = all(A)； B = all(A,dim)。

```
>> all(15)          %操作数中的所有元素均为非零元素，运算结果为真
ans =
  logical
    1
```

动手练一练——数值的逻辑运算练习

本练习主要练习逻辑运算符的应用。

> **思路点拨：**
> 源文件：yuanwenjian\ch03\luojiyunsuan.m
> 练习使用逻辑运算符。

3.4 函数运算

简单数学运算除了基本的四则运算，还包括复数运算、三角函数运算、指数运算等。本节将介绍简单数学运算所用到的运算符及函数。

3.4.1 复数运算

MATLAB 提供的复数函数包括以下 9 种。

- abs：模。
- angle：复数的相角。
- complex：用实部和虚部构造一个复数。
- conj：复数的共轭。
- imag：复数的虚部。
- real：复数的实部。
- unwrap：平移相位角。

> isreal：判断数组是否使用复数存储。
> cplxpair：把复数矩阵排列成复共轭对。

1. 复数的四则运算

如果复数 $c_1 = a_1 + b_1 i$ 和复数 $c_2 = a_2 + b_2 i$，那么它们的加、减、乘、除运算定义如下：

$$c_1 + c_2 = (a_1 + a_2) + (b_1 + b_2)i$$

$$c_1 - c_2 = (a_1 - a_2) + (b_1 - b_2)i$$

$$c_1 \times c_2 = (a_1 a_2 - b_1 b_2) + (a_1 b_2 + b_1 a_2)i$$

$$\frac{c_1}{c_2} = \frac{(a_1 a_2 + b_1 b_2)}{(a_2^2 + b_2^2)} + \frac{(b_1 a_2 - a_1 b_2)}{(a_2^2 + b_2^2)}i$$

两个复数进行二元运算时，MATLAB 将会用上面的法则进行加法、减法、乘法和除法运算。

```
>> A=1+2i;
>> B=3+5i;          %创建两个复数 A 和 B
>> C=A+B            %复数的加法运算
C =
   4.0000 + 7.0000i
>> C=A-B            %复数的减法运算
C =
  -2.0000 - 3.0000i
>> C=A*B            %复数的乘法运算
C =
  -7.0000 +11.0000i
>> C=A/B            %复数的除法运算
C =
   0.3824 + 0.0294i
```

2. 复数的模

复数除基本表达方式外，在平面内还有另一种表达方式，即用极坐标表示为

$$z = a + bi = z \angle \theta$$

其中，z 代表向量的模；θ 代表辐角。直角坐标中的 a、b 和极坐标 z、θ 之间的关系为

$$z = a \cos\theta$$
$$z = b \sin\theta$$
$$z = \sqrt{a^2 + b^2}$$
$$\theta = \tan^{-1}\frac{b}{a}$$

这里，调用函数 abs() 可直接得到复数的模。

```
>> A=1+2i;
>> B=angle(A)                        %得到复数的幅角 θ
B =
    1.1071
>> C=abs(A)                          %得到复数的模
```

```
    C =
        2.2361
```

3. 复数的共轭

如果复数 $c=a+bi$，那么该复数的共轭复数为 $d=a-bi$。

```
>> A=1+2i;
>> B=real(A)                           %得到复数的实数部分
B =
    1
>> C=imag(A)                           %得到复数的虚数部分
C =
    2
>> D=conj(A)                           %得到复数的共轭复数
D =
    1.0000 - 2.0000i
```

4. 构造复数

直接输入 $a+bi$ 形式的数值，得到该复数；使用函数 complex()，同样可以得到相同的复数。

```
>> complex(1,3)                        %函数构造复数
ans =
    1.0000 + 3.0000i
>> 1+3i                                %直接输入复数
ans =
    1.0000 + 3.0000i
```

5. 实数矩阵

若单个复数或复数矩阵中的元素中虚部为 0，即显示为

$$c = a + bi$$

其中，$b=0$，可以简写为

$$c = a$$

符合这种条件的复数矩阵称为实数矩阵。调用函数 isreal() 显示结果为 1，反之显示为 0。

```
>> A=1+2i;         %创建复数 A
>> isreal(A)       %判断 A 是否为实数矩阵
ans =
  logical
    0
>> M=1             %创建实数 M
M =
    1
>> isreal(M)       %判断 M 是否为实数矩阵
ans =
  logical
    1
```

3.4.2 三角函数运算

三角函数是以角度为自变量的函数，一般用于计算三角形中未知长度的边和未知的角度。如图 3-5 所示，当平面上的 3 点 *A*、*B*、*C* 的连线 *AB*、*AC*、*BC* 构成一个直角三角形，其中∠*ACB* 为直角时，对∠*BAC* 而言，对边 *a*=*BC*、斜边 *c*=*AB*、邻边 *b*=*AC*，则存在表 3-10 所列的关系。

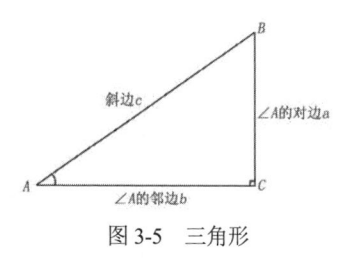

图 3-5 三角形

表 3-10 三角函数

基本函数	缩 写	表 达 式
正弦函数 sine	sin	a/c ∠A 的对边比斜边
余弦函数 cosine	cos	b/c ∠A 的邻边比斜边
正切函数 tangent	tan	a/b ∠A 的对边比邻边
余切函数 cotangent	cot	b/a ∠A 的邻边比对边
正割函数 secant	sec	c/b ∠A 的斜边比邻边
余割函数 cosecant	csc	c/a ∠A 的斜边比对边

3.5 课后习题

1. MATLAB 命令的基本符号包括（　　）。
   A. %　　　　　　　B. #　　　　　　　C. @　　　　　　　D. $
2. 在 MATLAB 中，（　　）符号用于表示矩阵转置。
   A. '　　　　　　　B. !　　　　　　　C. *　　　　　　　D. ^
3. （　　）不是 MATLAB 中的关系运算符。
   A. ==　　　　　　B. ~=　　　　　　C. <　　　　　　　D. &&
4. MATLAB 中的复数单位是（　　）。
   A. I　　　　　　　B. j　　　　　　　C. k　　　　　　　D. 1
5. 在 MATLAB 中，函数（　　）用于计算数组的平均值。
   A. mean()　　　　 B. average()　　　C. median()　　　 D. mode()
6. 下面的数值是否合法？
   　　–909　　0.002　　e5　　9.456　　1.3e–3　　0.5e33
7. 计算如下表达式的值。
   （1）xor(11,pi)。
   （2）3^2^3。
   （3）3^(2^3)。
   （4）(3^2)^3。
   （5）any(–11/5)。
   （6）sin(11.5)。
   （7）(5+i)/(6+3i)。
8. 给定一个复数 $z = 3 + 4i$，计算其共轭复数。

第 4 章　向量与多项式

内容简介

在 MATLAB 中，系统能自动识别并运行在程序中直接使用的数字及一些特殊常量。但大多数情况下，数据需要先进行定义，才能进行使用，包括本章讲解的向量、多项式及特殊变量；否则，不能被识别，将显示警告信息，同时程序不能被运行。

内容要点

- 向量
- 多项式
- 特殊变量
- 课后习题

4.1　向　量

向量是由 n 个数 $a_1, a_2, \cdots, a_n$ 组成的有序数组，记成

$$a = \begin{pmatrix} a_1 \\ a_2 \\ \vdots \\ a_n \end{pmatrix} \text{或} \boldsymbol{a}^T = (a_1, a_2, \cdots, a_n)$$

称作 n 维向量，向量 $\boldsymbol{a}$ 的第 i 个分量称为 a_i。

4.1.1　向量的生成

向量的生成有直接输入法、冒号法和利用 MATLAB 函数创建 3 种方法。

（1）直接输入法。生成向量最直接的方法就是在命令行窗口中直接输入。格式要求如下：
- 向量元素需要用"[ ]"括起来。
- 元素之间可以用空格、逗号或分号分隔。

说明：
用空格和逗号分隔生成行向量，用分号分隔生成列向量。

实例——直接输入生成向量

源文件：yuanwenjian\ch04\xiangliang1.m

本实例利用直接输入法生成向量。

解：MATLAB 程序如下。

```
>> x=[2 4 6 8]              %用空格分隔生成行向量
x =
     2     4     6     8
```

又如：

```
>> x=[1;2;3]                %用分号分隔生成列向量
x =
     1
     2
     3
```

（2）冒号法。

基本格式是 x=first:increment:last，表示创建一个从 first 开始，到 last 结束，数据元素的增量为 increment 的向量。若增量为 1，上面创建向量的方式可简写为 x=first:last。

实例——使用冒号法创建向量

源文件：yuanwenjian\ch04\xiangliang2.m

本实例创建一个从 0 开始，增量为 2，到 10 结束的向量 *x*。

解：MATLAB 程序如下。

```
>> x=0:2:10
x =
     0     2     4     6     8    10
```

（3）利用函数 linspace()创建向量。

函数 linspace()通过直接定义数据元素个数，而不是数据元素之间的增量来创建向量。此函数的调用格式如下：

```
linspace(first_value,last_value,number)
```

该调用格式表示创建一个从 first_value 开始，到 last_value 结束，包含 number 个元素的向量。

实例——利用函数生成向量

源文件：yuanwenjian\ch04\xiangliang3.m

本实例创建一个从 0 开始，到 10 结束，包含 6 个数据元素的向量 *x*。

解：MATLAB 程序如下。

```
>> x=linspace(0,10,6)
x =
     0     2     4     6     8    10
```

（4）利用函数 logspace()创建一个对数分隔的向量。

与函数 linspace()一样，函数 logspace()也通过直接定义向量元素个数，而不是数据元素之间的增量来创建数组。函数 logspace()的调用格式如下：

```
logspace(first_value,last_value,number)
```

该调用格式表示创建一个从 $10^{\text{first\_value}}$ 开始，到 $10^{\text{last\_value}}$ 结束，包含 number 个数据元素的向量。

实例——生成对数分隔向量

源文件：yuanwenjian\ch04\xiangliang4.m

本实例创建一个从 10 开始，到 10^3 结束，包含 3 个数据元素的向量 *x*。

解：MATLAB 程序如下。

```
>> x=logspace(1,3,3)
x =
        10       100      1000
```

4.1.2 向量元素的引用

向量元素引用的方式见表 4-1。

表 4-1　向量元素引用的方式

格　　式	说　　明
x(n)	表示向量 x 中的第 n 个元素
x(n1:n2)	表示向量 x 中的第 n1~n2 个元素

实例——抽取向量元素

源文件：yuanwenjian\ch04\xiangliang5.m

本实例演示如何抽取向量元素。

解：MATLAB 程序如下。

```
>> x=[1 2 3 4 5];          %创建向量 x
>> x(1:3)                  %抽取向量 x 的第 1~3 个元素
ans =
     1     2     3
```

4.1.3 向量运算

向量可以看成是一种特殊的矩阵，因此矩阵的运算对向量同样适用。除此以外，向量还是矢量运算的基础，所以还有一些特殊的运算，主要包括向量的点积、叉积和混合积。

1. 向量的四则运算

向量的四则运算与一般数值的四则运算相同，相当于将向量中的元素拆开，分别进行四则运算，最后将运算结果重新组合成向量。

（1）对向量定义、赋值。

```
>> a=logspace(0,5,6)     %创建从 1 开始，到 10⁵ 结束，包含 6 个元素的对数分隔向量 a
a =
         1        10       100      1000     10000    100000
```

（2）进行向量加法运算。

```
>> a+10
ans =
        11        20       110      1010     10010    100010
```

（3）进行向量减法运算。

```
>> a-1
```

```
        ans =
                   0           9          99         999        9999       99999
```
（4）进行向量乘法运算。
```
        >> a*5
        ans =
                   5          50         500        5000       50000      500000
```
（5）进行向量除法运算。
```
        >> a/2
        ans =
          1.0e+04 *
            0.0001    0.0005    0.0050    0.0500    0.5000    5.0000
```
（6）进行向量简单加减运算。
```
        >> a-2+5
        ans =
                   4          13         103        1003       10003      100003
```

实例——向量的四则运算

源文件：yuanwenjian\ch04\jiajian.m

本实例演示向量的四则运算。

解：MATLAB 程序如下。
```
        >> a=logspace(0,5,6);    %创建从1开始，到10⁵结束，包含6个元素的对数分隔向量a
        >> a+5-(a+1)             %先计算a+1，再计算a+5与a+1的差
        ans =
             4     4     4     4     4     4
```

2. 向量的点积运算

在 MATLAB 中，对于向量 **a**、**b**，其点积可以利用 sum(conj(a).*b)得到，也可以直接用 dot 命令算出，该命令的调用格式见表 4-2。

表 4-2　dot 命令的调用格式

调 用 格 式	说　　明
dot(a,b)	返回向量 a 和 b 的点积。需要说明的是，a 和 b 必须同维。另外，当 a、b 都是列向量时，dot(a,b) 等同于 a'*b
dot(a,b,dim)	返回向量 a 和 b 在 dim 维的点积

实例——向量的点积运算

源文件：yuanwenjian\ch04\dianji.m

本实例演示向量的点积运算。

解：MATLAB 程序如下。
```
        >> a=[2 4 5 3 1];
        >> b=[3 8 10 12 13];     %创建向量a和b
        >> c=dot(a,b)            %计算向量a和b的点积，这两个向量必须同维
        c =
           137
```

3. 向量的叉积运算

在空间解析几何学中,两个向量叉积的结果是一个过两相交向量交点且垂直于两向量所在平面的向量。在 MATLAB 中,向量的叉积运算可由函数 cross() 来实现。函数 cross() 的调用格式见表 4-3。

表 4-3 函数 cross() 的调用格式

调 用 格 式	说　　明
cross(a,b)	返回向量 a 和 b 的叉积。需要说明的是,a 和 b 必须是长度为 3 的向量
cross(a,b,dim)	返回向量 a 和 b 在 dim 维的叉积。需要说明的是,a 和 b 必须有相同的维数,size(a,dim) 和 size(b,dim) 的结果必须为 3

实例——向量的叉积运算

源文件:yuanwenjian\ch04\chaji.m

本实例演示向量的叉积运算。

解:MATLAB 程序如下。

```
>> a=[2 3 4];
>> b=[3 4 6];           %创建向量a和b
>> c=cross(a,b)         %计算向量a和b的叉积,这两个向量的长度必须都为3
c =
     2    0   -1
```

4. 向量的混合积运算

在 MATLAB 中,向量的混合积运算可由上述两个函数(dot、cross)共同来实现。

实例——向量的混合积运算

源文件:yuanwenjian\ch04\hunheji.m

本实例演示向量的混合积运算。

解:MATLAB 程序如下。

```
>> a=[2 3 4];
>> b=[3 4 6];
>> c=[1 4 5];                   %创建长度均为3的向量a、b、c
>> d=dot(a,cross(b,c))%先计算向量b和c的叉积,再计算结果与a的点积
d =
    -3
```

4.2 多 项 式

式是指代数式,是由数字和字母组成的,如 1、5a、sdef、ax^n+b。式又分为单项式和多项式。

- 单项式是数字与字母的积,单独的一个数字或字母也是单项式,如 3*ab*。
- 几个单项式的和称为多项式,如 3*ab*+5*cd*。

在高等代数中,多项式一般可表示为 $a_0x^n + a_1x^{n-1} + \cdots + a_{n-1}x + a_n$ 的形式,这是一个

n（$n>0$）次多项式，a_0、a_1 等是多项式的系数。在 MATLAB 中，多项式的系数组成的向量表示为 $p = [a_0, a_1, \cdots, a_{n-1}, a_n]$，如 $2x^3 - x^2 + 3 \leftrightarrow [2, -1, 0, 3]$。

系数中的 0 不能省略。

将对多项式运算转化为对向量的运算，是数学中最基本的运算之一。

4.2.1 多项式的创建

构造带字符多项式的基本方法是直接输入，主要由 26 个英文字母及空格等一些特殊符号组成。

实例——输入符号多项式

源文件：yuanwenjian\ch04\duoxiangshi1.m

本实例演示输入符号多项式 $ax^n + bx^{n-1}$。

解：MATLAB 程序如下。

```
>>'a*x^n+b*x^(n-1)'        %输入的表达式包含在单引号中
ans =
    'a*x^n+b*x^(n-1)'
```

构造带数值多项式最简单的方法就是直接输入向量。这种方法通过函数 poly2sym() 来实现，其调用格式如下：

```
poly2sym(p)
```

其中，p 为多项式的系数向量。

实例——构建多项式

源文件：yuanwenjian\ch04\duoxiangshi2.m

本实例利用向量 $p = [3, -2, 4, 6, 8]$ 构建多项式 $3x^4 - 2x^3 + 4x^2 + 6x + 8$。

解：MATLAB 程序如下。

```
>> p=[3 -2 4 6 8];          %多项式的系数向量
>> poly2sym(p)              %使用系数向量 p 构建多项式
ans =
3*x^4-2*x^3+4*x^2+6*x+8
```

4.2.2 数值多项式四则运算

MATLAB 没有提供专门针对多项式加减运算的函数，多项式的四则运算实际上是多项式对应的系数的四则运算。

多项式的四则运算是指多项式的加、减、乘、除运算。需要注意的是，相加、相减的两个向量必须大小相等。阶次不同时，低阶多项式必须用 0 填补，使其与高阶多项式有相同的阶次。多项式的加、减运算直接用"+""-"来实现。

1. 乘法运算

多项式的乘法用函数 conv() 来实现，相当于执行两个数组的卷积。

```
>> p1=(1:5);
>> p2=(2:6);                %输入两个多项式的系数向量 p1 和 p2
>> p1+p2                    %两个向量进行加法运算
```

- 43 -

```
ans =
    3    5    7    9   11
>> conv(p1,p2)              %两个向量进行卷积运算,得到多项式乘法计算结果的系数向量
ans =
    2    7   16   30   50   58   58   49   30
```

2. 除法运算

多项式的除法用函数 deconv() 来实现，相当于执行两个数组的解卷。函数 deconv() 的调用格式如下：

```
[k,r]=deconv(p,q)
```

其中，k 返回的是多项式 p 除以 q 的商；r 是余式。

$$[k,r] = \text{deconv}(p,q) \Leftrightarrow p = \text{conv}(q,k)+r$$

```
>> deconv(p1,p2)            %计算多项式p1除以p2的商
ans =
    0.5000
```

动手练一练——多项式的计算

本练习计算多项式 $2x^3 - x^2 + 3$ 和 $2x + 1$ 的加、减、乘、除。

> **思路点拨：**
> 源文件：yuanwenjian\ch04\duoxiangshijisuan.m
> （1）输入系数向量。
> （2）创建两个多项式。
> （3）计算多项式的四则运算。

实例——构造多项式

源文件：yuanwenjian\ch04\duoxiangshi3.m
本实例演示由多项式的根构造多项式。

解：MATLAB 程序如下。

```
>> root=[-5 3+2i 3-2i];     %输入3阶多项式的根
>> p=poly(root)             %使用函数poly()求以向量root为解的多项式系数
p =
    1   -1  -17   65
>> poly2sym(p)              %根据系数向量p构建多项式
ans =
x^3-x^2-17*x+65
```

实例——多项式的四则运算

源文件：yuanwenjian\ch04\duoxiangshiyunsuan.m
本实例演示多项式的四则运算。

解：MATLAB 程序如下。

```
>> p1=[2 3 4 0 -2];
>> p2=[0 0 8 -5 6];         %输入两个多项式的系数向量,系数中的0不能省略
```

```
>> p=p1+p2;                    %两个多项式的系数向量相加
>> poly2sym(p)                 %根据系数向量得到两个多项式相加的结果
ans =
2*x^4+3*x^3+12*x^2-5*x+4
>> q=conv(p1,p2)               %通过卷积计算多项式乘法
q =
     0    0   16   14   29   -2    8   10  -12
>> poly2sym(q)                 %根据系数向量 q 得到两个多项式相乘的结果
ans =
16*x^6+14*x^5+29*x^4-2*x^3+8*x^2+10*x-12
```

4.2.3 多项式导数运算

多项式导数运算用函数 polyder() 来实现，其调用格式如下：

polyder(p)

其中，p 为多项式的系数向量。

```
>> p=[2 3 8 -5 6];
>> a=poly2sym(p)               %根据系数向量 p 构建多项式 a
a =
2*x^4 + 3*x^3 + 8*x^2 - 5*x + 6
>> q=polyder(p)                %导数系数
q =
     8    9   16   -5
>> b=poly2sym(q)               %导数多项式
b =
8*x^3 + 9*x^2 + 16*x - 5
```

动手练一练——创建导数多项式

利用向量（1:10）创建多项式，并求解多项式的 1 阶导数、2 阶导数和 3 阶导数多项式。

思路点拨：

源文件： yuanwenjian\ch04\daoshuduoxiangshi.m

（1）利用冒号生成向量。

（2）利用函数 poly2sym() 生成多项式。

（3）利用函数 polyder() 求 1 阶导数的系数向量。

（4）利用函数 poly2sym() 生成 1 阶导数多项式。

（5）使用同样的方法创建 2 阶导数、3 阶导数多项式。

4.3 特殊变量

本节介绍的特殊变量包括单元型变量和结构型变量。这两种数据类型的特点是允许用户将不同但相关的数据类型集成一个单一的变量，方便数据的管理。

4.3.1 单元型变量

单元型变量是以单元为元素的数组，每个元素称为单元，每个单元可以包含其他类型的数组，如实数矩阵、字符串、复数向量。单元型变量通常由"{}"创建，其数据通过数组下标来引用。

1. 单元型变量的创建

单元型变量的定义有两种方式：一种是用赋值语句直接定义，另一种是由函数 cell() 预先分配存储空间，然后对单元元素逐个赋值。

（1）用赋值语句直接定义。在直接赋值过程中，与在矩阵的定义中使用中括号不同，单元型变量的定义需要使用大括号，同一行的元素之间用逗号隔开，行之间用分号隔开。

实例——生成单元数组

源文件：yuanwenjian\ch04\shuzu1.m

本实例创建一个 2×2 的单元型数组。

解：MATLAB 程序如下。

```
>> A=[1 2;3 4];
>> B=3+2*i;
>> C='efg';
>> D=2;              %创建单元型数组的 4 个单元 A、B、C、D, 类型各不相同
>> E={A,B;C,D}       %定义 2×2 单元型变量 E
E =
  2×2 cell 数组
    {2×2 double}    {[3.0000 + 2.0000i]}
    {'efg'     }    {[              2]}
```

MATLAB 语言会根据显示的需要决定是将单元元素完全显示，还是只显示存储量来代替。

（2）对单元的元素逐个赋值。该方法的操作方式是先预分配单元型变量的存储空间，然后对变量中的元素逐个进行赋值。实现预分配存储空间的函数是 cell()。

在 MATLAB 中，可以用函数 cell() 生成单元数组，具体的应用形式如下：

- cell(N) 生成一个 n×n 阶置空的单元数组。
- cell(m,n) 或者 cell([m,n]) 生成一个 m×n 阶置空的单元数组。
- cell(m,n,p,...) 或者 cell(m,n,p,...) 生成 m×n×p×⋯阶置空的单元数组。
- cell(size(A)) 生成与 A 同形式的单元型的置空矩阵。

例如，以下程序定义一个 1×3 的单元型变量 E。

```
>> E=cell(1,3);
>> E{1,1}=[1:4];
>> E{1,2}=3+2*i;
>> E{1,3}=2;
>> E
E=
1×3 cell 数组
    {[1 2 3 4]}    {[3.0000 + 2.0000i]}    {[2]}
```

2. 单元型变量的引用

单元型变量的引用应当采用大括号作为下标的标识符，而采用小括号作为下标标识符则只显示该元素的压缩形式。

实例——引用单元型变量

源文件：yuanwenjian\ch04\shuzu2.m

本实例演示单元型变量的引用。

解：MATLAB 程序如下。

```
>> E{1}           %引用单元型变量的第一个单元，显示该单元的具体值
ans =
     1     2     3     4
>> E(1)           %引用单元型变量的第一个单元，显示该单元的压缩形式
ans =
 1×1 cell 数组
    {[1 2 3 4]}
```

3. MATLAB 语言中有关单元型变量的函数

MATLAB 语言中有关单元型变量的函数见表 4-4。

表 4-4　MATLAB 语言中有关单元型变量的函数

函 数 名	说　　明
cell()	生成单元型变量
cellfun()	对单元型变量中的元素作用的函数
celldisp()	显示单元型变量的内容
cellplot()	用图形显示单元型变量的内容
num2cell()	将数组转换成单元型变量
deal()	输入/输出处理
cell2struct()	将单元型变量转换成结构型变量
struct2cell()	将结构型变量转换成单元型变量
iscell()	判断是否为单元型变量
reshape()	改变单元数组的结构

（1）函数 celldisp()。函数 celldisp()可以显示单元型变量的内容，具体应用形式如下：
- celldisp(C)显示单元型变量 C 的内容。
- celldisp(C,'name')在窗口中显示的单元型变量的内容名称为 name，而不是通常显示的传统名称 ans。

（2）函数 cellplot()。函数 cellplot()使用彩色的图形来显示单元型变量的结构形式，具体应用形式如下：
- H=cellplot(C)返回一个向量，这个向量综合体现了表面、线和句柄。
- H=cellplot(C,'legend')返回一个向量，这个向量综合体现了表面、线和句柄，并有图形注释 legend。

实例——图形显示单元型变量

源文件：yuanwenjian\ch04\danyuanxingbianliang.m、图形显示单元型变量.fig

本实例判断单元型变量 E 中的元素是否为逻辑变量，如图 4-1 所示。

解：MATLAB 程序如下。

```
>> E={[1 2 3 4],3+2i,2}              %定义单元型变量E
E =
  1×3 cell 数组
    {[1 2 3 4]}    {[3.0000 + 2.0000i]}    {[2]}
>> cellfun('islogical',E)            %判断单元型变量E中的元素是否为逻辑变量
ans =
  1×3 logical 数组
   0   0   0
>> cellplot(E)                       %使用图形化方式显示单元型变量
```

结果如图 4-1 所示。

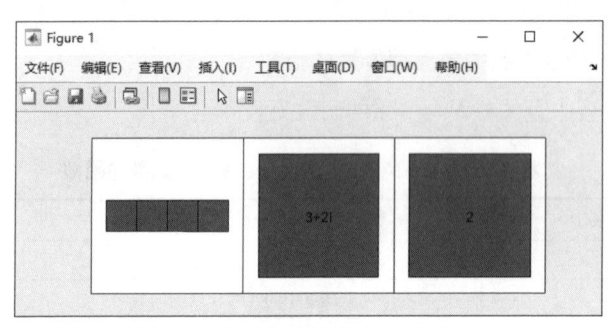

图 4-1 单元型变量的图形结构形式

4.3.2 结构型变量

1. 结构型变量的创建和引用

结构型变量是根据属性名（field）组织起来的不同数据类型的集合。结构的任何一个属性可以包含不同的数据类型，如字符串、矩阵等。结构型变量用函数 struct() 创建，其调用格式见表 4-5。

结构型变量数据通过属性名来引用。

表 4-5 函数 struct() 的调用格式

调 用 格 式	说 明
s = struct	创建不包含任何字段的标量(1×1)结构体
s = struct(field,value)	创建具有指定字段和值的结构体数组
s = struct([])	创建不包含任何字段的(0×0)空结构体
s=struct(field1,value1,…,fieldN,valueN)	创建包含多个字段的结构体数组
s = struct(obj)	创建包含与 obj 的属性对应的字段名称和值的标量结构体

实例——创建结构型变量

源文件：yuanwenjian\ch04\jiegouxingbianliang.m

本实例创建一个结构型变量。

解：MATLAB 程序如下。

```
>> mn=struct('color',{'red', 'black'},'number',{1,2})
%创建包含属性 color 和 number 的结构型变量 mn
mn =
包含以下字段的 1×2 struct 数组：
    color
    number
>> mn(1)                        %引用结构型变量的第一个元素
ans =
  包含以下字段的 struct:
    color: 'red'
    number: 1
>> mn(2)                        %引用结构型变量的第二个元素
ans =
  包含以下字段的 struct:
    color: 'black'
    number: 2
>> mn(2).color                  %引用第二个元素的 color 属性值
ans =
    'black'
```

2．结构型变量的相关函数

MATLAB 语言中有关结构型变量的函数见表 4-6。

表 4-6　MATLAB 语言中有关结构型变量的函数

函 数 名	说　　明
struct	创建结构型变量
fieldnames	得到结构型变量的属性名
getfield	得到结构型变量的属性值
setfield	设定结构型变量的属性值
rmfield	删除结构型变量的属性
isfield	判断是否为结构型变量的属性
isstruct	判断是否为结构型变量

4.4　课后习题

1. 在 MATLAB 中，（　　）命令用于生成一个 1～10 的行向量。
   A. linspace(1,10,10)　　B. 1:10　　C. range(1,10)　　D. arange(1,10)
2. 在 MATLAB 中，使用（　　）命令可以引用向量 v = [1,2,3,4,5] 中的第三个元素。
   A. v(3)　　B. v[3]　　C. v.3　　D. v{3}
3. 在 MATLAB 中，函数（　　）用于计算多项式的导数。

A. polyder()　　　　B. diff()　　　　　C. gradient()　　　　D. derivative()
4. 单元型变量使用（　　）符号表示。
   A. %　　　　　　　B. $　　　　　　　C. #　　　　　　　　D. @
5. （　　）不是创建数值多项式的方法。
   A. p = poly([1 2 3])　　　　　　　　B. p = [1 2 3]
   C. p = polynomial([1 2 3])　　　　　D. p = makepoly([1 2 3])
6. 如何在 MATLAB 中生成一个包含 10 个元素的零向量？
7. 如何在 MATLAB 中引用向量的多个元素？
8. 什么是结构型变量以及如何使用它们？

第 5 章 矩阵运算

内容简介

MATLAB 中所有的数值功能都是以矩阵为基本单元进行的，其矩阵运算功能十分全面和强大。本章将对矩阵及其运算进行详细介绍。

内容要点

- 矩阵
- 矩阵数学运算
- 矩阵运算
- 矩阵分解
- 综合实例——方程组的求解
- 课后习题

5.1 矩阵

MATLAB 在处理矩阵问题上的优势十分明显。本节主要介绍如何用 MATLAB 来进行"矩阵实验"，即如何生成矩阵，如何对已知矩阵进行各种变换等。

5.1.1 矩阵的定义

MATLAB 以矩阵作为数据操作的基本单位，这使矩阵运算变得非常简洁、方便、高效。矩阵是由 $m \times n$ 个数 a_{ij} ($i = 1,2,\cdots,m; j = 1,2,\cdots,n$) 排成的 m 行 n 列数表，记成

$$A = \begin{pmatrix} a_{11} & a_{12} & \cdots & a_{1n} \\ a_{21} & a_{22} & \cdots & a_{2n} \\ \cdots & \cdots & \ddots & \cdots \\ a_{m1} & a_{m2} & \cdots & a_{mn} \end{pmatrix}$$

称为 $m \times n$ 矩阵，也可以记成 a_{ij} 或 $A_{m \times n}$。其中，i 表示行数，j 表示列数。若 $m=n$，则该矩阵为 n 阶矩阵（n 阶方阵）。

> **注意：**
> 由有限个向量所组成的向量组可以构成矩阵，如果 $A = (a_{ij})$ 是 $m \times n$ 矩阵，那么 A 有 m 个 n 维行向量；有 n 个 m 维列向量。
> 矩阵的生成主要有直接输入法、M 文件生成法和文本文件生成法等。

在键盘上直接按行方式输入矩阵是最方便、最常用的创建数值矩阵的方法，尤其适合较小的简单矩阵。在用此方法创建矩阵时，应当注意以下几点。

> 输入矩阵时要以"[ ]"为其标识符号，矩阵的所有元素必须都在括号内。
> 矩阵同行元素之间由空格（个数不限）或逗号"，"分隔，行与行之间用分号"；"或 Enter 键分隔。
> 矩阵大小不需要预先定义。
> 矩阵元素可以是运算表达式。
> 若"[ ]"中无元素，表示空矩阵。
> 如果不想显示中间结果，可以用"；"结束。

实例——创建复数矩阵

源文件：yuanwenjian\ch05\fushujuzhen.m

本实例演示创建包含复数的矩阵 A，其中，$A = \begin{bmatrix} 1 & 1+i & 2 \\ 2 & 3+2i & 1 \end{bmatrix}$。

解：MATLAB 程序如下。

```
>> A=[[1,1+i,2];[2,3+2i,1]]        %使用方括号标记每一行的元素
A =
   1.0000 + 0.0000i   1.0000 + 1.0000i   2.0000 + 0.0000i
   2.0000 + 0.0000i   3.0000 + 2.0000i   1.0000 + 0.0000i
```

5.1.2 矩阵的生成

矩阵的生成除了直接输入法，还有 M 文件生成法和文本文件生成法等。

1. 利用 M 文件创建

当矩阵的规模比较大时，直接输入法就显得笨拙，出了差错也不易修改。为了解决这些问题，可以将要输入的矩阵按格式先写入一个文本文件，并将此文件以 m 为其扩展名保存，即 M 文件。

M 文件是一种可以在 MATLAB 环境下运行的文本文件，它可以分为命令式文件和函数式文件两种。主要用到的是命令式 M 文件，可以用简单形式创建大型矩阵。在 MATLAB 命令行窗口中输入 M 文件名，所要输入的大型矩阵即可被输入内存。

实例——M 文件矩阵

源文件：yuanwenjian\ch05\sample.m、Mjuzhen.m

本实例演示利用 M 文件创建矩阵。

解：MATLAB 程序如下。

（1）在 M 文件编辑器中编制一个名为 sample.m 的 M 文件，定义一个名为 gmatrix 的矩阵。

```
%sample.m
%创建一个M文件，用于输入大规模矩阵
gmatrix=[378 89 90 83 382 92 29;
3829 32 9283 2938 378 839 29;
388 389 200 923 920 92 7478;
3829 892 66 89 90 56 8980;
```

```
    7827   67   890   6557   45   123   35]
```
（2）将 M 文件保存在搜索路径下。

> **注意：**
> M 文件中的变量名与文件名不能相同，否则会造成变量名和函数名的混乱。运行 M 文件时，需要先将 M 文件 sample.m 复制到当前目录文件夹下，否则运行时无法调用。
> ```
>     >> sample
> ```
> 函数或变量'sample'无法识别。
> 上述提示表明在当前文件夹或 MATLAB 路径中未找到 sample，需要更改 MATLAB 当前文件夹或将其文件夹添加到 MATLAB 路径。

（3）运行 M 文件。在 MATLAB 命令行窗口中输入文件名，得到下面的结果。
```
>> sample
gmatrix =
     378      89      90      83     382      92      29
    3829      32    9283    2938     378     839      29
     388     389     200     923     920      92    7478
    3829     892      66      89      90      56    8980
    7827      67     890    6557      45     123      35
```
在通常的用途中，上例中的矩阵还不算"大型"矩阵，此处只是借例说明。

2. 利用文本文件创建

MATLAB 中的矩阵还可以由文本文件创建，即在搜索路径下建立 txt 文件，在命令行窗口中直接调用此文件名即可。

实例——创建生活用品矩阵

源文件：yuanwenjian\ch05\goods.txt、yongpin.m

日用商品在三家商店中有不同的价格，其中，毛巾有 3.5 元、4 元、5 元；洗脸盆有 10 元、15 元、20 元；单位量的售价（以某种货币单位计）用矩阵表示（行表示商品，列表示商店）。用文本文件创建矩阵 goods。

解：MATLAB 程序如下。

（1）在记事本中建立矩阵。
```
3.5   4    5
10   15   20
```
（2）以 goods.txt 保存在搜索路径下，在 MATLAB 命令行窗口中输入：
```
>> load goods.txt           %加载文本文件，在工作区创建一个与文件同名的变量
>> goods                    %输入变量名称显示文件内容
goods =
    3.5000    4.0000    5.0000
   10.0000   15.0000   20.0000
```
由此创建商品矩阵 goods。

> **注意：**
> 当运行 M 文件时，需要先将文本文件 goods.txt 复制到 MATLAB 的搜索路径下，否则运行时无法调用。

动手练一练——创建成绩单

将某班期末成绩单保存成文件演示。

思路点拨：

源文件：yuanwenjian\ch05\qimo.txt、chengjidan.m

（1）创建文本文件 qimo.txt，如图 5-1 所示，分别输入数学、语文、英语的成绩，并将该文件保存在系统默认目录下。

（2）使用函数 qimo()将该文本文件导入命令行窗口。

图 5-1 文本文件

5.1.3 创建特殊矩阵

用户可以直接调用函数来生成某些特定的矩阵，常用的函数如下。

- eye(n)：创建 $n×n$ 单位矩阵。
- eye(m,n)：创建 $m×n$ 单位矩阵。
- eye(size(A))：创建与 *A* 维数相同的单位矩阵。
- ones(n)：创建 $n×n$ 全 1 矩阵。
- ones(m,n)：创建 $m×n$ 全 1 矩阵。
- ones(size(A))：创建与 *A* 维数相同的全 1 矩阵。
- zeros(m,n)：创建 $m×n$ 全 0 矩阵。
- zeros(size(A))：创建与 *A* 维数相同的全 0 矩阵。
- rand(n)：在[0,1]区间内创建一个 $n×n$ 均匀分布的随机矩阵。
- rand(m,n)：在[0,1]区间内创建一个 $m×n$ 均匀分布的随机矩阵。
- rand(size(A))：在[0,1]区间内创建一个与 *A* 维数相同的均匀分布的随机矩阵。
- compan(P)：创建系数向量是 *P* 的多项式的伴随矩阵。
- diag(v)：创建以向量 *v* 中的元素为对角元素的对角矩阵。
- hilb(n)：创建 $n×n$ 的 Hilbert 矩阵。
- magic(n)：生成 *n* 阶魔方矩阵。
- sparse(A)：将矩阵 *A* 转化为稀疏矩阵形式，即由 *A* 的非零元素和下标构成稀疏矩阵 *S*。若 *A* 本身为稀疏矩阵，则返回 *A* 本身。

实例——生成特殊矩阵

源文件：yuanwenjian\ch05\teshujuzhen.m
本实例演示生成特殊矩阵。
解：MATLAB 程序如下。

```
>> zeros(3)           %创建 3 阶全 0 矩阵
ans =
     0     0     0
     0     0     0
     0     0     0
>> zeros(3,2)         %创建 3 行 2 列的全 0 矩阵
ans =
     0     0
     0     0
     0     0
>> ones(3,2)          %创建 3 行 2 列的全 1 矩阵
ans =
     1     1
     1     1
     1     1
>> ones(3)            %创建 3 阶全 1 矩阵
ans =
     1     1     1
     1     1     1
     1     1     1
>> rand(3)            %创建 3×3 的随机矩阵，元素值在区间(0,1)内均匀分布
ans =
    0.8147    0.9134    0.2785
    0.9058    0.6324    0.5469
    0.1270    0.0975    0.9575
>> rand(3,2)          %创建 3×2 的随机矩阵
ans =
    0.9649    0.9572
    0.1576    0.4854
    0.9706    0.8003
>> magic(3)           %创建 3 阶魔方矩阵
ans =
     8     1     6
     3     5     7
     4     9     2
>> hilb(3)            %创建 3 阶 Hilbert 矩阵
ans =
    1.0000    0.5000    0.3333
    0.5000    0.3333    0.2500
    0.3333    0.2500    0.2000
>> invhilb(3)         %创建 3 阶 Hilbert 矩阵的逆矩阵
ans =
     9   -36    30
```

```
         -36   192  -180
          30  -180   180
```

5.1.4 矩阵元素的运算

矩阵中的元素与向量中的元素一样，可以进行抽取引用、编辑修改等操作。

1．矩阵元素的修改

矩阵建立之后，还需要对其元素进行修改。表 5-1 列出了常用的矩阵元素修改命令。

表 5-1 矩阵元素修改命令

命 令 名	说 明
D=[A;B C]	A 为原矩阵，B、C 中包含要扩充的元素，D 为扩充后的矩阵
A(m,:)=[]	删除 A 的第 m 行
A(:,n)=[]	删除 A 的第 n 列
A(m,n)=a; A(m,:)=[a b...]; A(:,n)=[a b...]	对 A 的第 m 行第 n 列的元素赋值；对 A 的第 m 行赋值；对 A 的第 n 列赋值

实例——新矩阵的生成

源文件：yuanwenjian\ch05\yuansu.m
本实例演示修改矩阵元素，创建新矩阵。
解：MATLAB 程序如下。

```
>> A=[1 2 3;4 5 6];          %定义2行3列的矩阵A
>> B=eye(2);                 %定义2×2的单位矩阵B
>> C=zeros(2,1);             %定义2×1的全0矩阵C
>> D=[A;B C]                 %使用矩阵B和C扩充矩阵A的行，得到矩阵D
D =
     1     2     3
     4     5     6
     1     0     0
     0     1     0
```

2．矩阵的变维

矩阵的变维可以用冒号法和 reshape() 函数法。函数 reshape() 的调用形式如下：

```
        reshape(X,m,n)                %将已知矩阵X变维成m行n列的矩阵
```

实例——矩阵维度修改

源文件：yuanwenjian\ch05\bianwei.m
本实例演示矩阵的维度变换。
解：MATLAB 程序如下。

```
>> A=1:12;                   %定义1~12的线性间隔值组成的行向量,元素间隔值为1
>> B=reshape(A,2,6)          %将行向量A变维为2行6列
B =
     1     3     5     7     9    11
```

```
            2     4     6     8    10    12
>> C=zeros(3,4);        %用冒号法前必须先设定修改后矩阵的形状
>> C(:)=A(:)            %将矩阵 A 变维为 3 行 4 列得到矩阵 C
C =
     1     4     7    10
     2     5     8    11
     3     6     9    12
```

3. 矩阵的变向

常用的矩阵变向命令见表 5-2。

表 5-2 常用的矩阵变向命令

命 令 名	说 明
rot90(A)	将 A 逆时针方向旋转 90°
rot90(A,k)	将 A 逆时针方向旋转 90°*k，k 可以是正整数或负整数
fliplr(X)	将 X 左右翻转
flipud(X)	将 X 上下翻转
flip(X,dim)	dim=1 时对行翻转，dim=2 时对列翻转

实例——矩阵的变向

源文件： yuanwenjian\ch05\bianxiang.m

本实例演示矩阵的变向操作。

解： MATLAB 程序如下。

```
>> A=1:12;              %定义 1～12 的线性间隔值组成的行向量，元素间隔值为 1
>> C=zeros(3,4);        %指定修改后矩阵的维度大小
>> C(:)=A(:)            %将矩阵 A 变维为 3 行 4 列
C =
     1     4     7    10
     2     5     8    11
     3     6     9    12
>> flipdim(C,1)         %上下翻转矩阵 C 的行
ans =
     3     6     9    12
     2     5     8    11
     1     4     7    10
>> flipdim(C,2)         %左右翻转矩阵 C 的列
ans =
    10     7     4     1
    11     8     5     2
    12     9     6     3
```

4. 矩阵的抽取

对矩阵元素的抽取主要是指对角元素和上（下）三角阵的抽取。对角矩阵和三角矩阵的抽取命令见表 5-3。

表 5-3 对角矩阵和三角矩阵的抽取命令

命 令 名	说　　明
diag(X,k)	抽取矩阵 X 的第 k 条对角线上的元素向量。k 为 0 时抽取主对角线，k 为正整数时抽取上方第 k 条对角线上的元素，k 为负整数时抽取下方第 k 条对角线上的元素
diag(X)	抽取矩阵 X 主对角线上的元素向量
diag(v,k)	使 v 为所得矩阵第 k 条对角线上的元素向量
diag(v)	使 v 为所得矩阵主对角线上的元素向量
tril(X)	抽取矩阵 X 的主下三角部分
tril(X,k)	抽取矩阵 X 的第 k 条对角线下面的部分（包括第 k 条对角线）
triu(X)	抽取矩阵 X 的主上三角部分
triu(X,k)	抽取矩阵 X 的第 k 条对角线上面的部分（包括第 k 条对角线）

实例——矩阵抽取

源文件：yuanwenjian\ch05\chouqu.m

本实例演示矩阵的抽取操作。

解：MATLAB 程序如下。

```
>> A=magic(4)          %创建 4 阶魔方矩阵 A
A =
    16     2     3    13
     5    11    10     8
     9     7     6    12
     4    14    15     1
>> v=diag(A,2)         %抽取矩阵 A 第 2 条对角线上的元素
v =
     3
     8
>> tril(A,-1)          %抽取矩阵 A 主对角线下方的元素
ans =
     0     0     0     0
     5     0     0     0
     9     7     0     0
     4    14    15     0
>> triu(A)             %抽取矩阵 A 的上三角部分
ans =
    16     2     3    13
     0    11    10     8
     0     0     6    12
     0     0     0
```

动手练一练——创建新矩阵

通过修改矩阵元素，将一个旧矩阵 $A = \begin{pmatrix} 5 & 1 & 1 & 9 \\ 1 & 3 & 8 & 1 \\ 1 & 1 & 3 & 1 \\ 1 & 1 & 1 & 3 \end{pmatrix}$ 变成一个新矩阵 $D = \begin{pmatrix} 1 & 1 & 9 \\ 3 & 1 & 1 \\ 1 & 3 & 1 \\ 1 & 1 & -1 \end{pmatrix}$。

> **思路点拨：**
> 源文件：yuanwenjian\ch05\xinjuzhen.m
> （1）创建旧矩阵 A。
> （2）删除矩阵多余的列元素。
> （3）对矩阵元素进行重新赋值得到新矩阵 D。

5.2 矩阵数学运算

本节主要介绍矩阵的一些基本运算，如矩阵的四则运算、空矩阵，下面将分别介绍这些运算。

矩阵的基本运算包括加、减、乘、数乘、点乘、乘方、左除、右除、求逆等。其中加、减、乘与线性代数中的定义是一样的，相应的运算符为"+""-""*"。

矩阵的除法运算是 MATLAB 所特有的，分为左除和右除，相应运算符为"\"和"/"。一般情况下，线性方程 $A*X=B$ 的解是 $X=A\backslash B$，而线性方程 $X*B=A$ 的解是 $X=A/B$。

对于上述的四则运算，需要注意的是，矩阵的加、减、乘运算的维数要求与线性代数中的要求一致。

5.2.1 矩阵的加法运算

设 $A=(a_{ij})$，$B=(b_{ij})$ 都是 $m×n$ 矩阵，矩阵 A 与 B 的和记成 $A+B$，规定为

$$A+B = \begin{pmatrix} a_{11}+b_{11} & a_{12}+b_{12} & \cdots & a_{1n}+b_{1n} \\ a_{21}+b_{21} & a_{22}+b_{22} & \cdots & a_{2n}+b_{2n} \\ \cdots & \cdots & \ddots & \cdots \\ a_{m1}+b_{m1} & a_{m2}+b_{m2} & \cdots & a_{mn}+b_{mn} \end{pmatrix}$$

（1）交换律：$A+B=B+A$。
（2）结合律：$(A+B)+C=A+(B+C)$。

实例——验证加法法则

源文件：yuanwenjian\ch05\jiafa.m
本实例验证矩阵加法的交换律与结合律。
解：MATLAB 程序如下。

```
>> A=[5,6,9,8;5,3,6,7]
A =
    5    6    9    8
```

```
     5     3     6     7
>> B=[3,6,7,9;5,8,9,6]
B =
     3     6     7     9
     5     8     9     6
>> C=[9,3,5,6;8,5,2,1]
C =
     9     3     5     6              %创建三个2行4列的矩阵A、B、C
     8     5     2     1
>> A+B                                %计算A+B
ans =
     8    12    16    17
    10    11    15    13
>> B+A                                %计算B+A,比较结果验证矩阵加法的交换律
ans =
     8    12    16    17
    10    11    15    13
>> (A+B)+C                            %计算(A+B)+C
ans =
    17    15    21    23
    18    16    17    14
>> A+(B+C)                            %计算A+(B+C),比较结果验证矩阵加法的结合律
ans =
    17    15    21    23
    18    16    17    14
>> D=[1,5,6;2,5,6]                    %定义2行3列的矩阵D
D =
     1     5     6
     2     5     6
>> A+D                                %计算A+D
对于此运算,数组的大小不兼容。         %只有相同维度的矩阵才能进行计算
相关文档
```

如果要进行矩阵的减法运算,如 $A-B$,可转换为 $A+(-B)$ 的形式进行计算。

实例——矩阵求和

源文件:yuanwenjian\ch05\qiuhe.m

本实例求解矩阵之和 $\begin{pmatrix} 1 & 2 & 3 \\ -1 & 5 & 6 \end{pmatrix} + \begin{pmatrix} 0 & 1 & -3 \\ 2 & 1 & -1 \end{pmatrix}$。

解:MATLAB 程序如下。

```
>> [1 2 3;-1 5 6]+[0 1 -3;2 1 -1]     %直接输入两个矩阵的加法运算表达式进行计算
ans =
     1     3     0
     1     6     5
```

实例——矩阵求差

源文件:yuanwenjian\ch05\qiucha.m

本实例求解矩阵的减法运算。

解：MATLAB 程序如下。

```
>> A=[5,6,9,8;5,3,6,7];
>> B=[3,6,7,9;5,8,9,6];            %创建两个维度大小相同的矩阵 A 和 B
>> -B                              %将矩阵 B 的符号反向
ans =
    -3    -6    -7    -9
    -5    -8    -9    -6
>> A-B                             %计算两个矩阵的减法
ans =
     2     0     2    -1
     0    -5    -3     1
>> A+(-B)
ans =
     2     0     2    -1
     0    -5    -3     1
```

5.2.2 矩阵的乘法运算

1. 数乘运算

数 λ 与矩阵 $A=(a_{ii})_{m \times n}$ 的乘积记成 λA 或 $A\lambda$，规定为

$$\lambda A = \begin{pmatrix} \lambda a_{11} & \lambda a_{12} & \cdots & \lambda a_{1n} \\ \lambda a_{21} & \lambda a_{22} & \cdots & \lambda a_{2n} \\ \cdots & \cdots & \ddots & \cdots \\ \lambda a_{m1} & \lambda a_{m2} & \cdots & \lambda a_{mn} \end{pmatrix}$$

同时，矩阵还满足下面的规律。

$$\lambda(\mu A)=(\lambda \mu)A$$
$$(\lambda+\mu)A=\lambda A+\mu A$$
$$\lambda(A+B)=\lambda A+\lambda B$$

其中，λ、μ 为数；A、B 为矩阵。

```
>> A=[1 2 3;0 3 3;7 9 5];
>> A*5
ans =
     5    10    15
     0    15    15
    35    45    25
```

2. 乘运算

若 3 个矩阵有相乘关系，设 $A=(a_{ij})$ 是一个 $m \times s$ 矩阵，$B=(b_{ij})$ 是一个 $s \times n$ 矩阵，规定 A 与 B 的积为一个 $m \times n$ 矩阵 $C=(c_{ij})$，

$$c_{ij} = a_{i1}b_{1j} + a_{i2}b_{2j} + \cdots + a_{is}b_{sj}$$
$$i=1,2,\cdots,m; j=1,2,\cdots,n$$

即 $C=A*B$，需要满足以下 3 种条件。

- 矩阵 A 的列数与矩阵 B 的行数相同。
- 矩阵 C 的行数等于矩阵 A 的行数，矩阵 C 的列数等于矩阵 B 的列数。
- 矩阵 C 的第 m 行 n 列元素值等于矩阵 A 的 m 行元素与矩阵 B 的 n 列元素对应值积的和。

$$i\text{行} \to \begin{pmatrix} a_{i1} & a_{i2} & \cdots & \cdots & a_{is} \end{pmatrix} \begin{pmatrix} b_{1j} \\ b_{2j} \\ \vdots \\ \vdots \\ b_{sj} \end{pmatrix} = \begin{pmatrix} c_{ij} \end{pmatrix}$$

$$j\text{列}$$

```
>> A=[1 2 3;0 3 3;7 9 5];
>> B=[8 3 9;2 8 1;3 9 1];
>> A*B
ans =
    21    46    14
    15    51     6
    89   138    77
```

注意：

$AB \neq BA$，即矩阵的乘法不满足交换律。

$$\begin{pmatrix} a_1 \\ a_2 \\ a_3 \end{pmatrix} \begin{pmatrix} b_1 & b_2 & b_3 \end{pmatrix} = \begin{pmatrix} a_1b_1 & a_1b_2 & a_1b_3 \\ a_2b_1 & a_2b_2 & a_2b_3 \\ a_3b_1 & a_3b_2 & a_3b_3 \end{pmatrix} \Leftrightarrow A_{3\times 1}B_{1\times 3} = C_{3\times 3}$$

$$\begin{pmatrix} b_1 & b_2 & b_3 \end{pmatrix} \begin{pmatrix} a_1 \\ a_2 \\ a_3 \end{pmatrix} = b_1a_1 + b_2a_2 + b_3a_3 \Leftrightarrow A_{1\times 3}B_{3\times 1} = C_{1\times 1}$$

若矩阵 A、B 满足 $AB = 0$，未必有 $A = 0$ 或 $B = 0$ 的结论。

3. 点乘运算

点乘运算是指将两个矩阵中相同位置的元素进行相乘运算，将积保存在原位置组成新矩阵。

```
>> A=[1 2 3;0 3 3;7 9 5];
>> B=[8 3 9;2 8 1;3 9 1];
>> A.*B
ans =
     8     6    27
     0    24     3
    21    81     5
```

实例——矩阵乘法运算

源文件：yuanwenjian\ch05\chengfa.m

解：MATLAB 程序如下：

```
>> A=[0 0;1 1]
A =
     0     0
     1     1
>> B=[1 0;2 0]
B =
     1     0
     2     0        %创建两个维度大小相同的矩阵A和B
>> 6*A - 5*B        %先进行数乘运算,再对数乘运算结果进行减法运算
ans =
    -5     0
    -4     6
>> A*B-A            %先进行矩阵相乘运算,矩阵A的列数与矩阵B的行数应相同;再进行矩阵减法运算
ans =
     0     0
     2    -1
>> B*A-A            %先进行矩阵相乘运算,矩阵B的列数与矩阵A的行数应相同;再进行矩阵减法运算
ans =
     0     0
    -1    -1
>> A.*B-A           %先进行两个矩阵的点乘运算,再进行矩阵减法运算
ans =
     0     0
     1    -1
>> B.*A-A
ans =
     0     0
     1    -1
```

5.2.3 矩阵的除法运算

计算左除 $A\backslash B$ 时,A 的行数要与 B 的行数一致,计算右除 A/B 时,A 的列数要与 B 的列数一致。

1. 左除运算

由于矩阵的特殊性,$A*B$ 通常不等于 $B*A$,除法也一样。因此除法要区分左右。

线性方程组 $D*X=B$,如果 D 非奇异,即它的逆矩阵 inv(D) 存在,则其解用 MATLAB 表示为

$$X=\text{inv}(D)*B=D\backslash B$$

符号"\"称为左除,即分母放在左边。

左除的条件:B 的行数等于 D 的阶数(D 的行数和列数相同,简称阶数)。

```
>> A=[1 2 3;0 3 3;7 9 5];
>> B=[8 3 9;2 8 1;3 9 1];
>> B.\A
ans =
    0.1250    0.6667    0.3333
```

```
         0       0.3750    3.0000
    2.3333    1.0000    5.0000
```

实例——验证矩阵的除法

源文件：yuanwenjian\ch05\chufa1.m

解：MATLAB 程序如下。

本实例计算除法结果与除数的乘积和被除数是否相同。

```
>> A=[1 2 3;5 8 6];
>> B=[8 6 9;4 3 7];          %创建两个维度大小相同的矩阵A和B
>> C=A.\B                    %计算A与B的点左除
C =
    8.0000    3.0000    3.0000
    0.8000    0.3750    1.1667
>> D= A .*C                  %计算A与C的点乘，验证矩阵的除法
D =
     8     6     9
     4     3     7
```

2. 右除运算

若方程组表示为 $X*D=B$，D 非奇异，即它的逆阵 inv(D)存在，则其解为

$$X=B*\text{inv}(D)=B/D$$

符号"/"称为右除。

右除的条件：B 的列数等于 D 的阶数（D 的行数和列数相同，简称阶数）。

```
>> A=[1 2 3;0 3 3;7 9 5];
>> B=[8 3 9;2 8 1;3 9 1];
>> A./B
ans =
    0.1250    0.6667    0.3333
         0    0.3750    3.0000
    2.3333    1.0000    5.0000
```

实例——矩阵的除法

源文件：yuanwenjian\ch05\chufa2.m

本实例求解矩阵的左除与右除。

解：MATLAB 程序如下。

```
>> A=[1 2 3;5 8 6];
>> B=[8 6 9;4 3 7];          %创建两个维度大小相同的矩阵A和B
>> A.\B                      %计算A左除B
ans =
    8.0000    3.0000    3.0000
    0.8000    0.3750    1.1667
>> A./B                      %计算A右除B
ans =
    0.1250    0.3333    0.3333
```

```
    1.2500    2.6667    0.8571
```

动手练一练——矩阵四则运算

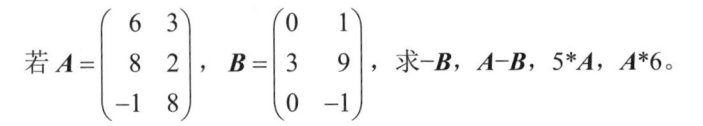

若 $A = \begin{pmatrix} 6 & 3 \\ 8 & 2 \\ -1 & 8 \end{pmatrix}$, $B = \begin{pmatrix} 0 & 1 \\ 3 & 9 \\ 0 & -1 \end{pmatrix}$, 求 $-B$, $A-B$, $5*A$, $A*6$。

思路点拨：

源文件：yuanwenjian\ch05\sizeyunsuan.m

（1）输入矩阵。

（2）使用算术符号计算矩阵。

5.3 矩阵运算

本节主要介绍矩阵的一些基本运算，如矩阵的逆以及求矩阵的条件数与范数等。下面将分别介绍这些运算。

MATLAB 常用的矩阵函数见表 5-4。

表 5-4 MATLAB 常用的矩阵函数

函 数 名	说 明	函 数 名	说 明
cond()	矩阵的条件数值	diag()	对角变换或获取矩阵的对角元素向量
condest()	1-范数矩阵条件数值	expm()	矩阵的指数运算
det()	矩阵的行列式值	logm()	矩阵的对数运算
eig()	矩阵的特征值和特征向量	sqrtm()	矩阵的开方运算
inv()	矩阵的逆	cdf2rdf()	复数对角矩阵转换成实数块对角矩阵
norm()	矩阵的范数值	rref()	转换成逐行递减的阶梯矩阵
normest()	矩阵的 2-范数估值	rsf2csf()	实数块对角矩阵转换成复数对角矩阵
rank()	矩阵的秩	rot90()	矩阵逆时针方向旋转 90°
orth()	矩阵的正交化运算	fliplr()	左、右翻转矩阵
rcond()	矩阵的逆条件数值	flipud()	上、下翻转矩阵
trace()	矩阵的迹	reshape()	改变矩阵的维数
triu()	上三角变换	funm()	一般的矩阵函数
tril()	下三角变换		

5.3.1 幂函数

A 是一个 n 阶矩阵，k 是一个正整数，规定

$$A^k = \underbrace{AA \cdots A}_{k\text{个}}$$

称为矩阵的幂。其中 k、l 为正整数。

矩阵的幂运算是将矩阵中的每个元素进行乘方运算，即

$$\begin{pmatrix} \lambda_1 & 0 & \cdots & 0 \\ 0 & \lambda_2 & \cdots & 0 \\ \cdots & \cdots & \ddots & \cdots \\ 0 & 0 & \cdots & \lambda_n \end{pmatrix}^k = \begin{pmatrix} \lambda_1^k & 0 & \cdots & 0 \\ 0 & \lambda_2^k & \cdots & 0 \\ \cdots & \cdots & \ddots & \cdots \\ 0 & 0 & \cdots & \lambda_n^k \end{pmatrix}$$

在 MATLAB 中，幂运算就是在乘方符号".^"后面输入幂的次数。

对于单个 n 阶矩阵 A

$$A^k A^l = A^{k+l}, \quad (A^k)^l = A^{kl}$$

```
>> A=[1 2 3;0 3 3;7 9 5];
>> A.^2
ans =
     1     4     9
     0     9     9
    49    81    25
```

对于两个 n 阶矩阵 A 与 B，

$$(AB)^k \neq A^k B^k$$

实例——矩阵的幂运算

源文件：yuanwenjian\ch05\miyunsuan.m

本实例演示矩阵的幂运算。

解：MATLAB 程序如下。

```
>> A=[1 2 3;0 3 3;7 9 5];
>> B=[5,6,8;6,0,5;4,5,6];     %创建两个维度大小相同的矩阵 A 和 B
>> (A*B)^5                    %先计算 A 与 B 的乘积，再计算乘积的 5 次方
ans =
   1.0e+11 *
    0.3047    0.1891    0.3649
    0.2785    0.1728    0.3335
    1.0999    0.6825    1.3173
>> A^5*B^5                    %先分别计算 A 与 B 的 5 次方，再计算两个矩阵的乘积
ans =
   1.0e+10 *
    2.5561    2.1096    3.3613
    2.5561    2.1095    3.3613
    6.8284    5.6354    8.9793
```

另外，常用的运算还有指数函数、对数函数、平方根函数等。用户可以查看相应的帮助获得使用方法和相关信息。

5.3.2 矩阵的逆

对于 n 阶方阵 A，如果有 n 阶方阵 B 满足 $AB=BA=I$，则称矩阵 A 为可逆的，称方阵 B 为 A 的逆矩阵，记为 A^{-1}。

逆矩阵的性质如下：
- 若 A 可逆，则 A^{-1} 是唯一的。
- 若 A 可逆，则 A^{-1} 也可逆，并且 $(A^{-1})^{-1}=A$。
- 若 n 阶方阵 A 与 B 都可逆，则 AB 也可逆，且 $(AB)^{-1}=B^{-1}A^{-1}$。
- 若 A 可逆，则 $|A^{-1}|=|A|^{-1}$。

把满足 $|A|\neq 0$ 的方阵 A 称为非奇异的，否则就称为奇异的。
使用函数 inv() 求解矩阵的逆，调用格式如下：

```
Y=inv(X)
```

实例——随机矩阵求逆

源文件：yuanwenjian\ch05\qiuni.m

本实例求解随机矩阵的逆矩阵。

解：MATLAB 程序如下。

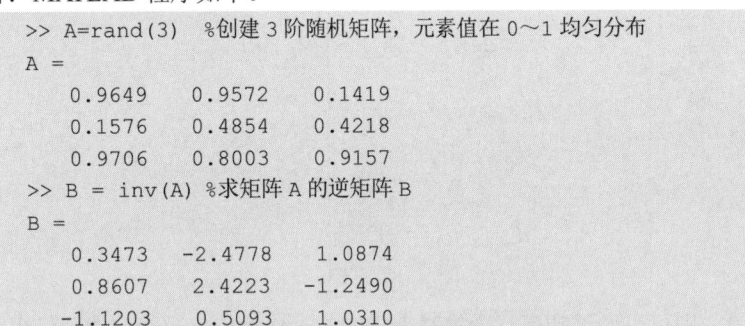

```
>> A=rand(3)    %创建3阶随机矩阵，元素值在0~1均匀分布
A =
    0.9649    0.9572    0.1419
    0.1576    0.4854    0.4218
    0.9706    0.8003    0.9157
>> B = inv(A)  %求矩阵A的逆矩阵B
B =
    0.3473   -2.4778    1.0874
    0.8607    2.4223   -1.2490
   -1.1203    0.5093    1.0310
```

> **提示：**
> 逆矩阵必须使用方阵，如 2×2、3×3，即 $n\times n$ 格式的矩阵，否则弹出警告信息。
> ```
> >> A=[1 -1;0 1;2 3];
> >> B=inv(A)
> 错误使用 inv
> 矩阵必须为方阵。
> ```

求解矩阵的逆条件数值使用函数 rcond()，调用格式如下：

```
C=rcond(A)
```

例如，下面的程序计算 3 阶随机矩阵的逆条件数。

```
>> A=rand(3)
A =
    0.0540    0.9340    0.4694
    0.5308    0.1299    0.0119
    0.7792    0.5688    0.3371
>> C = rcond(A)
C =
0.0349
```

实例——矩阵更新

源文件：yuanwenjian\ch05\gengxin.m

在编写算法或处理工程、优化等问题时，经常会碰到一些矩阵更新的情况，这时读者必须弄清楚矩阵的更新步骤，这样才能编写出相应的更新算法。下面来看一个关于矩阵逆的更新问题：对于一个非奇异矩阵 A，如果用某一列向量 b 替换其第 p 列，那么如何在 A^{-1} 的基础上更新出新矩阵的逆呢？

解：首先分析一下上述问题，设 $A=[a_1 \ a_2 \ \cdots \ a_p \ \cdots \ a_n]$，其逆为 A^{-1}，则有 $A^{-1}A=[A^{-1}a_1 \ A^{-1}a_2 \ \cdots \ A^{-1}a_p \ \cdots \ A^{-1}a_n]=I$。设 A 的第 p 列 a_p 被列向量 b 替换后的矩阵为 $\overline{A}$，即 $\overline{A}=[a_1 \ \cdots \ a_{p-1} \ b \ a_{p+1} \ \cdots \ a_n]$。令 $d=A^{-1}b$，则有

$$A^{-1}\overline{A}=[A^{-1}a_1 \ \cdots \ A^{-1}a_{p-1} \ A^{-1}b \ A^{-1}a_{p+1} \ \cdots \ A^{-1}a_n]$$

$$=\begin{bmatrix} 1 & & & d_1 & & & \\ & 1 & & d_2 & & & \\ & & \ddots & \vdots & & & \\ & & & d_p & & & \\ & & & d_{p+1} & 1 & & \\ & & & \vdots & & \ddots & \\ & & & d_{n-1} & & & 1 \\ & & & d_n & & & & 1 \end{bmatrix}$$

如果 $d_p \neq 0$，则可以通过初等行变换将上式的右端化为单位矩阵，然后将相应的变换作用到 A^{-1}，那么得到的矩阵即为 A^{-1} 的更新。事实上行变换矩阵即为

$$P=\begin{bmatrix} 1 & & -d_1/d_p & & \\ & \ddots & \vdots & & \\ & & d_p^{-1} & & \\ & & \vdots & \ddots & \\ & & -d_n/d_p & & 1 \end{bmatrix}$$

该问题具体的矩阵更新函数文件 updateinv.m 如下：

```
function invA=updateinv(invA,p,b)
%此函数用于计算 A 中的第 p 列被另一列 b 代替后, 其逆的更新
  [n,n]=size(invA);
  d=invA*b;
  if abs(d(p))<eps        %若 d(p)=0, 则说明替换后的矩阵是奇异的
     warning('替换后的矩阵是奇异的!');
     newinvA=[];
     return;
  else
     %对 A 的逆作相应的行变换
     invA(p,:)=invA(p,:)/d(p);
```

```
        if p>1
            for i=1:p-1
                invA(i,:)=invA(i,:)-d(i)*invA(p,:);
            end
        end
        if p<n
            for i=p+1:n
                invA(i,:)=invA(i,:)-d(i)*invA(p,:);
            end
        end
end
```

已知矩阵 $A = \begin{bmatrix} 1 & 2 & 3 & 4 \\ 5 & 6 & 1 & 0 \\ 0 & 1 & 1 & 0 \\ 1 & 1 & 2 & 3 \end{bmatrix}$, $b = \begin{bmatrix} 1 \\ 0 \\ 1 \\ 0 \end{bmatrix}$, 求 A^{-1}, 并在 A^{-1} 的基础上求矩阵 A 的第 2 列被 b 替换后的逆矩阵。验证上面所编函数的正确性。

解：MATLAB 程序如下。

```
>> A=[1 2 3 4;5 6 1 0;0 1 1 0;1 1 2 3];
>> b=[1 0 1 0]';                %创建矩阵 A 和列向量 b
>> invA=inv(A)                  %求矩阵 A 的逆矩阵 invA
invA =
   -1.5000    0.1000    0.4000    2.0000
    1.5000    0.1000   -0.6000   -2.0000
   -1.5000   -0.1000    1.6000    2.0000
    1.0000         0   -1.0000   -1.0000
>> newinvA=updateinv(invA,2,b)  %调用自定义函数 updateinv()计算矩阵 A 中的
                                %第 2 列被列向量 b 代替后, 所得新矩阵的逆矩阵
newinvA =
    0.3333    0.2222   -0.3333   -0.4444
    1.6667    0.1111   -0.6667   -2.2222
   -1.6667   -0.1111    1.6667    2.2222
    1.0000         0   -1.0000   -1.0000
>> A(:,2)=b                     %显示 A 的第 2 列被 b 替换后的矩阵
A =
     1     1     3     4
     5     0     1     0
     0     1     1     0
     1     0     2     3
>> inv(A)                       %求新矩阵的逆, 与 newinvA 比较(结果是一样的)
ans =
    0.3333    0.2222   -0.3333   -0.4444
    1.6667    0.1111   -0.6667   -2.2222
   -1.6667   -0.1111    1.6667    2.2222
    1.0000         0   -1.0000   -1.0000
```

5.3.3 矩阵的条件数

矩阵的条件数在数值分析中是一个重要的概念，在工程计算中也是必不可少的，它用于描述一个矩阵的"病态"程度。

对于非奇异矩阵 A，其条件数的定义为 $\text{cond}(A)_v = \|A^{-1}\|_v \|A\|_v$，其中 $v = 1, 2, \cdots, F$。

它是一个大于或等于 1 的实数，当 A 的条件数相对较大，即 $\text{cond}(A)_v \gg 1$ 时，矩阵 A 是"病态"的，反之是"良态"的。

5.3.4 矩阵的范数

范数是数值分析中的一个概念，它是向量或矩阵大小的一种度量，在工程计算中有着重要的作用。对于向量 $x \in R^n$，常用的向量范数有以下几种。

- x 的 ∞-范数：$\|x\|_\infty = \max\limits_{1 \leq i \leq n} |x_i|$。

- x 的 1-范数：$\|x\|_1 = \sum\limits_{i=1}^{n} |x_i|$。

- x 的 2-范数（欧氏范数）：$\|x\|_2 = (x^T x)^{\frac{1}{2}} = \left(\sum\limits_{i=1}^{n} x_i^2\right)^{\frac{1}{2}}$。

- x 的 p-范数：$\|x\|_p = \left(\sum\limits_{i=1}^{n} |x_i|^p\right)^{\frac{1}{p}}$。

对于矩阵 $A \in R^{m \times n}$，常用的矩阵范数有以下几种。

- A 的行范数（∞-范数）：$\|A\|_\infty = \max\limits_{1 \leq i \leq m} \sum\limits_{j=1}^{n} |a_{ij}|$。

- A 的列范数（1-范数）：$\|A\|_1 = \max\limits_{1 \leq j \leq n} \sum\limits_{i=1}^{m} |a_{ij}|$。

- A 的欧氏范数（2-范数）：$\|A\|_2 = \sqrt{\lambda_{\max}(A^T A)}$，其中 $\lambda_{\max}(A^T A)$ 表示 $A^T A$ 的最大特征值。

- A 的 Forbenius 范数（F-范数）：$\|A\|_F = \left(\sum\limits_{i=1}^{m} \sum\limits_{j=1}^{n} a_{ij}^2\right)^{\frac{1}{2}} = \text{trace}(A^T A)^{\frac{1}{2}}$。

实例——矩阵的范数与行列式

源文件：yuanwenjian\ch05\hanshuyunsuan.m

本实例演示矩阵函数示例。

解：MATLAB 程序如下。

```
>> A=[3 8 9;0 3 3;7 9 5];
>> B=[8 3 9;2 8 1;3 9 1];
>> norm(A)            %求矩阵 A 的 2-范数或最大奇异值
ans =
    17.5341
```

```
>> normest(A)     %求矩阵 A 的 2-范数估值
ans =
    17.5341
>> det(A)         %计算矩阵 A 的行列式
ans =
    -57.0000
```

动手练一练——矩阵一般运算

求矩阵 $A = \begin{pmatrix} 1 & 5 & -3 & 4 \\ 9 & -1 & 2 & 1 \\ -2 & 6 & 8 & 5 \\ 7 & 1 & 0 & 1 \end{pmatrix}$ 的条件数、范数与逆矩阵。

> **思路点拨：**
> 源文件：yuanwenjian\ch05\yibanyunsuan.m
> （1）直接生成矩阵。
> （2）利用函数 cond()求解矩阵条件数。
> （3）利用函数 condest()求解矩阵范数。
> （4）利用函数 inv()求解矩阵逆矩阵。

5.4 矩阵分解

矩阵分解是矩阵分析的一个重要工具。例如，求矩阵的特征值和特征向量、求矩阵的逆以及矩阵的秩等都要用到矩阵分解。在工程实际中，尤其是在电子信息理论和控制理论中，矩阵分析尤为重要。本节主要讲述如何利用 MATLAB 来实现矩阵分析中常用的一些矩阵分解。

5.4.1 楚列斯基分解

楚列斯基（Cholesky）分解是专门针对对称正定矩阵的分解。设 $A = (a_{ij}) \in \mathbf{R}^{n \times n}$ 是对称正定矩阵，$A = R^T R$ 称为矩阵 A 的楚列斯基分解，其中 $R \in \mathbf{R}^{n \times n}$ 是一个具有正的对角元上三角矩阵，即

$$R = \begin{bmatrix} r_{11} & r_{12} & r_{13} & r_{14} \\ 0 & r_{22} & r_{23} & r_{24} \\ 0 & 0 & r_{33} & r_{34} \\ 0 & 0 & 0 & r_{44} \end{bmatrix}$$

这种分解是唯一存在的。

在 MATLAB 中，实现这种分解的命令是 chol，其调用格式见表 5-5。

表 5-5 chol 命令的调用格式

调 用 格 式	说　　明
R= chol(A)	返回楚列斯基分解因子 R
R = chol(A,triangle)	使用指定的三角因子 triangle 对矩阵 A 进行分解。triangle 的取值有 lower 和 upper（默认值）
[R,flag] = chol(…)	使用上述语法中的任何输入参数组合，返回楚列斯基分解因子 R 和对称正定标志 flag。若 A 为正定矩阵，则 flag=0，分解成功；若 A 非正定，则 flag 为分解失败的主元位置的索引，但不生成错误
[R,flag,P] = chol(S)	分解稀疏输入矩阵 S，必须为方阵和对称正定矩阵。返回稀疏矩阵的置换矩阵 P
[R,flag,P] = chol(…,outputForm)	使用上述语法中的任何输入参数组合，参数 outputForm 指定是以矩阵还是向量形式返回置换信息 P，取值为 matrix（默认值）或 vector

实例——分解正定矩阵

源文件：yuanwenjian\ch05\zhengding.m

将正定矩阵 $A = \begin{bmatrix} 1 & 1 & 1 & 1 \\ 1 & 2 & 3 & 4 \\ 1 & 3 & 6 & 10 \\ 1 & 4 & 10 & 20 \end{bmatrix}$ 进行楚列斯基分解。

解：MATLAB 程序如下。

```
>> A=[1 1 1 1;1 2 3 4;1 3 6 10;1 4 10 20];    %创建对称正定矩阵A,是一个方阵
>> R=chol(A)           %求矩阵A的楚列斯基分解因子R,是一个上三角矩阵
R =
     1     1     1     1
     0     1     2     3
     0     0     1     3
     0     0     0     1
>> R'*R                %验证A=R'*R
ans =
     1     1     1     1
     1     2     3     4
     1     3     6    10
     1     4    10    20
```

5.4.2　LU 分解

矩阵的 LU 分解又称矩阵的三角分解，它的目的是将一个矩阵分解成一个下三角矩阵 L 和一个上三角矩阵 U 的乘积，即 A=LU。这种分解在解线性方程组、求矩阵的逆等计算中有着重要的作用。

在 MATLAB 中，实现 LU 分解的命令是 lu，其调用格式见表 5-6。

表 5-6 lu 命令的调用格式

调 用 格 式	说 明
[L,U] = lu(A)	对矩阵 A 进行 *LU* 分解，其中 L 为单位下三角矩阵或其变换形式，U 为上三角矩阵
[L,U,P] = lu(A)	对矩阵 A 进行 *LU* 分解，其中 L 为单位下三角矩阵，U 为上三角矩阵，P 为置换矩阵，满足 LU=PA
[L,U,P]=lu(A,outputForm)	以 outputForm 指定的格式（matrix 或 vector）返回置换信息 P
[L,U,P,Q] = lu(S)	将稀疏矩阵 S 分解为一个单位下三角矩阵 L、一个上三角矩阵 U、一个行置换矩阵 P 以及一个列置换矩阵 Q，并满足 P*S*Q = L*U
[L,U,P,Q,D] = lu(S)	在上一调用格式的基础上，还返回一个对角缩放矩阵 D，并满足 P*(D\S)*Q=L*U。行缩放通常会使分解更为稀疏和稳定
[…] = lu(S,thresh)	使用指定的主元消去策略的阈值进行 *LU* 分解，返回上述任意输出参数组合。根据指定的输出参数的数量，对 thresh 输入的要求及其默认值会有所不同
[…] = lu(…,outputForm)	以 outputForm 指定的格式返回输出参数

实例——矩阵的三角分解

源文件：yuanwenjian\ch05\sanjiaofenjie.m

使用两种调用格式对矩阵 $A = \begin{bmatrix} 1 & 2 & 3 & 4 \\ 5 & 6 & 7 & 8 \\ 2 & 3 & 4 & 1 \\ 7 & 8 & 5 & 6 \end{bmatrix}$ 进行 *LU* 分解，比较二者的不同。

解：MATLAB 程序如下。

```
>> A=[1 2 3 4;5 6 7 8;2 3 4 1;7 8 5 6];
>> [L,U]=lu(A)        %使用第一种调用格式对矩阵 A 进行 LU 分解，返回下三角因子 L 和
                      %上三角因子 U
L =
    0.1429    1.0000         0         0
    0.7143    0.3333    1.0000         0
    0.2857    0.8333    0.2500    1.0000
    1.0000         0         0         0
U =
    7.0000    8.0000    5.0000    6.0000
         0    0.8571    2.2857    3.1429
         0         0    2.6667    2.6667
         0         0         0   -4.0000
>> [L,U,P]=lu(A)      %使用第二种调用格式对矩阵 A 进行 LU 分解，返回置换矩阵 P，
                      %满足 LU=PA
L =
    1.0000         0         0         0
    0.1429    1.0000         0         0
    0.7143    0.3333    1.0000         0
    0.2857    0.8333    0.2500    1.0000
U =
    7.0000    8.0000    5.0000    6.0000
```

```
         0    0.8571    2.2857    3.1429
         0         0    2.6667    2.6667
         0         0         0   -4.0000
P =
         0         0         0         1
         1         0         0         0
         0         1         0         0
         0         0         1         0
```

> **注意:**
> 在实际应用中,一般都使用第二种调用格式的 lu 分解命令,因为第一种调用格式输出的矩阵 *L* 并不一定是下三角矩阵(见上例),这对于分析和计算都是不利的。

5.4.3 LDM^T 与 LDL^T 分解

对于 n 阶方阵 A,所谓的 LDM^T 分解就是将 A 分解为 3 个矩阵的乘积——LDM^T。其中,L、M 为单位下三角矩阵,D 为对角矩阵。事实上,这种分解是 LU 分解的一种变形,因此这种分解可以将 LU 分解稍作修改得到,也可以根据 3 个矩阵的特殊结构直接计算出来。

下面给出通过直接计算得到 L、D、M 的算法源程序 ldm.m。

```
function [L,D,M]=ldm(A)
%此函数用于求解矩阵 A 的 LDM'分解
%其中,L、M 均为单位下三角矩阵,D 为对角矩阵
[m,n]=size(A);
if m~=n
    error('输入矩阵不是方阵,请正确输入矩阵!');
    return;
end
D(1,1)=A(1,1);
for i=1:n
    L(i,i)=1;
    M(i,i)=1;
end
L(2:n,1)=A(2:n,1)/D(1,1);
M(2:n,1)=A(1,2:n)'/D(1,1);

for j=2:n
    v(1)=A(1,j);
    for i=2:j
        v(i)=A(i,j)-L(i,1:i-1)*v(1:i-1)';
    end
    for i=1:j-1
        M(j,i)=v(i)/D(i,i);
    end
    D(j,j)=v(j);
    L(j+1:n,j)=(A(j+1:n,j)-L(j+1:n,1:j-1)*v(1:j-1)')/v(j);
```

```
end
```

实例——矩阵的 LDM^T 分解

源文件：yuanwenjian\ch05\yufenjie.m

利用上面的函数对矩阵 $A = \begin{bmatrix} 1 & 2 & 3 & 4 \\ 4 & 6 & 10 & 2 \\ 1 & 1 & 0 & 1 \\ 0 & 0 & 2 & 3 \end{bmatrix}$ 进行 LDM^T 分解。

解：MATLAB 程序如下。

```
>> A=[1 2 3 4;4 6 10 2;1 1 0 1;0 0 2 3];
>> [L,D,M]=ldm(A)    %调用自定义函数ldm()对矩阵A进行分解，返回单位下三角矩阵
                     %L 和 M 及对角矩阵 D
L =
    1.0000         0         0         0
    4.0000    1.0000         0         0
    1.0000    0.5000    1.0000         0
         0         0   -1.0000    1.0000
D =
     1     0     0     0
     0    -2     0     0
     0     0    -2     0
     0     0     0     7
M =
     1     0     0     0
     2     1     0     0
     3     1     1     0
     4     7    -2     1
>> L*D*M'            %验证分解是否正确
ans =
     1     2     3     4
     4     6    10     2
     1     1     0     1
     0     0     2     3
```

如果 A 是非奇异对称矩阵，那么在 LDM^T 分解中有 $L=M$，此时 LDM^T 分解中的有些步骤是多余的，下面给出实对称矩阵 A 的 LDL^T 分解的算法源程序。

```
function [L,D]=ldlt(A)
%此函数用于求解实对称矩阵A的LDL'分解
%其中，L 为单位下三角矩阵，D 为对角矩阵
[m,n]=size(A);
if m~=n | ~isequal(A,A')
    error('请正确输入矩阵!');
    return;
end
D(1,1)=A(1,1);
```

```
    for i=1:n
        L(i,i)=1;
    end
    L(2:n,1)=A(2:n,1)/D(1,1);
    for j=2:n
        v(1)=A(1,j);
        for i=1:j-1
            v(i)=L(j,i)*D(i,i);
        end
        v(j)=A(j,j)-L(j,1:j-1)*v(1:j-1)';
        D(j,j)=v(j);
        L(j+1:n,j)=(A(j+1:n,j)-L(j+1:n,1:j-1)*v(1:j-1)')/v(j);
    end
```

5.4.4 QR 分解

矩阵 A 的 QR 分解又称正交三角分解，即将矩阵 A 表示成一个正交矩阵 Q 与一个上三角矩阵 R 的乘积形式。这种分解在工程中是应用最广泛的一种矩阵分解。

在 MATLAB 中，矩阵 A 的 QR 分解命令是 qr，其调用格式见表 5-7。

表 5-7　qr 命令的调用格式

调 用 格 式	说　　明
[Q,R] = qr(A)	返回正交矩阵 Q 和上三角矩阵 R，Q 和 R 满足 A=QR；若 A 为 m×n 矩阵，则 Q 为 m×m 矩阵，R 为 m×n 矩阵
[Q,R,E] = qr(A)	求得正交矩阵 Q 和上三角矩阵 R，E 为置换矩阵，使 R 的对角线元素按绝对值大小降序排列，满足 AE=QR
[Q,R] = qr(A,0)	产生矩阵 A 的"经济型"分解，即若 A 为 m×n 矩阵，且 m>n，则返回 Q 的前 n 列，R 为 n×n 矩阵；否则该命令等价于 [Q,R] = qr(A)
[Q,R,E] = qr(A, outputForm)	指定置换信息 E 是以矩阵还是向量形式返回。例如，如果 outputForm 取值为 vector，则 A(:,E)=Q*R。outputForm 的默认值是 matrix，满足 A*E=Q*R
R = qr(A)	对稀疏矩阵 A 进行分解，只产生一个上三角矩阵 R，R 为 A^TA 的楚列斯基分解因子，即满足 $R^TR=A^TA$
[C,R]=qr(A,b)	计算 C=Q'*b 和上三角矩阵 R。此命令用于计算方程组 Ax=b 的最小二乘解
[C,R,E] = qr(A,b)	在上一种调用格式的基础上还返回置换矩阵 E。使用 C、R 和 E 可以计算稀疏线性方程组 A*x=b 和 x=E*(R\C) 的最小二乘解
[...] = qr(A,b,0)	使用上述任意输出参数组合对稀疏矩阵 A 进行精简分解
[C,R,E] = qr(A,b, outputForm)	指定置换信息 E 是以矩阵还是向量形式返回

实例——随机矩阵的 QR 分解

源文件：yuanwenjian\ch05\QRfenjie.m

本实例演示随机矩阵的 QR 分解。

解：MATLAB 程序如下。

```
>> A=rand(4)              %创建 4 阶随机矩阵 A
A =
    0.7922    0.8491    0.7431    0.7060
```

```
         0.9595    0.9340    0.3922    0.0318
         0.6557    0.6787    0.6555    0.2769
         0.0357    0.7577    0.1712    0.0462
>>  [Q,R]=qr(A)            %对 A 进行 QR 分解，返回正交矩阵 Q 和上三角矩阵 R
Q =
        -0.5631    0.0446   -0.4625   -0.6834
        -0.6820   -0.0764    0.7243    0.0667
        -0.4661    0.0036   -0.5053    0.7262
        -0.0254    0.9961    0.0781    0.0331
R =
        -1.4069   -1.4506   -0.9958   -0.5495
              0    0.7238    0.1761    0.0761
              0         0   -0.3775   -0.4398
              0         0         0   -0.2777
```

下面介绍在实际的数值计算中经常要用到的两个命令：qrdelete 命令与 qrinsert 命令。前者用于求当矩阵 A 去掉一行或一列时，在其原有 QR 分解基础上更新出新矩阵的 QR 分解；后者用于求当 A 增加一行或一列时，在其原有 QR 分解基础上更新出新矩阵的 QR 分解。例如，在解二次规划的算法时就要用到这两个命令，利用它们来求增加或去掉某行（列）时 A 的 QR 分解要比直接应用 qr 命令节省时间。

qrdelete 命令与 qrinsert 命令的调用格式分别见表 5-8 和表 5-9。

表 5-8　qrdelete 命令的调用格式

调用格式	说　明
[Q1,R1]=qrdelete(Q,R,j)	返回去掉 A 的第 j 列后，新矩阵的 QR 分解矩阵。其中 Q、R 为原来 A 的 QR 分解矩阵
[Q1,R1]=qrdelete(Q,R,j,'col')	同上
[Q1,R1]=qrdelete(Q,R,j,'row')	返回去掉 A 的第 j 行后，新矩阵的 QR 分解矩阵。其中 Q、R 为原来 A 的 QR 分解矩阵

表 5-9　qrinsert 命令的调用格式

调用格式	说　明
[Q1,R1]=qrinsert(Q,R,j,x)	返回在 A 的第 j 列前插入向量 x 后，新矩阵的 QR 分解矩阵。其中 Q、R 为原来 A 的 QR 分解矩阵
[Q1,R1]=qrinsert(Q,R,j,x,'col')	同上
[Q1,R1]=qrinsert(Q,R,j,x,'row')	返回在 A 的第 j 行前插入向量 x 后，新矩阵的 QR 分解矩阵。其中 Q、R 为原来 A 的 QR 分解矩阵

动手练一练——矩阵变换分解

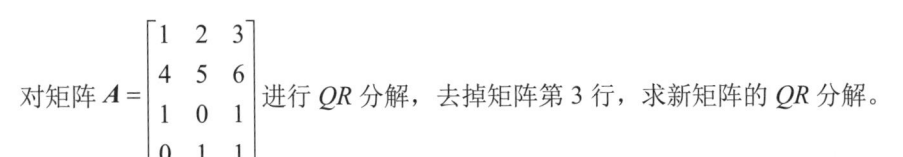

对矩阵 $A = \begin{bmatrix} 1 & 2 & 3 \\ 4 & 5 & 6 \\ 1 & 0 & 1 \\ 0 & 1 & 1 \end{bmatrix}$ 进行 QR 分解，去掉矩阵第 3 行，求新矩阵的 QR 分解。

> **思路点拨：**
> 源文件：yuanwenjian\ch05\bianhuan.m
> （1）生成矩阵 A。
> （2）分解矩阵。
> （3）抽取矩阵运算，生成新矩阵。
> （4）分解新矩阵。
> （5）去掉其第 3 行，求新得矩阵的 QR 分解。

5.4.5 SVD 分解

奇异值分解（SVD）是现代数值分析（尤其是数值计算）的最基本和最重要的工具之一，因此在实际工程中有着广泛的应用。

所谓 SVD 分解，是指将 $m\times n$ 矩阵 A 表示为 3 个矩阵乘积形式 USV^T，其中，U 为 $m\times m$ 酉矩阵；V 为 $n\times n$ 酉矩阵；S 为对角矩阵，其对角线元素为矩阵 A 的奇异值且满足 $s_1 \geq s_2 \geq \cdots \geq s_r > s_{r+1} = \cdots = s_n = 0$，$r$ 为矩阵 A 的秩。在 MATLAB 中，这种分解是通过 svd 命令来实现的。

svd 命令的调用格式见表 5-10。

表 5-10　svd 命令的调用格式

调用格式	说　明
s = svd (A)	返回矩阵 A 的奇异值向量 s
[U,S,V] = svd (A)	返回矩阵 A 的奇异值分解因子 U、S、V
[U,S,V] = svd (A,0)	返回 m×n 矩阵 A 的"经济型"奇异值分解，若 m>n，则只计算出矩阵 U 的前 n 列，矩阵 S 为 n×n 矩阵；否则该命令等价于[U,S,V] = svd (A)
[…] = svd(A,"econ")	使用上述任一输出参数组合生成 A 的精简分解
[…] = svd(…,outputForm)	在上述调用格式的基础上，还可以指定奇异值的输出格式（vector 或 matrix）

实例——随机矩阵的 SVD 分解

源文件：yuanwenjian\ch05\qiyifenjie.m
本实例演示随机矩阵的 SVD 分解。
解：MATLAB 程序如下。

```
>> A=rand(4)            %创建4阶均匀分布的随机矩阵
A =
    0.0971    0.9502    0.7655    0.4456
    0.8235    0.0344    0.7952    0.6463
    0.6948    0.4387    0.1869    0.7094
    0.3171    0.3816    0.4898    0.7547
>> [U,S,V] = svd (A)    %对矩阵进行 SVD 分解，返回 4×4 酉矩阵 U 和 V 及对角矩阵 S，
                        %对角线元素为矩阵 A 的奇异值
U =
   -0.5110    0.7935   -0.1892    0.2709
```

```
    -0.5506   -0.5588   -0.5920    0.1847
    -0.4684   -0.2391    0.7724    0.3561
    -0.4651    0.0304    0.1308   -0.8750
S =
     2.1574        0         0         0
          0   0.8626         0         0
          0        0    0.4888         0
          0        0         0    0.2400
V =
    -0.4524   -0.6254    0.1481    0.6183
    -0.4114    0.7436    0.3861    0.3588
    -0.5304    0.1546   -0.8329   -0.0323
    -0.5872   -0.1788    0.3679   -0.6985
```

5.4.6 舒尔分解

舒尔（Schur）分解是 Schur 于 1909 年提出的矩阵分解，它是一种典型的酉相似变换，这种变换的最大好处是能够保持数值稳定，因此在工程计算中也是重要工具之一。

对于矩阵 $A \in C^{n \times n}$，所谓舒尔分解，是指找一个酉矩阵 $U \in C^{n \times n}$，使 $U^H A U = T$，其中 T 为上三角矩阵，称为舒尔矩阵，其对角元素为矩阵 A 的特征值。在 MATLAB 中，这种分解是通过 schur 命令来实现的。

schur 命令的调用格式见表 5-11。

表 5-11　schur 命令的调用格式

调用格式	说　　明
T = schur(A)	返回舒尔矩阵 T，若 A 有复数特征值，则相应的对角元以 2×2 的块矩阵形式给出
T = schur(A,flag)	若 A 有复数特征值，则 flag='complex'；否则 flag='real'
[U,T] = schur(A,…)	返回酉矩阵 U 和舒尔矩阵 T

实例——矩阵的舒尔分解

源文件：yuanwenjian\ch05\shuerfenjie.m

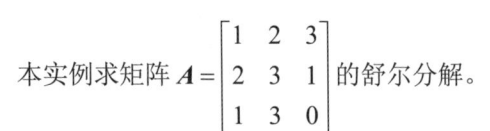

本实例求矩阵 $A = \begin{bmatrix} 1 & 2 & 3 \\ 2 & 3 & 1 \\ 1 & 3 & 0 \end{bmatrix}$ 的舒尔分解。

解：MATLAB 程序如下。

```
>> clear
>> A=[1 2 3;2 3 1;1 3 0];
>> [U,T]=schur(A)   %对矩阵 A 进行舒尔分解，返回酉矩阵 U 和舒尔矩阵 T，T 是一个上
                    %三角矩阵，其对角元素为矩阵 A 的特征值
U =
    0.5965   -0.8005   -0.0582
    0.6552    0.4438    0.6113
    0.4635    0.4028   -0.7893
```

```
T =
    5.5281    1.1062    0.7134
         0   -0.7640    2.0905
         0   -0.4130   -0.7640
>> lambda=eig(A)         %矩阵 A 有复特征值,所以对应上面的 T 在对角线上有一个
                         %2 阶块矩阵
lambda =
   5.5281 + 0.0000i
  -0.7640 + 0.9292i
  -0.7640 - 0.9292i
```

对于上面这种有复特征值的矩阵,可以利用[U,T] = schur(A,'copmlex')来求其舒尔分解,也可以利用 rsf2csf 命令将上例中的 **U**、**T** 转化为复矩阵。下面再用这两种方法求上例中矩阵 **A** 的复舒尔分解。

实例——矩阵的复舒尔分解

源文件:yuanwenjian\ch05\fushuerfenjie.m

本实例求上例中的矩阵 **A** 的复舒尔分解。

解:MATLAB 程序如下。

(1)方法 1。

```
>> A=[1 2 3;2 3 1;1 3 0];
>> [U,T]=schur(A,'complex') %对矩阵 A 进行舒尔分解,第二个参数用于返回复矩阵
U =
   0.5965 + 0.0000i   0.0236 - 0.7315i  -0.3251 + 0.0532i
   0.6552 + 0.0000i  -0.2483 + 0.4056i   0.1803 - 0.5586i
   0.4635 + 0.0000i   0.3206 + 0.3681i   0.1636 + 0.7212i
T =
   5.5281 + 0.0000i  -0.2897 + 1.0108i   0.4493 - 0.6519i
   0.0000 + 0.0000i  -0.7640 + 0.9292i  -1.6774 + 0.0000i
   0.0000 + 0.0000i   0.0000 + 0.0000i  -0.7640 - 0.9292i
```

(2)方法 2。

```
>> [U,T]=schur(A);           %使用函数对矩阵 A 进行舒尔分解
>> [U,T]=rsf2csf(U,T)        %将酉矩阵 U 和舒尔矩阵 T 转化为复矩阵
U =
   0.5965 + 0.0000i   0.0236 - 0.7315i  -0.3251 + 0.0532i
   0.6552 + 0.0000i  -0.2483 + 0.4056i   0.1803 - 0.5586i
   0.4635 + 0.0000i   0.3206 + 0.3681i   0.1636 + 0.7212i
T =
   5.5281 + 0.0000i  -0.2897 + 1.0108i   0.4493 - 0.6519i
   0.0000 + 0.0000i  -0.7640 + 0.9292i  -1.6774 + 0.0000i
   0.0000 + 0.0000i   0.0000 + 0.0000i  -0.7640 - 0.9292i
```

5.4.7 海森伯格分解

如果矩阵 **H** 的第一子对角线下元素都是 0,则 **H**(或其转置形式)称为上(下)海森伯格(Hessenberg)矩阵。这种矩阵在 0 元素所占比例及分布上都接近三角矩阵,虽然它在特征值等性质方面不如三角矩阵那样简单,但在实际应用中,应用相似变换将一

个矩阵转化为海森伯格矩阵是可行的,而转化为三角矩阵则不易实现;而且通过转化为海森伯格矩阵来处理矩阵计算问题能够大大节省计算量,因此在工程计算中,海森伯格分解也是常用的工具之一。在 MATLAB 中,可以通过 hess 命令来得到这种形式。hess 命令的调用格式见表 5-12。

表 5-12 hess 命令的调用格式

调 用 格 式	说　　明
H = hess(A)	返回矩阵 A 的海森伯格形式
[P,H] = hess(A)	返回一个海森伯格矩阵 H 以及一个矩阵 P,满足 A = PHP'且 P'P =I
[H,T,Q,U] = hess(A,B)	对于方阵 A、B,返回海森伯格矩阵 H、上三角矩阵 T 以及酉矩阵 Q 和 U,使 QAU=H 且 QBU=T

实例——求解变换矩阵

源文件:yuanwenjian\ch05\bianhuanjuzhen.m

本实例将矩阵 $A = \begin{bmatrix} -1 & 2 & 3 & 0 \\ 0 & -2 & 3 & 4 \\ 1 & 0 & 4 & 5 \\ 1 & 2 & 9 & -3 \end{bmatrix}$ 转化为海森伯格形式,并求出变换矩阵 P。

解:MATLAB 程序如下。

```
>> clear
>> A=[-1 2 3 0;0 -2 3 4;1 0 4 5;1 2 9 -3];
>> [P,H]=hess(A)       %对矩阵A进行海森伯格分解,返回变换矩阵P和A的上海森伯格矩
                       %阵H,第一子对角线下元素都是0
P =
    1.0000         0         0         0
         0         0    0.9570    0.2900
         0   -0.7071    0.2051   -0.6767
         0   -0.7071   -0.2051    0.6767
H =
   -1.0000   -2.1213    2.5293   -1.4501
   -1.4142    7.5000   -2.9485    4.8535
         0   -5.1720   -2.9673    1.7777
         0         0    2.4848   -5.5327
```

5.5 综合实例——方程组的求解

源文件:yuanwenjian\ch05\fangchengzuqiujie.m

无论是工程应用问题还是数学计算问题,方程都是问题转化的重要途径之一,通过将复杂的问题简单转化成矩阵的求解问题,最后在 MATLAB 中进行函数计算。本节通过对一个方程组的应用来介绍方程组的求解问题。

对于四元一次线性方程组 $\begin{cases} 2x_1 + x_2 - 5x_3 + x_4 = 8 \\ x_1 - 3x_2 - 6x_4 = 9 \\ 2x_2 - x_3 + 2x_4 = -5 \\ x_1 + 4x_2 - 7x_3 + 6x_4 = 0 \end{cases}$，利用 MATLAB 中求解多元方程组的不同方法进行求解。

上面的方程符合 $Ax = b$，首先需要确定方程组解的信息。

【操作步骤】

（1）创建方程组系数矩阵 A、b。

```
>> A=[2 1 -5 1;1 -3 0 -6;0 2 -1 2;1 4 -7 6]
A =
    2    1    -5    1
    1   -3     0   -6
    0    2    -1    2
    1    4    -7    6
>> b=[8 9 -5 0]'
b =
    8
    9
   -5
    0
```

（2）判断方程是否有解，方法包括两种。

➢ 方法 1

1）编写函数文件 isexist.m。

```
function y=isexist(A,b)
%该函数用于判断线性方程组 Ax=b 的解的存在性
%若方程组无解则返回 0,若有唯一解则返回 1,若有无穷多解则返回 Inf
[m,n]=size(A);
[mb,nb]=size(b);
if m~=mb
    error('输入有误!');
    return;
end
r=rank(A);
s=rank([A,b]);
if r==s &&r==n
    y=1;
elseif r==s&&r<n
    y=Inf;
else
    y=0;
end
```

2）调用函数。

```
>> y=isexist(A,b)
y =
```

```
            1
    方程返回 1，则确定有唯一解
```
➤ 方法 2

1）求方程组的秩。
```
>> r=rank(A)
r =
    4                              %秩 r=n=4，A 为非奇异矩阵
```
2）创建增广矩阵 **B**。
```
>> B=[A,b]
B =
    2    1   -5    1    8
    1   -3    0   -6    9
    0    2   -1    2   -5
    1    4   -7    6    0
>> s=rank(B)                       %求增广矩阵的秩
s =
    4
```
这里 r=s=n=4，则该非齐次线性方程组有唯一解。

5.5.1 利用矩阵的逆求解

```
>> x0=pinv(A)*b                    %利用矩阵的逆求解
x0 =
    3.0000
   -4.0000
   -1.0000
    1.0000
>> b0=A*x0                         %验证解的正确性
b0 =
    8.0000
    9.0000
   -5.0000
    0.0000
```
得出的结果 b0 与矩阵 **b** 相同，求解正确。

5.5.2 利用矩阵分解求解

利用矩阵分解来求解线性方程组是工程计算中最常用的技术。下面分别利用不同的分解法求解四元一次方程。

1．LU 分解法

LU 分解法是先将系数矩阵 *A* 进行 *LU* 分解，得到 ***LU=PA***，然后解 ***Ly=Pb***，最后再解 ***Ux=y*** 得到原方程组的解。

（1）编写利用 *LU* 分解法求解线性方程组 ***Ax=b*** 的函数文件 solvebyLU.m。
```
function x=solvebyLU(A,b)
%该函数利用 LU 分解法求线性方程组 Ax=b 的解
flag=isexist(A,b);                 %调用函数 isexist()判断方程组解的情况
```

```
    if flag==0
        disp('该方程组无解!');
        x=[];
        return;
    else
        r=rank(A);
        [m,n]=size(A);
        [L,U,P]=lu(A);
        b=P*b;
            %解Ly=b
        y(1)=b(1);
        if m>1
            for i=2:m
                y(i)=b(i)-L(i,1:i-1)*y(1:i-1)';
            end
        end
        y=y';
            %解Ux=y得原方程组的一个特解
        x0(r)=y(r)/U(r,r);
        if r>1
            for i=r-1:-1:1
                x0(i)=(y(i)-U(i,i+1:r)*x0(i+1:r)')/U(i,i);
            end
        end
        x0=x0';
         if flag==1                    %若方程组有唯一解
            x=x0;
            return;
        else                           %若方程组有无穷多解
            format rat;
            Z=null(A,'r');             %求出对应齐次方程组的基础解系
            [mZ,nZ]=size(Z);
            x0(r+1:n)=0;
            for i=1:nZ
                t=sym(char([107 48+i]));
                k(i)=t;                %取k=[k1,k2,…]
            end
            x=x0;
            for i=1:nZ
                x=x+k(i)*Z(:,i);       %将方程组的通解表示为特解加对应齐次通解形式
            end
        end
    end
end
```

(2) 调用函数。

```
>> x2=solvebyLU(A,b)              %调用自定义函数求解方程组
x2 =
    3.0000
   -4.0000
```

```
    -1.0000
     1.0000
>> b2=A*x2                          %验证解的正确性
b2 =
     8.0000
     9.0000
    -5.0000
     0.0000
```

得出的结果 b2 与矩阵 **b** 相同,求解正确。

2. QR 分解法

利用 QR 分解法先将系数矩阵 **A** 进行 QR 分解 **A=QR**,然后解 **Qy=b**,最后解 **Rx=y** 得到原方程组的解。

(1) 编写求解线性方程组 **Ax=b** 的函数文件 solvebyQR.m。

```
function x=solvebyQR(A,b)
%该函数利用 QR 分解法求线性方程组 Ax=b 的解
flag=isexist(A,b);              %调用函数 isexist()判断方程组解的情况
if flag==0
    disp('该方程组无解!');
    x=[];
    return;
else
    r=rank(A);
    [m,n]=size(A);
    [Q,R]=qr(A);
    b=Q'*b;
    %解 Rx=b 得原方程组的一个特解
    x0(r)=b(r)/R(r,r);
    if r>1
        for i=r-1:-1:1
            x0(i)=(b(i)-R(i,i+1:r)*x0(i+1:r)')/R(i,i);
        end
    end
    x0=x0';
    if flag==1                  %若方程组有唯一解
        x=x0;
        return;
    else                        %若方程组有无穷多解
        format rat;
        Z=null(A,'r');          %求出对应齐次方程组的基础解系
        [mZ,nZ]=size(Z);
        x0(r+1:n)=0;
        for i=1:nZ
            t=sym(char([107 48+i]));
            k(i)=t;             %取 k=[k1,…,kr]
        end
        x=x0;
```

```
            for i=1:nZ
                x=x+k(i)*Z(:,i);     %将方程组的通解表示为特解加对应齐次通解形式
            end
        end
    end
```

（2）调用函数。

```
>> x3=solvebyQR(A,b)
x3 =
    3.0000
   -4.0000
   -1.0000
    1.0000
>> b3=A*x3                           %验证解的正确性
b3 =
    8.0000
    9.0000
   -5.0000
         0
```

得出的结果 b3 与矩阵 *b* 相同，求解正确。

知识拓展：

楚列斯基分解法只适用于系数矩阵 *A* 是对称正定的情况，本节中的四元一次方程组系数 *A* 不是对称正定，运行结果显示如下：

```
>> x4=solvebyCHOL(A,b)
该方法只适用于对称正定的系数矩阵！
x4 =
    []
```

3. 选择分解法

接下来通过输入参数来选择用哪种矩阵分解法求解线性方程组。

（1）编写函数文件 solvelineq.m。

```
function x=solvelineq(A,b,flag)
%该函数是矩阵分解法汇总，通过 flag 的取值来调用不同的矩阵分解
%若 flag='LU'，则调用 LU 分解法
%若 flag='QR'，则调用 QR 分解法
%若 flag='CHOL'，则调用楚列斯基分解法
if strcmp(flag,'LU')
    x=solvebyLU(A,b);
elseif strcmp(flag,'QR')
    x=solvebyQR(A,b);
elseif strcmp(flag,'CHOL')
    x=solvebyCHOL(A,b);
else
    error('flag 的值只能为 LU,QR,CHOL!');
end
```

（2）调用函数。

```
>> solvelineq(A,b,'LU')            %调用 LU 分解法求解
ans =
    3.0000
   -4.0000
   -1.0000
    1.0000
>> solvelineq(A,b,'QR')            %调用 QR 分解法求解
ans =
    3.0000
   -4.0000
   -1.0000
    1.0000
>> solvelineq(A,b,'CHOL')          %调用楚列斯基分解法求解
该方法只适用于对称正定的系数矩阵！
ans =
    []
```

5.6 课后习题

1. 关于矩阵的运算，下列说法正确的是（　　）。
   A. AB 与 BA 的结果一定相同
   B. 只有方阵才能进行转置运算
   C. 矩阵的 SVD 分解可以用于数据压缩
   D. LU 分解只适用于对称矩阵
2. （　　）分解方法最适合用于求解大型稀疏线性方程组。
   A. QR　　　　　　B. SVD　　　　　　C. LU　　　　　　D. 舒尔
3. 在 MATLAB 中，求矩阵特征值的命令是（　　）。
   A. eigenvalue()　　B. eig()　　　　　　C. eigen()　　　　　D. value()
4. 在 MATLAB 中，对于矩阵 A，（　　）方法可以获取其第二条对角线的元素。
   A. diag(A,1)　　　B. diag(A,2)　　　　C. diag(A)　　　　　D. diag(A,–1)
5. 以下关于矩阵特征值的说法，错误的是（　　）。
   A. 一个 $n \times n$ 矩阵有 n 个特征值
   B. 实对称矩阵的特征值一定是实数
   C. 所有矩阵的特征值都是实数
   D. 矩阵的迹等于其所有特征值之和
6. 创建矩阵 $A = \begin{pmatrix} 5 & 8 & 3 & 4 \\ 6 & 6 & 3 & 1 \\ 0 & 1 & 1 & 0 \\ 8 & 1 & 9 & 3 \end{pmatrix}$，并完成下面的操作。

   （1）抽取第 2 条对角线上的元素。
   （2）进行 SVD 分解。
   （3）对矩阵进行三角分解。
   （4）进行 QR 分解。

7. 对矩阵 $A = \begin{pmatrix} 5 & 8 & 3 & 4 \\ 6 & 6 & 3 & 1 \\ 0 & 1 & 1 & 0 \\ 8 & 1 & 9 & 3 \end{pmatrix}$ 进行三角分解与 QR 分解，并完成下面的操作。

(1) 对比分解出的上三角矩阵有何不同。
(2) 计算正交矩阵与上三角矩阵之和
(3) 通过三角变换得到分解出的上三角矩阵。

8. 已知矩阵 $A = \begin{pmatrix} 1 & 2 & 3 & 4 \\ 5 & 6 & 1 & 0 \\ 0 & 1 & 1 & 0 \\ 1 & 1 & 2 & 3 \end{pmatrix}$，$b = \begin{pmatrix} 1 \\ 0 \\ 1 \\ 0 \end{pmatrix}$，求 A^{-1}，并在 A^{-1} 的基础上求矩阵 A 的第 2 列被 b 替换后的逆矩阵。

9. 对矩阵 $A = \begin{pmatrix} 1 & 2 & 3 & 4 \\ 5 & 6 & 7 & 8 \\ 2 & 3 & 4 & 1 \\ 7 & 8 & 5 & 6 \end{pmatrix}$ 进行 LU 分解，使用两种不同的调用方法并比较二者的不同。

第 6 章 二 维 绘 图

内容简介

二维曲线是将平面上的数据连接起来的平面图形，数据点可以用向量或矩阵来表示。MATLAB 通过大量数据计算为二维曲线提供了应用平台，这也是 MATLAB 有别于其他科学计算的地方，它实现了数据结果的可视化，具有强大的图形功能。

本章将介绍 MATLAB 的图形窗口和二维图形的绘制。希望通过本章的学习，读者能够使用 MATLAB 进行二维绘图。

内容要点

- 二维绘图简介
- 不同坐标系下的绘图命令
- 图形窗口
- 综合实例——绘制函数曲线
- 课后习题

6.1 二维绘图简介

本节内容是学习用 MATLAB 作图最重要的部分，也是学习后面内容的一个基础。本节将会详细介绍一些常用的绘图命令。

6.1.1 plot 绘图命令

plot 命令是最基本的绘图命令，也是最常用的一个绘图命令。当执行 plot 命令时，系统会自动创建一个新的图形窗口。若之前已经打开了图形窗口，那么系统会将图形画在最近打开过的图形窗口上，原有图形也将被覆盖。本节将详细讲述该命令的各种用法。

plot 命令主要有下面几种使用格式。

1．plot(x)

plot(x)函数格式的功能如下：
- 当 x 是实向量时，则绘制出以该向量元素的下标（即向量的长度，可用 MATLAB 函数 length()求得）为横坐标，以该向量元素的值为纵坐标的一条连续曲线。
- 当 x 是实矩阵时，按列绘制出每列元素值相对其下标的曲线，曲线数等于 x 的列数。
- 当 x 是复矩阵时，按列分别绘制出以元素实部为横坐标，以元素虚部为纵坐标的多条曲线。

实例——实验数据曲线

源文件：yuanwenjian\ch06\shiyanquxian.m、实验数据曲线.fig

从实验中得到 y 与 x 的一组数据，见表 6-1。

表 6-1　实验数据

x	5	10	20	30	40	50	60	70	90	120
y	6	10	13	16	17	19	23	25	29	460

解：MATLAB 程序如下。

```
>> x=[5 10 20 30 40 50 60 70 90 120];
>> y=[6 10 13 16 17 19 23 25 29 460];   %输入测量数据矩阵 x 和 y
>> plot(x,y)      %以 x 为横坐标、以 y 为纵坐标，绘制数据矩阵的二维线图，线条颜色默
                  %认为蓝色
```

运行结果如图 6-1 所示。

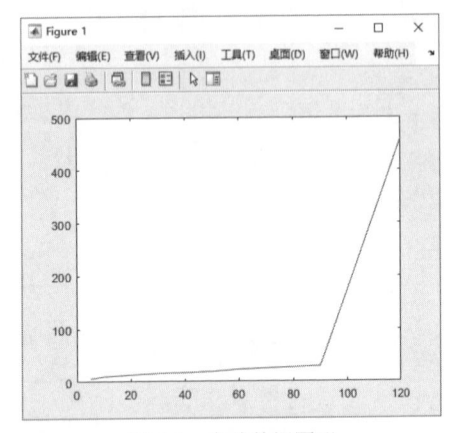

图 6-1　实验数据图形

2．多图形显示

在实际应用中，为了进行不同数据的比较，有时需要在同一个视窗下观察不同的图形，就需要用不同的操作命令进行设置。

（1）如果要在同一图形窗口中分割出所需要的几个窗口来，可以使用 subplot 命令，其调用格式见表 6-2。

表 6-2　subplot 命令的调用格式

调用格式	说　　明
subplot(m,n,p)	将当前窗口分割成 m×n 个视图区域，并指定第 p 个视图为当前视图
subplot(m,n,p,'replace')	删除位置 p 处的现有坐标区并创建新坐标区
subplot(m,n,p,'align')	创建新坐标区，以便对齐图框。此选项为默认行为
subplot(m,n,p,ax)	将现有坐标区 ax 转换为同一图形窗口中的子图
subplot('Position',pos)	在 pos 指定的自定义位置创建坐标区。指定 pos 作为[left bottom width height]形式的四元素向量，如果新坐标区与现有坐标区重叠，新坐标区将替换现有坐标区

续表

调 用 格 式	说　　　明
subplot(…,Name,Value)	使用一个或多个名称-值对组参数修改坐标区属性
ax = subplot(…)	返回创建的 Axes 对象、PolarAxes 对象或 GeographicAxes 对象。可以使用 ax 修改坐标区
subplot(ax)	将 ax 指定的坐标区设为父图形窗口的当前坐标区。如果父图形窗口不是当前图形窗口，此选项不会使父图形窗口成为当前图形窗口

需要注意的是，这些子图的编号是按行来排列的。例如，第 s 行第 t 个视图区域的编号为$(s-1)×n+t$。如果在此命令之前并没有任何图形窗口被打开，那么系统将会自动创建一个图形窗口，并将其分割成 $m×n$ 个视图区域。

（2）函数 tiledlayout()创建分块图布局用于显示当前图形窗口中的多个绘图。如果没有图形窗口，则 MATLAB 创建一个图形窗口并按照设置进行布局；如果当前图形窗口包含一个现有布局，则 MATLAB 使用新布局替换该布局。tiledlayout 命令的调用格式见表 6-3。

表 6-3　tiledlayout 命令的调用格式

调 用 格 式	说　　　明
tiledlayout(m,n)	将当前窗口分割成 m×n 个视图区域，默认状态下，只有一个空图块填充整个布局。当调用函数 nexttile()创建新的坐标区域时，布局都会根据需要进行调整以适应新坐标区，同时保持所有图块的纵横比约为 4∶3
tiledlayout(arrangement)	创建一个可以容纳任意数量坐标区的布局。arrangement 的可选参数为 flow、vertical 和 horizontal。flow 表示为坐标区网格创建布局，该布局可以根据图窗的大小和坐标区的数量调整。vertical 表示为坐标区的垂直堆叠创建布局。horizontal 表示为坐标区的水平堆叠创建布局
tiledlayout(…,Name,Value)	使用一个或多个名称-值对组参数指定布局属性
tiledlayout(parent,…)	在指定的父容器（可指定为 Figure、Panel 或 Tab 对象）中创建布局
t = tiledlayout(…)	返回 TiledChartLayout 对象 t，使用 t 配置布局的属性

分块图布局包含覆盖整个图形窗口或父容器的不可见图块网格，每个图块可以包含一个用于显示绘图的坐标区。创建布局后，调用函数 nexttile()将坐标区对象放置到布局中，然后调用绘图函数在该坐标区中绘图。函数 nexttile()的调用格式见表 6-4。

表 6-4　函数 nexttile()的调用格式

调 用 格 式	说　　　明
nexttile	创建一个坐标区对象，再将其放入当前图形窗口中的分块图布局的下一个空图块中
nexttile(tilelocation)	指定要在其中放置坐标区的图块的编号，图块编号从 1 开始，按从左到右、从上到下的顺序递增。如果图块中有坐标区或图对象，函数 nexttile()会将该对象设为当前坐标区
nexttile(span)	创建一个占据多行或多列的坐标区对象，指定 span 作为[r c]形式的向量。坐标区占据 r（行）× c（列）的图块，坐标区的左上角位于第一个空的 r×c 区域的左上角
nexttile(tilelocation,span)	创建一个占据多行或多列的坐标区对象，将坐标区的左上角放置在 tilelocation 指定的图块中
nexttile(t,…)	在 t 指定的分块图布局中放置坐标区对象
ax = nexttile(…)	返回坐标区对象 ax，使用 ax 对坐标区设置属性

实例——图形窗口布局应用

源文件：yuanwenjian\ch06\tuchuangbuju.m、图形窗口布局应用.fig

本实例设置图形窗口的视图布局，分别在各个视图区域绘图。

解：MATLAB 程序如下。

```
>> close all            %关闭当前已打开的文件
>> clear                %清除工作区的变量
>> x = linspace(-pi,pi);    %创建-π~π的向量x，默认元素个数为100
>> y = cos(x);          %定义以向量x为自变量的函数表达式y
>> tiledlayout(2,2)     %将当前窗口布局为2×2的视图区域
>> nexttile            %在第一个图块中创建一个坐标区对象，如图6-2（a）所示
>> plot(x)             %在新坐标区中绘制图形，绘制曲线，在图6-2（b）中显示图形
>> nexttile            %创建第二个图块和坐标区，并在新坐标区中绘制图形，在
                       %图6-2（c）中显示新建的坐标区域
>> plot(x,y)           %显示以x为横坐标、以y为纵坐标的曲线，在图6-2（d）
                       %新建的坐标区域中绘制图形
>> nexttile([1 2])     %创建第三个图块，占据1行2列的坐标区，在图6-2（e）
                       %中显示新建的坐标区域
>> plot(x,y)           %在新坐标区中绘制图形，显示以x为横坐标、以y为纵坐标
                       %的曲线，在图6-2（f）新建的坐标区域中绘制图形
```

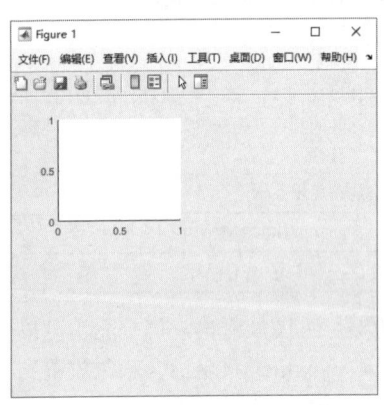

(a) 创建坐标区域　　　　　　　　　　(b) 绘制图形

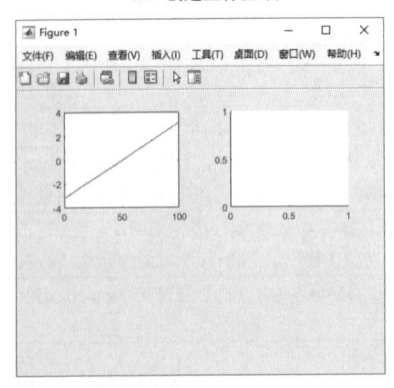

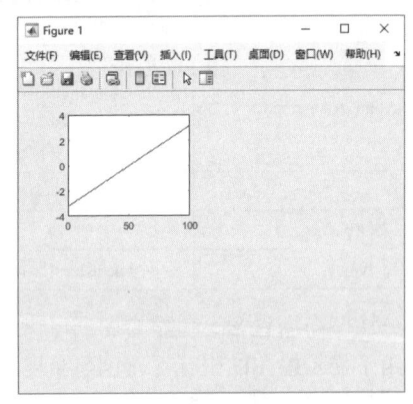

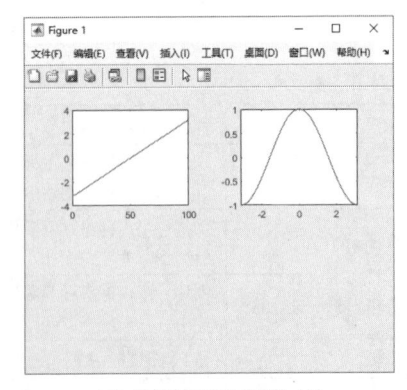

(c) 创建新坐标区（1）　　　　　　　　(d) 绘制新坐标区图形（1）

图 6-2　图窗布局

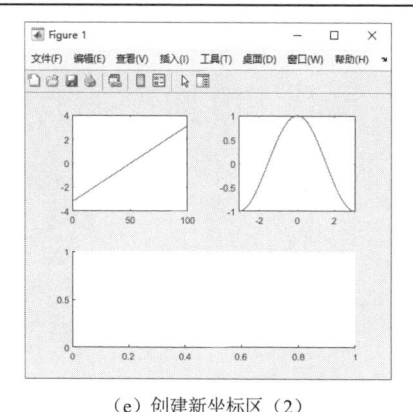

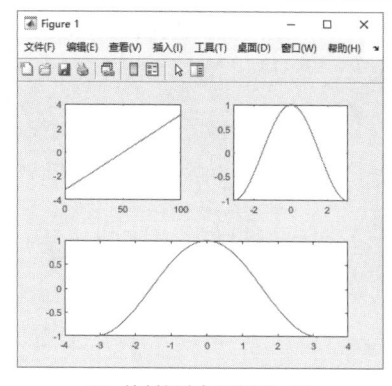

(e)创建新坐标区(2)　　　　　　(f)绘制新坐标区图形(2)

图 6-2（续）

3. plot(x,y)

plot(x,y)函数格式的功能如下：

- 当 x、y 是同维向量时，绘制以 x 为横坐标、以 y 为纵坐标的曲线。
- 当 x 是向量，y 是有一维与 x 等维的矩阵时，绘制出多条不同颜色的曲线，曲线数等于 y 矩阵的另一维数，x 作为这些曲线的横坐标。
- 当 x 是矩阵，y 是向量时，同上，但以 y 为横坐标。
- 当 x、y 是同维矩阵时，以 x 对应的列元素为横坐标，以 y 对应的列元素为纵坐标分别绘制曲线，曲线数等于矩阵的列数。

实例——摩擦系数变化曲线

源文件：yuanwenjian\ch06\xishubianhua.m、摩擦系数变化曲线.fig

在某次物理实验中，测得不同摩擦系数情况下路程与时间的数据，见表 6-5。在同一图中作出不同摩擦系数情况下路程随时间变化的曲线。

表 6-5　不同摩擦系数情况下路程与时间的数据

时间/s	路程 1/m	路程 2/m	路程 3/m	路程 4/m
0	0	0	0	0
0.2	0.58	0.31	0.18	0.08
0.4	0.83	0.56	0.36	0.19
0.6	1.14	0.89	0.62	0.30
0.8	1.56	1.23	0.78	0.36
1.0	2.08	1.52	0.99	0.49

此问题可以将时间 t 表示为一个列向量，相应测得的路程 s 的数据表示为一个 6×4 的矩阵，然后利用 plot 命令即可。

解：MATLAB 程序如下。

```
>> x=0:0.2:1;  %时间列向量 x
>> y=[0 0 0 0;0.58 0.31 0.18 0.08;0.83 0.56 0.36 0.19;1.14 0.89 0.62
0.30;1.56 1.23 0.78 0.36;2.08 1.52 0.99 0.49];         %路程测量数据 y
>> plot(x,y)   %绘制以 x 为横坐标、以 y 每一列数据为纵坐标的 4 条曲线
```

运行结果如图 6-3 所示。

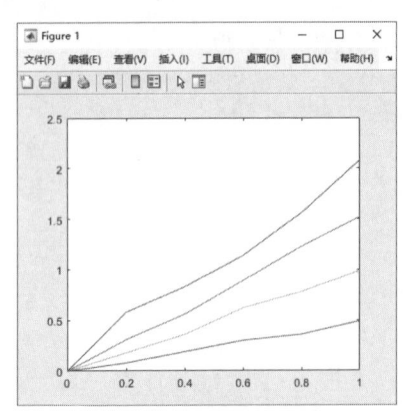

图 6-3　摩擦系数变化曲线

4．plot(x1,y1,x2,y2,…)

plot(x1,y1,x2,y2,…)函数格式的功能是绘制多条曲线。在这种用法中，(xi,yi)必须是成对出现的，上面的命令等价于逐次执行 plot(xi,yi)命令，其中 i=1,2,…。

实例——正弦余弦图形

源文件：yuanwenjian\ch06\zhengxianyuxian.m、正弦余弦图形.fig

在同一个图上画出 $y = \sin x$、$y = 5\cos\left(x - \dfrac{\pi}{4}\right)$ 的图形。

解：MATLAB 程序如下。

```
>> x1=linspace(0,2*pi,100);    %创建 0～2π 的线性分隔值向量 x,元素个数为 100
>> x2=x1-pi/4;                 %定义余弦函数的自变量 x2
>> y1=sin(x1);
>> y2=5*cos(x2);               %输入函数表达式 y1、y2
>> plot(x1,y1,x2,y2)           %分别以 x1 和 x2 为横坐标、以 y1 和 y2 为纵坐标,绘制函数曲线
```

运行结果如图 6-4 所示。

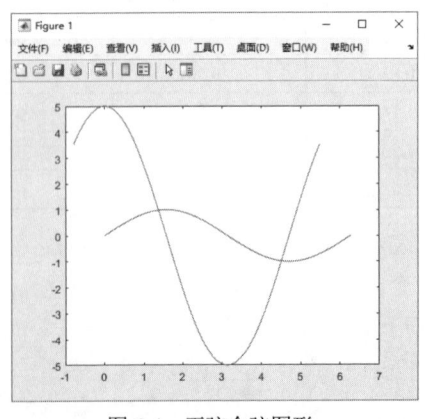

图 6-4　正弦余弦图形

> **注意：**
> 上面的 linspace 命令用于将已知的区间[0,2π]等分为 100 份。这个命令的具体使用格式为 linspace(a,b,n)，作用是将已知区间[a,b]等分为 n 份，返回值为各节点的坐标。

5．plot(x,y,LineSpec)

plot(x,y,LineSpec)中的 x、y 为向量或矩阵，LineSpec 为用单引号标记的字符串，用于设置所画数据点的类型、大小、颜色以及数据点之间连线的类型、粗细、颜色等。实际应用中，LineSpec 是某些字母或符号的组合，这些字母和符号会在后续章节介绍。LineSpec 可以省略，此时将由 MATLAB 系统默认设置，即曲线一律采用"实线"线型，不同曲线将按表 6-6 所列出的 8 种颜色（蓝、绿、红、青、品红、黄、黑、白）顺序着色。

表 6-6　颜色控制字符表

字　　符	色　　彩	RGB 值
b（blue）	蓝色	001
g（green）	绿色	010
r（red）	红色	100
c（cyan）	青色	011
m（magenta）	品红	101
y（yellow）	黄色	110
k（black）	黑色	000
w（white）	白色	111

LineSpec 的合法设置见表 6-7 和表 6-8。

表 6-7　线型符号及说明

线型符号	符号含义	线型符号	符号含义
-	实线（默认值）	:	点线
--	虚线	-.	点画线

表 6-8　线型控制字符表

字　　符	数　据　点	字　　符	数　据　点
+	加号	>	向右三角形
o	小圆圈	<	向左三角形
*	星号	s（square）	正方形
.	实点	h（hexagram）	正六角形
x	交叉号	p（pentagram）	正五角形
d（diamond）	菱形	v	向下三角形
^	向上三角形		

实例——曲线属性的设置

源文件：yuanwenjian\ch06\quxianshuxing.m、曲线属性的设置.fig

设置以下曲线的显示属性：

$$y_1 = \sin t, \quad y_2 = \sin t \sin(9t)$$

解：MATLAB 程序如下。

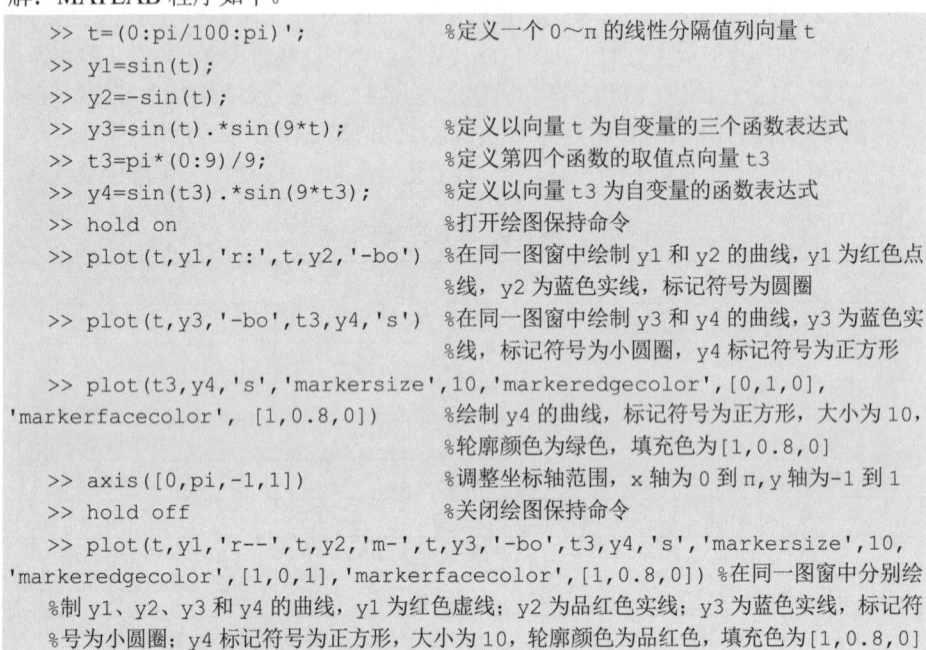

```
>> t=(0:pi/100:pi)';              %定义一个0~π的线性分隔值列向量t
>> y1=sin(t);
>> y2=-sin(t);
>> y3=sin(t).*sin(9*t);           %定义以向量t为自变量的三个函数表达式
>> t3=pi*(0:9)/9;                 %定义第四个函数的取值点向量t3
>> y4=sin(t3).*sin(9*t3);         %定义以向量t3为自变量的函数表达式
>> hold on                        %打开绘图保持命令
>> plot(t,y1,'r:',t,y2,'-bo')     %在同一图窗中绘制y1和y2的曲线,y1为红色点
                                  %线,y2为蓝色实线,标记符号为圆圈
>> plot(t,y3,'-bo',t3,y4,'s')     %在同一图窗中绘制y3和y4的曲线,y3为蓝色实
                                  %线,标记符号为小圆圈,y4标记符号为正方形
>> plot(t3,y4,'s','markersize',10,'markeredgecolor',[0,1,0],
'markerfacecolor', [1,0.8,0])     %绘制y4的曲线,标记符号为正方形,大小为10,
                                  %轮廓颜色为绿色,填充色为[1,0.8,0]
>> axis([0,pi,-1,1])              %调整坐标轴范围,x轴为0到π,y轴为-1到1
>> hold off                       %关闭绘图保持命令
>> plot(t,y1,'r--',t,y2,'m-',t,y3,'-bo',t3,y4,'s','markersize',10,
'markeredgecolor',[1,0,1],'markerfacecolor',[1,0.8,0]) %在同一图窗中分别绘
%制y1、y2、y3和y4的曲线,y1为红色虚线;y2为品红色实线;y3为蓝色实线,标记符
%号为小圆圈;y4标记符号为正方形,大小为10,轮廓颜色为品红色,填充色为[1,0.8,0]
```

运行结果如图 6-5 所示。

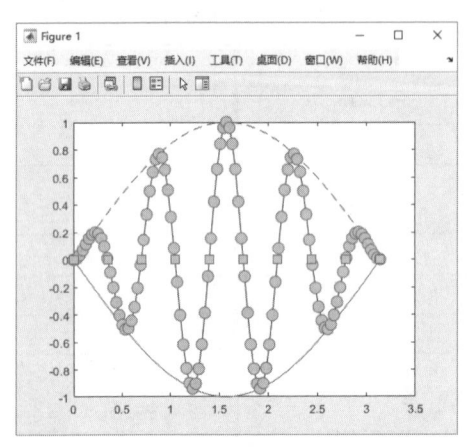

图 6-5 设置属性的函数图形

6．plot(x1,y1,LineSpec1,x2,y2,LineSpec2,…)

plot(x1,y1,LineSpec1,x2,y2,LineSpec2,…)格式的用法与用法 4 相似，不同之处是此格式有参数的控制，运行此命令等价于依次执行 plot(x*i*,y*i*,LineSpec*i*)，其中 *i*=1,2,…。

实例——函数图形

源文件：yuanwenjian\ch06\hanshutuxing.m、函数图形.fig

在同一坐标系中画出以下函数在 $[-\pi, \pi]$ 上的简图。

$$y_1 = e^{\sin x}, y_2 = e^{\cos x}, y_3 = e^{\sin x + \cos x}, y_4 = e^{\sin x - \cos x}, y_5 = 0.2e^{\sin x \times \cos x}, y_6 = 0.2e^{\cos x \div \sin x}$$

解：MATLAB 程序如下。

```
>> x=-pi:pi/10:pi;                      %定义取值点向量 x,范围为-π～π
>> y1=exp(sin(x));
>> y2=exp(cos(x));
>> y3=exp(sin(x)+cos(x));
>> y4=exp(sin(x)-cos(x));
>> y5=0.2*exp(sin(x).*cos(x));
>> y6=0.2*exp(cos(x)./sin(x));          %定义 6 个以 x 为自变量的函数表达式
>> plot(x,y1,'b--',x,y2,'d-',x,y3,'m>-.',x,y4,'rh-',x,y5,'kh-',x,y6,'bh-')
%在同一图窗中绘制 6 个函数的曲线。y1 为蓝色虚线；y2 为带菱形标记的实线；y3 为品红
%色点画线,标记符号为向右三角形；y4 为红色实线,标记符号为正六角形；y5 为黑色实线,
%标记符号为正六角形；y6 为蓝色实线,标记符号为正六角形
```

运行结果如图 6-6 所示。

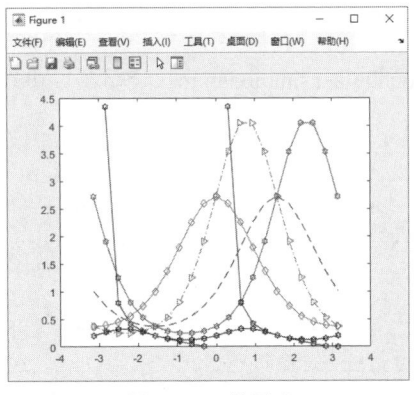

图 6-6 函数图形

> **小技巧**：
>
> 如果读者不知道 hold on 命令及用法,但又想在当前坐标系中画出后续图形时,便可以使用 plot 命令的此种用法。

6.1.2 fplot 绘图命令

fplot 命令也是 MATLAB 提供的一个绘图命令,它是一个专门用于绘制一元函数图形的命令。既然 plot 命令也可以绘制一元函数图形,为什么还要引入 fplot 命令呢？这是因为 plot 命令是依据给定的数据点来作图的,而在实际情况中,一般并不清楚函数的具体情况,因此依据所选取的数据点绘制的图形可能会忽略真实函数的某些重要特性,给科研工作造成不可估计的损失。MATLAB 提供了专门绘制一元函数图形的 fplot 命令用于指导数据点的选取,通过其内部自适应算法,在函数变化比较平稳处所取的数据点就

会相对稀疏一点，在函数变化明显处所取的数据点就会自动密一些，因此用 fplot 命令绘制的图形要比用 plot 命令绘制的图形光滑准确。

fplot 命令的调用格式见表 6-9。

表 6-9　fplot 命令的调用格式

调 用 格 式	说　　明
fplot(f)	在 x 默认区间[-5,5]内绘制由函数 y = f(x)定义的曲线
fplot(f,xinterval)	在指定的范围 xinterval 内画出一元函数 f 的图形
fplot(funx,funy)	在 t 的默认间隔[-5,5]上绘制由 x=funx(t)和 y=funy(t)定义的曲线
fplot(funx,funy,tinterval)	在指定的时间间隔内绘制。将间隔指定为[tmin tmax]形式的二元向量
fplot(…,LineSpec)	指定线条样式、标记符号和线条颜色。例如，-r 表示绘制一条红线。在前面语法中的任何输入参数组合之后使用此选项
fplot(…,Name,Value)	使用一个或多个名称-值对组参数指定行属性
fplot(ax,…)	绘制到由 ax 指定的坐标区中，而不是当前坐标区（gca）中。指定坐标区作为第一个输入参数
fp = fplot(…)	根据输入返回函数行对象或参数化函数行对象。使用 fp 查询和修改特定行的属性
[X,Y] = fplot(…)	返回横坐标与纵坐标的值给变量 X 和 Y，不绘制图形

实例——绘制函数曲线

源文件：yuanwenjian\ch06\hanshuquxian.m、绘制函数曲线.fig

分别用 fplot 命令与 plot 命令绘制函数 $y = \sin\dfrac{1}{x}, x \in [0.01, 0.02]$ 的图形。

解：MATLAB 程序如下。

```
>> x=linspace(0.01,0.02,50);      %将取值区间[0.01,0.02]等分为50份
>> y=sin(1./x);                    %以 x 为自变量的函数表达式
>> subplot(2,1,1),plot(x,y)        %将图窗分割为2×1两个上下排列的子图，使用
                                   %plot 命令在第一个子图中绘制函数图形
>> subplot(2,1,2),fplot(@(x)sin(1./x),[0.01,0.02])  %在第二个子图中使用
                                   %fplot 命令在指定区间[0.01,0.02]绘制函数图形
```

运行结果如图 6-7 所示。

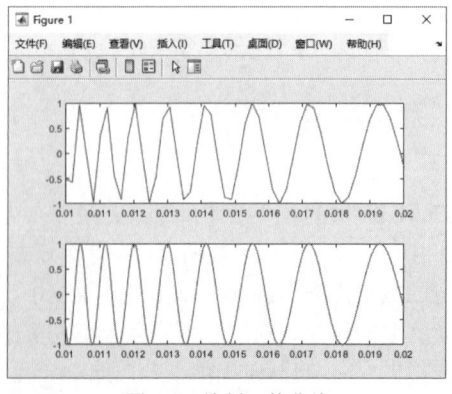

图 6-7　绘制函数曲线

还可以输入下面的程序得到图 6-7 所示的图像。

```
>> x=linspace(0.01,0.02,50);
>> y=sin(1./x);
>> y1=@(x)sin(1./x);     %定义以 x 为自变量的函数句柄 y1
>> subplot(2,1,1),plot(x,y)
>> subplot(2,1,2),fplot(y1,[0.01,0.02])
```

从该图可以很明显地看出用 fplot 命令所作的图要比用 plot 命令所作的图光滑精确。这主要是因为分点取得太少，即对区间的划分还不够精细，读者往往以为将长度为 0.01 的区间等分为 50 份已经够精细了，事实上这远不能精确地描述原函数。

动手练一练——绘制函数图形

在同一个图上画出 $y=e^x$、$y=\cos x+\sin(2x)$ 在 $[-\pi,\pi]$ 上的图形。

思路点拨：

源文件：yuanwenjian\ch06\hanshu.m、绘制函数图形.fig

（1）定义变量区域。
（2）输入参数表达式。
（3）使用 fplot 命令绘制函数曲线。

6.2 不同坐标系下的绘图命令

前面所讲的绘图命令使用的都是笛卡儿坐标系，而在实际工程中，往往会涉及不同坐标系下的图形问题，如常用的极坐标。下面简单介绍几个工程计算中常用的其他坐标系下的绘图命令。

6.2.1 在极坐标系下绘图

在 MATLAB 中，polarplot 命令用于绘制极坐标下的函数图形，其调用格式见表 6-10。

表 6-10　polarplot 命令的调用格式

调 用 格 式	说　　明
polarplot(theta,rho)	在极坐标系下绘图，theta 代表弧度，rho 代表每个点的半径值，输入必须是长度相等的向量或大小相等的矩阵
polarplot(theta,rho,LineSpec)	在极坐标系下绘图，参数 LineSpec 的内容与 plot 命令中的参数 LineSpec 相似，用于设置线条的线型、标记符号和颜色

实例——直角坐标与极坐标系图形

源文件：yuanwenjian\ch06\zuobiao2.m、直角坐标与极坐标系图形 1.fig/直角坐标与极坐标系图形 2.fig

在直角坐标系与极坐标系下画出以下函数的图形：

$$r = e^{\sin t} - 2\sin 4t + \left(\cos \frac{t}{5}\right)^6$$

解：MATLAB 程序如下。

```
>> t=linspace(0,24*pi,1000);      %定义取值点
>> r=exp(sin(t))-2*sin(4.*t)+(cos(t./5)).^6;      %定义函数表达式
>> subplot(2,1,1),plot(t,r)       %在第一个子图中绘制函数在直角坐标系下的图形
>> subplot(2,1,2),polarplot(t,r)  %在第二个子图中绘制函数在极坐标系下的图形
```

运行结果如图 6-8 所示。

如果还想看一下此图在直角坐标系下的图形，那么可借助 pol2cart 命令，可以将相应的极坐标或柱坐标数据点转换成二维笛卡儿坐标或 x-y 坐标系下的数据点，MATLAB 程序如下：

```
>> [x,y]=pol2cart(t,r);           %将极坐标下的数据点转换为直角坐标系下的数据点
>> figure                          %新建图窗
>> plot(x,y)                       %绘制直角坐标系下的图形
```

运行结果如图 6-9 所示。

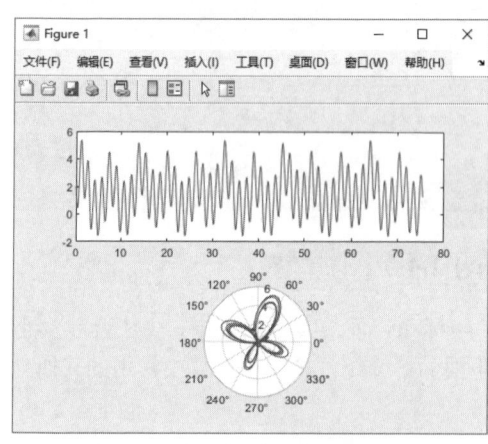

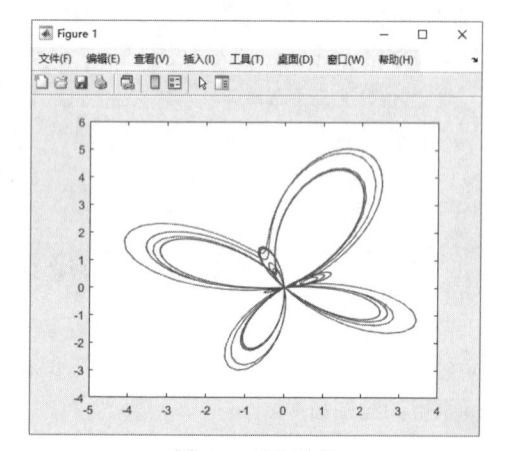

图 6-8　直角坐标系与极坐标系图形　　　　图 6-9　运行结果

6.2.2　在半对数坐标系下绘图

半对数坐标系在工程中也是很常用的，MATLAB 提供的 semilogx 与 semilogy 命令可以很容易地实现这种作图方式。semilogx 命令用于绘制以 x 轴为半对数坐标系的曲线，semilogy 命令用于绘制以 y 轴为半对数坐标系的曲线，它们的调用格式是一样的。以 semilogx 命令为例，其调用格式见表 6-11。

表 6-11　semilogx 命令的调用格式

调用格式	说　　明
semilogx(Y)	绘制以 10 为基数的对数刻度的 x 轴和线性刻度的 y 轴的半对数坐标系曲线，若 Y 为实矩阵，则按列绘制每列元素值相对其下标的曲线图；若 Y 为复矩阵，则等价于 semilogx(real(Y),imag(Y))命令
semilogx(Y,LineSpec)	在上一种调用格式的基础上，可指定线型、标记和颜色
semilogx(X1,Y1,…)	对坐标对(X_i,Y_i) (i=1,2,…)，绘制所有的曲线，如果(X_i,Y_i)是矩阵，则以(X_i,Y_i)对应的行或列元素为横纵坐标绘制曲线

续表

调用格式	说 明
semilogx(X1,Y1,LineSpec,…)	对坐标对(Xi,Yi)（i=1,2,…），绘制所有的曲线，其中 LineSpec 是控制曲线线型、标记和颜色的参数
semilogx(…,Name,Value)	设置所有用 semilogx 命令生成的图形对象的属性
semilogx(ax,…)	在由 ax 指定的坐标区中创建线条
h = semilogx(…)	返回 Line 图形句柄向量，每条线对应一个句柄

实例——半对数坐标系图形

源文件：yuanwenjian\ch06\zuobiao3.m、半对数坐标系绘图.fig

比较函数 $y=10^x$ 在半对数坐标系与直角坐标系下的图形。

解：MATLAB 程序如下。

```
>> close all                          %关闭打开的 MATLAB 文件
>> x=0:0.01:1;                        %定义取值点
>> y=10.^x;                           %定义以 x 为自变量的函数表达式 y
>> subplot(1,2,1),semilogy(x,y)       %将图窗分割为左右并排的两个子图，在第一个子图
                                      %中绘制以 y 轴为对数刻度的函数图形
>> subplot(1,2,2),plot(x,y)           %在第二个子图中绘制函数在直角坐标系下的图形
```

运行结果如图 6-10 所示。

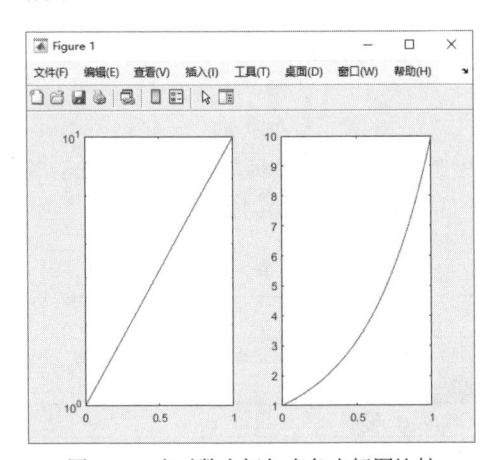

图 6-10 半对数坐标与直角坐标图比较

6.2.3 在双对数坐标系下绘图

除了前面的在半对数坐标系下绘图，MATLAB 还提供了在双对数坐标系下绘图的命令 loglog，其调用格式与 semilogx 命令相同，这里不再详细说明，只给出一个例子。

实例——双对数坐标系绘图

源文件：yuanwenjian\ch06\zuobiao4.m、双对数坐标系绘图.fig

比较函数 $y=e^x+e^{-x}$ 在双对数坐标系与直角坐标系下的图形。

解：MATLAB 程序如下。

```
>> close all
>> x=0:0.01:1;                        %定义取值范围和取值点
>> y=exp(x)+exp(-x);                  %定义以 x 为自变量的函数表达式 y
>> subplot(1,2,1),loglog(x,y)         %将图窗分割为左右并排的两个子图，在第一个子图
                                      %中绘制函数在双对数坐标系下的图形
>> subplot(1,2,2),plot(x,y)           %在第二个子图中绘制函数在直角坐标系下的图形
```

运行结果如图 6-11 所示。

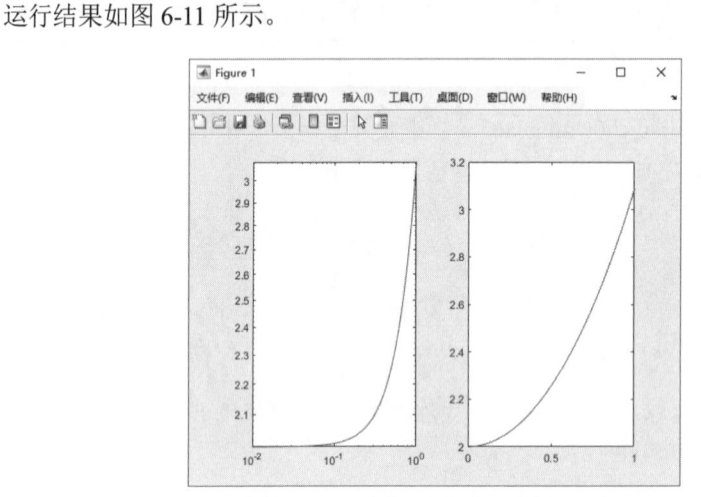

图 6-11　双对数坐标与直角坐标图比较

6.2.4　双 y 轴坐标

双 y 轴坐标在实际中常用于比较两个函数的图形，yyaxis 命令用于绘制具有两个 y 轴的数据图。yyaxis 命令的调用格式见表 6-12。

表 6-12　yyaxis 命令的调用格式

调用格式	说　　明
yyaxis left	用左边的 y 轴画出数据图。如果当前坐标区中没有两个 y 轴，则添加第二个 y 轴；如果没有坐标区，则首先创建坐标区
yyaxis right	用右边的 y 轴画出数据图
yyaxis(ax,…)	指定 ax 坐标区（而不是当前坐标区）的活动侧为左或右。如果坐标区中没有两个 y 轴，则添加第二个 y 轴。指定坐标区作为第一个输入参数，使用单引号将 left 和 right 引起来

实例——双 y 轴坐标绘图

源文件： yuanwenjian\ch06\zuobiao5.m、双 y 轴坐标绘图.fig
用不同标度在同一坐标内绘制曲线 $y_1 = e^{-x} \cos 4\pi x$ 和 $y_2 = 2e^{-0.5x} \cos 2\pi x$。

解：MATLAB 程序如下。

```
>> close all
>> x=linspace(-2*pi,2*pi,200);        %定义取值范围和取值点
>> y1=exp(-x).*cos(4*pi*x);           %定义以 x 为自变量的函数表达式 y1
>> yyaxis left                        %激活左侧，使后续图形函数作用于该侧
```

```
>> plot(x,y1)                      %绘制函数 y1 的曲线
>> y2=2*exp(-0.5*x).*cos(2*pi*x);  %定义以 x 为自变量的函数表达式 y2
>> yyaxis right                    %激活右侧,使后续图形函数作用于该侧
>> plot(x,y2)                      %绘制函数 y2 的曲线
>> ylim([-40 60])                  %为右侧 y 轴设置范围
```

运行结果如图 6-12 所示。

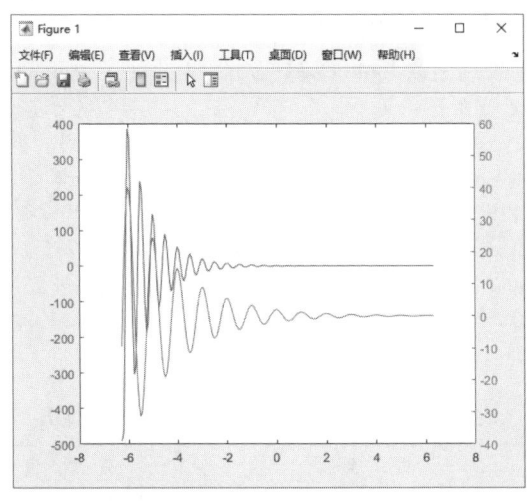

图 6-12　yyaxis 作图

动手练一练——绘制不同坐标系函数图形

在不同坐标系下绘制 $y = \log x + \sin\left(x + \dfrac{\pi}{5}\right)$ 在 $\left[0, \dfrac{\pi}{2}\right]$ 上的图形。

> **思路点拨：**
> 源文件：yuanwenjian\ch06\zuobiao6.m、绘制不同坐标系函数图形.fig
> （1）定义变量区域。
> （2）输入参数表达式。
> （3）在极坐标、对数坐标系下绘图。

6.3　图形窗口

　　MATLAB 不但有与矩阵相关的数值运算，同时它还具有强大的图形功能，这是其他用于科学计算的编程语言所无法比拟的。利用 MATLAB 可以很方便地实现大量数据计算结果的可视化，而且可以很方便地修改和编辑图形界面。

　　图形窗口是 MATLAB 数据可视化的平台，这个窗口和命令行窗口是相互独立的。如果能熟练掌握图形窗口的各种操作，读者便可以根据自己的需要来获得各种高质量的图形。

6.3.1 图形窗口的创建

在 MATLAB 的命令行窗口中输入绘图命令（如 plot 命令）时，系统会自动建立一个图形窗口。有时，在输入绘图命令之前已经打开了图形窗口，这时绘图命令会自动将图形输出到当前窗口。当前窗口通常是最后一个使用的图形窗口，这个窗口的图形也将被覆盖掉，而用户往往不希望这样。学完本小节内容，读者便能轻松地解决这个问题。

在 MATLAB 中，使用函数 figure()来建立图形窗口。该函数有下面 5 种用法。
- figure：创建一个图形窗口。
- figure(n)：查找编号（Number 属性）为 n 的图形窗口，并将其作为当前图形窗口。如果不存在，则创建一个编号为 n 的图形窗口，其中 n 是一个正整数。
- figure(f)：将 f 指定的图形窗口作为当前图形窗口，显示在其他所有图形窗口之上。
- f=figure(…)：返回 Figure 对象，常用于查询可修改指定的图形窗口属性。
- figure(Name,Value,…)：对指定的属性名 Name，用指定的属性值 Value（属性名与属性值成对出现）创建一个新的图形窗口；对于那些没有指定的属性，则用默认值。figure 常用的属性名与有效的属性值见表 6-13。

表 6-13 figure 常用的属性名与有效的属性值

属性名	说明	有效值	默认值
Position	图形窗口的位置与大小	四维向量 [left bottom width height]	取决于显示
Units	属性 Position 的度量单位	inches（英寸）、centimeters（厘米）、normalized（标准化单位认为窗口长宽是1）、points（点）pixels（像素）、characters（字符）	pixels
Color	窗口的背景颜色	ColorSpec（有效的颜色参数）	取决于颜色表
Menubar	转换图形窗口菜单条的"开"与"关"	none、figure	figure
Name	显示图形窗口的标题	任意字符串	''（空字符串）
NumberTitle	标题栏中是否显示 Figure n，其中 n 为图形窗口的编号	on、off	on
Resize	指定图形窗口是否可以通过鼠标改变大小	on、off	on
SelectionHighlight	当图形窗口被选中时，是否突出显示	on、off	on
Visible	确定图形窗口是否可见	on、off	on
WindowStyle	指定窗口样式	normal（标准窗口）、modal（典型窗口）、docked（停靠窗口）	normal
Colormap	图形窗口的色图	$m \times 3$ 的 RGB 颜色矩阵	parula
Alphamap	图形窗口的α色图，用于设定透明度	m 维向量，每一分量的取值范围为[0,1]	64 维向量
Renderer	用于屏幕和图片的渲染模式	painters、opengl	opengl
Children	显示于图形窗口中的任意对象句柄	句柄向量	[]
FileName	命令 guide 使用的文件名	字符串	无
Parent	图形窗口的父对象：根屏幕	总是 0（即根屏幕）	0

续表

属性名	说明	有效值	默认值
Selected	是否显示窗口的"选中"状态	on、off	off
Tag	用户指定的图形窗口标签	任意字符串	''（空字符串）
Type	图形对象的类型（只读类型）	figure	figure
UserData	用户指定的数据	任一矩阵	[]（空矩阵）
RendererMode	默认的或用户指定的渲染程序	auto、manual	auto
CurrentAxes	在图形窗口中当前坐标轴的句柄	坐标轴句柄	[]
CurrentCharacter	在图形窗口中最后一个输入的字符	单个字符	''（空字符串）
CurrentObject	图形窗口中当前对象的句柄	图形对象句柄	[]
CurrentPoint	图形窗口中最后单击的按钮的位置	二维向量[x-coord y-coord]	[0 0]
SelectionType	鼠标选取类型	normal、extended、alt、open	normal
BusyAction	指定如何处理中断调用程序	cancel、queue	queue
ButtonDownFcn	当在窗口的空闲处按下鼠标左键时执行的回调程序	字符串	''（空字符串）
CloseRequestFcn	当执行命令关闭时，定义一回调程序	字符串	closereq
CreateFcn	当打开一个图形窗口时，定义一个回调程序	字符串	''（空字符串）
DeleteFcn	当删除一个图形窗口时，定义一个回调程序	字符串	''（空字符串）
Interruptible	定义回调程序是否可中断	on、off	on（可以中断）
KeyPressFcn	当在图形窗口中按下鼠标时，定义一个回调程序	字符串	''（空字符串）
ResizeFcn	当图形窗口改变大小时，定义一个回调程序	字符串	''（空字符串）
ContextMenu	定义与图形窗口相关的菜单	属性 ContextMenu 的句柄	空 GraphicsPlaceholder 数组
WindowButtonDownFcn	当在图形窗口中按下鼠标时，定义一个回调程序	字符串	''（空字符串）
WindowButtonMotionFcn	当将鼠标指针移进图形窗口中时，定义一个回调程序	字符串	''（空字符串）
WindowButtonUpFcn	当在图形窗口中松开按钮时，定义一个回调程序	字符串	''（空字符串）
IntegerHandle	指定使用整数或非整数图形句柄	on、off	on（整数句柄）
HitTest	定义图形窗口是否能变成当前对象（参见图形窗口属性 CurrentObject）	on、off	on
NextPlot	在图形窗口中定义如何显示另外的图形	new、replacechildren、add、replace	add
Pointer	选取鼠标记号	crosshair、arrow、topr、watch、topl、botl、botr、circle、cross、fleur、left、right、top、bottom、ibeam、custom	arrow
PointerShapeCData	定义鼠标外形的数据	16×16 矩阵、32×32 矩阵	16×16 矩阵
PointerShapeHotSpot	设置鼠标活跃的点	二维向量[row column]	[1 1]

MATLAB 提供了查阅表 6-13 中属性名和属性值的函数 set()和 get()，它们的调用格式如下。

➢ set(n)：返回关于图形窗口 Figure(n)的所有图形属性的名称和属性值所有可能的取值。
➢ get(n)：返回关于图形窗口 Figure(n)的所有图形属性的名称和当前属性值。

需要注意的是，figure 命令产生的图形窗口的编号是在原有编号的基础上加 1。有时，作图是为了进行不同数据的比较，需要在同一个视窗下观察不同的图形，这时可以用 MATLAB 提供的 subplot 命令来完成这项任务。

如果用户想关闭图形窗口，可以使用 close 命令；如果用户不想关闭图形窗口，仅是想将该窗口的内容清除，可以使用函数 clf()实现。另外，函数 clf('rest')除了能够消除当前图形窗口中的所有内容以外，还可以将该图形窗口中除位置和单位属性外的所有属性都恢复为默认状态。当然，也可以通过使用图形窗口中的菜单项来实现相应的功能，这里不再赘述。

6.3.2 工具条的使用

在 MATLAB 的命令行窗口中输入 figure，将打开图 6-13 所示的图形窗口。

工具条中包含多个工具图标，其功能分别介绍如下。

➢ ▯：单击此图标将新建一个图形窗口，该窗口不会覆盖当前的图形窗口，编号紧接着当前窗口最后一个。
➢ ▯：打开图形窗口文件（扩展名为.fig）。
➢ ▯：将当前的图形以.fig 文件的形式存储到用户所希望的目录下。

图 6-13 新建的图形窗口

➢ ▯：打印图形。
➢ ▯：链接/取消链接绘图。例如，在如图 6-14（a）所示的图形窗口中单击该图标，将在图形上方显示链接的变量或表达式，弹出如图 6-14（b）所示的对话框，用于指定数据源属性。一旦在变量与图形之间建立了实时链接，对变量的修改将即时反映到图形上。

(a)   (b)

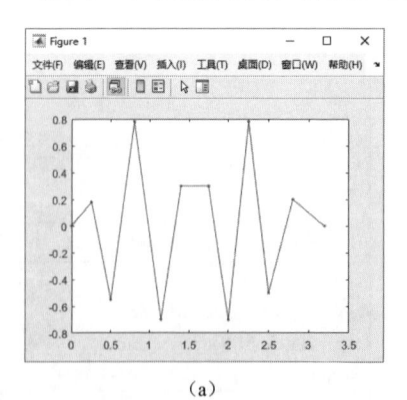

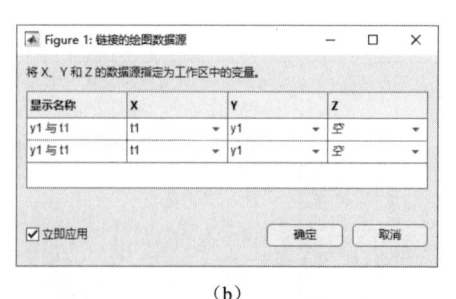

图 6-14 链接绘图

- ▷ ▣：插入颜色栏。单击此图标后会在图形的右边出现一个色轴（图 6-15），这会给用户在编辑图形色彩时带来很大的方便。
- ▷ ▤：此图标用于给图形添加标注。单击此图标后，会在图形的右上角显示图例，双击框内数据名称所在的区域，可以将 t 改为读者所需要的数据。
- ▷ ▨：编辑绘图。单击此图标后，双击图形对象，打开如图 6-16 所示的"属性检查器"对话框，可以对图形进行相应的编辑。

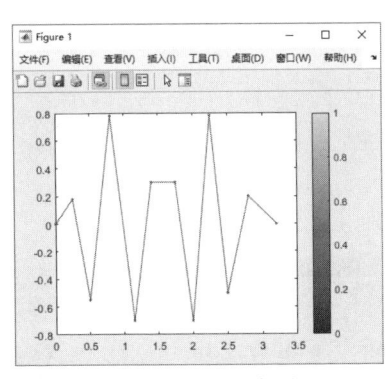

图 6-15　插入颜色栏　　　　　图 6-16　"属性检查器"对话框

- ▷ ▤：此图标用于打开"属性检查器"对话框。

将鼠标指针移到绘图区，绘图区右上角显示一个工具条，其中罗列了各编辑工具，如图 6-17 所示。

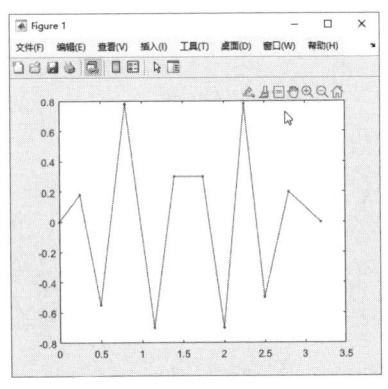

图 6-17　显示编辑工具

- ▷ ▨：将图形另存为图片，或者复制为图像或向量图。
- ▷ ▨：选中此工具后，在图形上按住鼠标左键拖动，所选区域将默认以红色刷亮显示，如图 6-18 所示。
- ▷ ▨：数据提示。单击此图标后，光标会变为空心十字形状✥，单击图形的某一点，显示该点在所在坐标系中的坐标值，如图 6-19 所示。

- 107 -

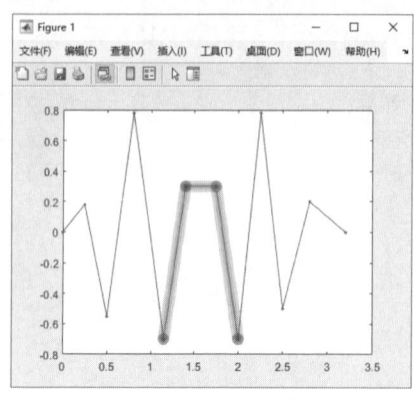

图 6-18 刷亮/选择数据　　　　　　　图 6-19 数据提示

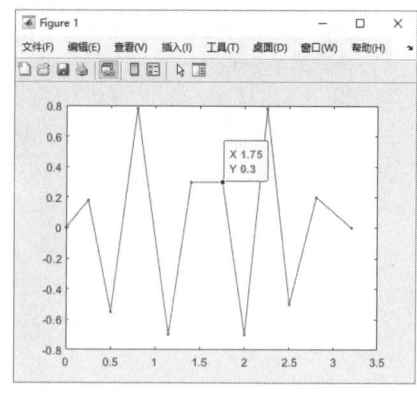

- ➤ ✋：按住鼠标左键平移图形。
- ➤ 🔍：单击或框选图形，可以放大图形窗口中的整个图形或图形的一部分。
- ➤ 🔍：缩小图形窗口中的图形。
- ➤ 🏠：将视图还原到缩放、平移之前的状态。

6.4 综合实例——绘制函数曲线

源文件：yuanwenjian\ch06\hanshuzuquxian.m、函数曲线.fig
按要求画出以下函数的图形。

（1）绘制 $f_1(x) = e^{2x\sin 2x}$ 在 $x \in (-\pi, \pi)$ 上的图形。

（2）绘制隐函数 $f_2(x, y) = x^2 - x^4 = 0$ 在 $x \in (-2\pi, 2\pi)$ 上的图形。

（3）绘制隐函数 $f_3(x, y) = \log(|\sin x + \cos y|)$ 在 $x \in (-\pi, \pi), y \in (0, 2\pi)$ 上的图形。

（4）绘制以下参数曲线的图形。

$$\begin{cases} X = e^t \cos t \\ Y = e^t \sin t \end{cases} \quad t \in (-4\pi, 4\pi)$$

（5）绘制函数 $f_4(x) = |e^{2x}|$ 的图形。

【操作步骤】

（1）定义变量。

```
>> clear                    %清除工作区的变量
>> syms x t                 %定义符号变量 x 和 t
```

（2）定义表达式。

```
>> f1=exp(2*x*sin(2*x));
>> f2=x^2-x^4;
>> f3=log(abs(sin(x)+cos(x)));   %定义函数 f1 和隐函数 f2、f3 的表达式
>> X=exp(t)*cos(t);              %定义 x 坐标的参数化函数 X
>> Y=exp(t)*sin(t);              %定义 y 坐标的参数化函数 Y
```

（3）绘制函数曲线。

```
>> subplot(2,3,1),fplot(f1,[-pi,pi])   %将图形窗口分割为 2×3 六个子图, 在
%第一个子图中绘制函数 f1 在指定区间[-pi,pi]的图形
```

```
>> subplot(2,3,2),fplot(f2)            %在第二个子图中绘制f2在默认区间[-5,5]的图形
>> subplot(2,3,3),fplot(f3,[-pi,pi])   %在第三个子图中绘制f3在指定区间
                                       %[-pi,pi]的图形
>> subplot(2,3,4),fplot(X,Y,[-4*pi,4*pi]) %在第四个子图中绘制参数化函数在指定
                                       %区间[-4pi,4pi]的图形
```

运行结果如图 6-20 所示。

(4) 显示对数坐标系。

```
>> x=(-pi:pi);         %定义指数函数的取值范围为-π～π
>> subplot(2,3,5),loglog(x,abs(exp(2*x)),'-.r')  %在第五个子图中绘制指数
                                       %函数在双对数坐标系下的图形,线型样式为红色点画线
```

在图形窗口中显示对数坐标系中的函数曲线,如图 6-21 所示。

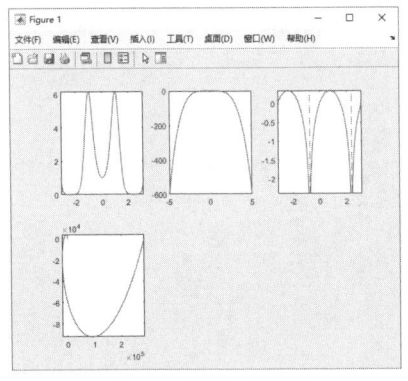

图 6-20 绘制函数曲线

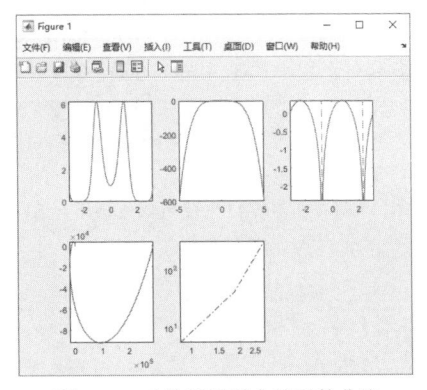

图 6-21 对数坐标系中的函数曲线

(5) 显示双 y 坐标系。

```
>> x=linspace(-pi, pi,200); %创建-π～π的线性分隔值向量x,元素个数为200
>> subplot(2,3,6)           %显示第六个子图的坐标区
>> yyaxis left              %创建双y轴坐标区,并激活左侧y轴,使后续图形函数作用于该侧
>> plot(x,exp(2*x))         %绘制指数函数的曲线
>> yyaxis right             %激活右侧y轴,使后续图形函数作用于该侧
>> plot(x,x)                %绘制y=x的图形
>> ylim([-5 5])             %将右侧y轴的范围调整为[-5,5]
```

在图形窗口中显示函数曲线,如图 6-22 所示。

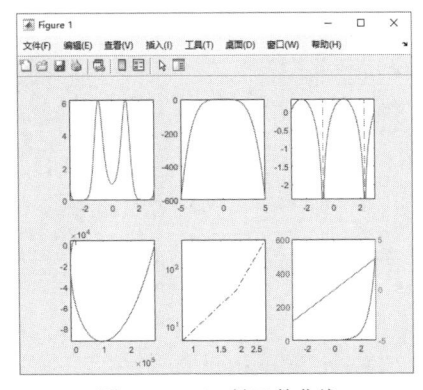

图 6-22 双 y 轴函数曲线

6.5 课后习题

1. 在 MATLAB 中，（　）命令用于创建一个新的图形窗口。
   A. figure　　　　　B. plot　　　　　C. fplot　　　　　D. graph
2. 在极坐标系下绘制函数 r = theta 的函数是（　）。
   A. polarplot(theta, r)　B. plot(theta, r)　C. fplot(r, theta)　D. polarplot(r, theta)
3. （　）命令可以在半对数坐标系下绘图。
   A. semilogy　　　B. loglog　　　C. yscale('log')　　　D. xscale('log')
4. fplot 命令主要用于绘制（　）。
   A. 线性图　　　B. 函数图　　　C. 直方图　　　D. 散点图
5. 在 MATLAB 中为当前图形添加标题的函数是（　）。
   A. title('Title')　B. header('Title')　C. name('Title')　D. caption('Title')
6. 如何在 MATLAB 中使用 figure 命令创建一个新的图形窗口？
7. 如何在 MATLAB 中使用 polarplot 命令绘制极坐标系下的图形？
8. 使用 plot 命令绘制函数 $y = x^2 + 1$ 在区间 $[-2,2]$ 上的图形。
9. 使用 fplot 命令绘制函数 $y = \sin x^2 + \sin x \cos x$ 在区间 $[0, 2\pi]$ 上的图形。
10. 在同一图形窗口中使用双 y 轴坐标系绘制函数 $y = \sin x$ 和 $y = x^2$ 的图形。

第 7 章 图形标注

内容简介

图形可以将庞大的数字数据直接转换成图示，以便人们更好地理解。数值计算与符号计算无论多么正确，都无法直接从大量的数值与符号中感受分析结果的内在本质。MATLAB 提供了大量的绘图函数、命令，可以很好地将各种数据表现出来，供用户解决问题。本章将介绍二维图形的修饰及特殊图形的绘制。

内容要点

- ↘ 图形属性设置
- ↘ 特殊图形
- ↘ 综合实例——部门工资统计图分析
- ↘ 课后习题

7.1 图形属性设置

本节内容是学习用 MATLAB 绘图最重要的部分，也是学习后面内容的一个基础。本节将会详细介绍图形标注的相关内容。

7.1.1 坐标系与坐标轴

在工程实际中，往往会涉及不同坐标系或坐标轴下的图形问题，一般情况下绘图命令使用的都是笛卡儿（直角）坐标系。下面简单介绍几个工程计算中常用的其他坐标系下的绘图命令。

1. 坐标系的调整

MATLAB 的绘图函数可根据要绘制的曲线数据的范围自动选择合适的坐标系，使曲线尽可能清晰地显示出来。所以，一般情况下用户不必自己选择绘图坐标系。但对于有些图形，如果用户感觉自动选择的坐标系不合适，则可以利用函数 axis()选择新的坐标系。

函数 axis()的调用格式如下：

```
axis(xmin,xmax,ymin,ymax,zmin,zmax)
```

其功能是设置 x、y、z 坐标的最小值和最大值。函数输入参数可以是 4 个，也可以是 6 个，分别对应于二维或三维坐标系的最小值和最大值。

> **注意：**
> 相应的最小值必须小于最大值。

2. 坐标轴的控制

axis 命令用于控制坐标轴的显示、刻度、长度等特征，它有很多种调用格式。axis 命令的调用格式见表 7-1；部分参数取值见表 7-2。

表 7-1 axis 命令的调用格式

调用格式	说明
axis(limits)	指定当前坐标区的范围。输入参数可以是 4 个[xmin, xmax, ymin, ymax]，也可以是 6 个[xmin, xmax, ymin, ymax, zmin, zmax]，还可以是 8 个[xmin, xmax, ymin, ymax, zmin, zmax, cmin, cmax]，分别对应于二维、三维或四维坐标区的范围。其中，cmin 是对应于颜色图中的第一种颜色的数据值；cmax 是对应于颜色图中的最后一种颜色的数据值。 对于极坐标区，以下列形式指定范围[thetamin, thetamax, rmin, rmax]：将 theta 坐标轴范围设置为从 thetamin 到 thetamax。将 r 坐标轴范围设置为从 rmin 到 rmax
axis style	使用 style 样式设置轴范围和尺度，进行限制和缩放
axis mode	设置是否自动选择范围。将模式指定为 manual、auto 或 semiautomatic（手动、自动或半自动）选项之一，如 auto x
axis ydirection	原点放在轴的位置。ydirection 的默认值为 xy，即将原点放在左下角。y 值按从下到上的顺序逐渐增加
axis visibility	设置坐标轴的可见性。visibility 的默认值为 on，即显示坐标区背景。当 visibility 为 off 时，表示关闭坐标区背景的显示，但坐标区中的绘图仍会显示
lim = axis	返回当前坐标区的 x 轴和 y 轴范围。对于三维坐标区，还会返回 z 轴范围。对于极坐标区，返回 theta 轴和 r 轴范围
[m,v,d] = axis('state')	返回坐标轴范围选择、坐标区可见性和 y 轴方向的当前设置
…= axis(ax,…)	使用 ax 指定的坐标区或极坐标区

表 7-2 参数

参 数	可 能 取 值
mode	manual、auto、auto x、auto y、auto z、auto xy、auto xz、auto yz
visibility	on 或 off
ydirection	xy 或 ij

实例——坐标系与坐标轴转换

源文件：yuanwenjian\ch07\zuobiaozhuanhuan.m、坐标系与坐标轴转换.fig

本实例演示坐标系与坐标轴转换。

解：MATLAB 程序如下。

```
>> t=0:2*pi/99:2*pi;                          %定义取值区间和取值点
>> x=1.15*cos(t);y=3.25*sin(t);               %定义以 t 为参数的参数化函数表达式
>> subplot(2,3,1),plot(x,y),axis normal,grid on,  %将图形窗口分割为 2×3
%六个子图，在第一个子图中绘制函数图形，坐标轴范围和尺度为默认模式，并显示分格线
>> title('Normal and Grid on')                %添加图形标题
>> subplot(2,3,2),plot(x,y),axis equal,grid on,title('Equal')
```

```
%在第二个子图中绘制函数图形，沿每个坐标轴使用相同的数据单位长度，并显示分格线和标题
>> subplot(2,3,3),plot(x,y),axis square,grid on,title('Square')
%在第三个子图中绘制函数图形，沿每个坐标轴使用相同的长度的坐标轴线，并显示分格线和标题
>> subplot(2,3,4),plot(x,y),axis image,box off,title('Image and Box off')
%在第四个子图中绘制函数图形，坐标区框紧密围绕数据，并显示分格线和标题
>> subplot(2,3,5),plot(x,y),axis image fill,box off %在第五个子图中绘制
%函数图形，沿每个坐标区使用相同的数据单位长度，不显示坐标区轮廓
>> title('Image and Fill')%添加图形标题
>> subplot(2,3,6),plot(x,y),axis tight,box off,title('Tight')
%在第六个子图中绘制函数图形，坐标轴范围设置为数据范围，不显示坐标区轮廓，然后添加标题
```

运行结果如图 7-1 所示。

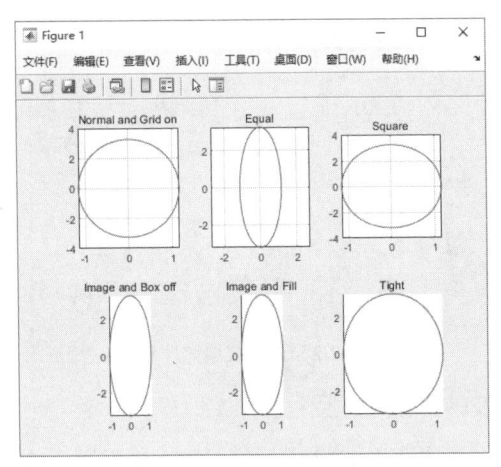

图 7-1　坐标系与坐标轴转换

7.1.2　图形注释

MATLAB 提供了一些常用的图形标注函数，利用这些函数可以添加图形标题、标注图形的坐标轴、为图形添加图例，也可以把说明、注释等文本放到图形的任何位置。

1．填充图形

函数 fill()用于填充二维封闭多边形。其函数格式如下所示。

- fill(X,Y,C)：根据 X 和 Y 中的数据创建填充的多边形，顶点颜色由颜色图索引的向量或矩阵 C 指定。如果该多边形不是封闭的，函数 fill()可将最后一个顶点与第一个顶点相连以闭合多边形。
- fill(X1,Y1,C1,X2,Y2,C2,...)：同时填充指定的多个二维多边形。
- fill(...,Name,Value)：为补片图形对象指定属性名称和值。
- fill(ax,...)：在由 ax 指定的坐标区（不是当前坐标区）中创建多边形。
- h = fill(...)：返回由补片对象构成的向量。

实例——正弦波填充图形

源文件：yuanwenjian\ch07\zhengxianbo.m、正弦波填充图形.fig

本实例演示绘制正弦图形。

解：MATLAB 程序如下：
```
>> x=-2*pi:0.01*pi:2*pi;        %创建-2π~2π 的线性分隔值向量 x,元素间隔值为 0.01π
>> y=sin(x);
>> fill(x,y,'c')                %绘制正弦图形,并使用青色填充二维封闭区域
```
运行结果如图 7-2 所示。

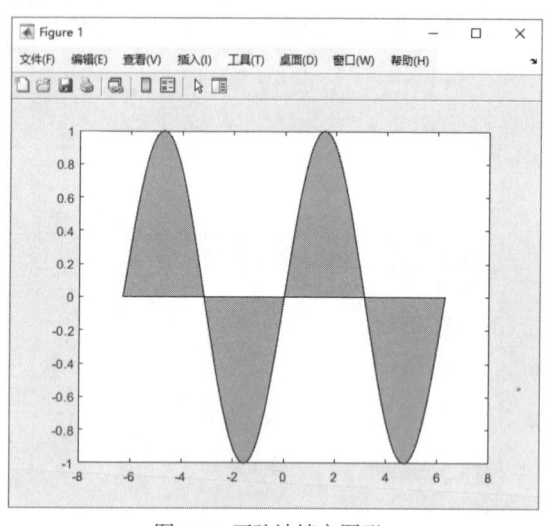

图 7-2　正弦波填充图形

2．注释图形标题及轴名称

在 MATLAB 绘图命令中,title 命令用于给图形对象添加标题,其调用格式非常简单,见表 7-3。

表 7-3　title 命令的调用格式

调 用 格 式	说　　明
title(titletext)	在当前坐标轴上方正中央放置 titletext 指定的字符串作为图形标题
title(titletext,subtitletext)	在标题 titletext 下添加副标题 subtitletext
title(…,Name,Value)	使用一个或多个名称-值对组参数修改标题外观
title(target,…)	将标题字符串添加到指定的目标对象
t = title(…)	返回作为标题的文本对象 t
[t,s] = title(…)	返回用于标题（t）和副标题（s）的对象

说明：

可以利用 gcf 与 gca 来获取当前图形窗口与当前坐标轴的句柄。

对坐标轴进行标注的相应命令为 xlabel、ylabel、zlabel,作用分别是对 x 轴、y 轴、z 轴添加标签,它们的调用格式都是一样的,下面以 xlabel 为例进行说明,见表 7-4。

表 7-4 xlabel 命令的调用格式

调 用 格 式	说　　明
xlabel(txt)	在当前轴对象中的 x 轴上标注 txt 指定的说明语句
xlabel(target,txt)	为指定的目标对象 target 添加标签
xlabel(…,Name,Value)	指定轴对象中要控制的属性名和要改变的属性值
t = xlabel(…)	返回用作 x 轴标签的文本对象 t

实例——余弦波图形

源文件：yuanwenjian\ch07\yuxianbo.m、余弦波图形.fig

本实例绘制余弦波图形。

解：MATLAB 程序如下。

```
>> x=linspace(0,10*pi,100);      %创建 0～10π 的线性分隔值向量 x，元素个数为 100
>> fill(x,cos(x),'g')            %绘制余弦波，并填充为绿色
>> title('余弦波')                %添加图形标题
>> xlabel('x 坐标')
>> ylabel('y 坐标')               %标注坐标轴
```

运行结果如图 7-3 所示。

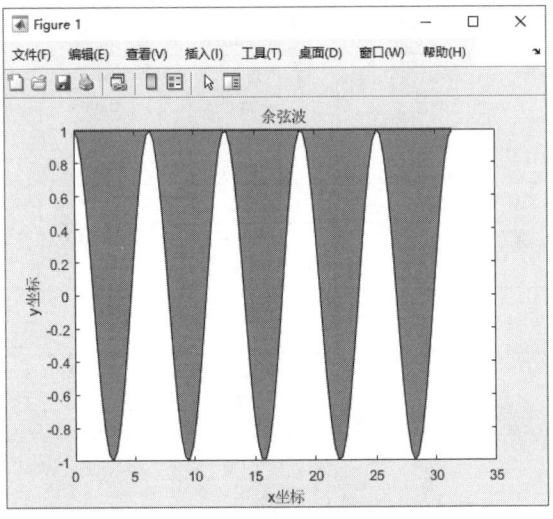

图 7-3 绘制并填充余弦波图形

3．图形标注

在给所绘制的图形进行详细的标注时，最常用的两个命令是 text 与 gtext，它们均可以在图形的具体位置进行标注。

4．text 命令

text 命令的调用格式见表 7-5。

表 7-5 text 命令的调用格式

调 用 格 式	说　　　明
text(x,y,txt)	在图形中指定的位置(x,y)显示由 txt 指定的文本
text(x,y,z,txt)	在三维图形空间中的指定位置(x,y,z)显示由 txt 指定的文本
text(…,Name,Value)	使用指定的属性设置文本说明，表 7-6 给出了常用的属性名、含义及属性值的有效值与默认值
text(ax,…)	将在由 ax 指定的坐标区中创建文本标注
t = text(…)	返回一个或多个文本对象 t，使用 t 修改所创建的文本对象的属性

表 7-6 text 命令属性列表

属 性 名	含　　义	有　效　值	默 认 值
Editing	能否对文字进行编辑	on、off	off
Interpreter	tex 字符是否可用	tex、latex、none	tex
Extent	text 对象的范围（位置与大小）	[left bottom width height]	随机
HorizontalAlignment	文字水平方向的对齐方式	left、center、right	left
Position	文本的位置	[x y]形式的二元素向量或[x y z]形式的三元素向量	[0 0 0]
Rotation	文字对象的方位角度	标量［单位为度（°）］	0
Units	文字范围与位置的单位	data、normalized、inches、centimeters、characters、points、pixels	data
VerticalAlignment	文字垂直方向的对齐方式	top（文本外框顶上对齐）、cap（文本字符顶上对齐）、middle（文本外框中间对齐）、baseline（文本字符底线对齐）、bottom（文本外框底线对齐）	middle
FontAngle	设置斜体文字模式	normal（正常字体）、italic（斜体字）	normal
FontName	设置文字字体名称	用户系统支持的字体名或者字符串 FixedWidth	取决于具体操作系统和区域设置
FontSize	文字字体大小	大于 0 的标量值	取决于具体操作系统和区域设置
FontUnits	设置属性 FontSize 的单位	points（1 points =1/72inches）、normalized（把父对象坐标轴作为单位长的一个整体；当改变坐标轴的尺寸时，系统会自动改变字体的大小）、inches、centimeters、pixels	points
FontWeight	设置文字字体的粗细	normal（正常字体）、bold（粗体字）	normal
Clipping	设置坐标轴中矩形的剪辑模式	on（当文本超出坐标轴的矩形时，超出的部分不显示）、off（当文本超出坐标轴的矩形时，超出的部分显示）	off
SelectionHighlight	设置选中文字是否突出显示	on、off	on
Visible	设置文字是否可见	on、off	on
Color	设置文字颜色	RGB 三元组、十六进制颜色代码、颜色名称或短名称	[0 0 0]
HandleVisibility	设置文字对象句柄对其他函数是否可见	on、callback、off	on

续表

属 性 名	含 义	有 效 值	默 认 值
HitTest	设置文字对象能否成为当前对象	on、off	on
Selected	设置文字是否显示出"选中"状态	on、off	off
Tag	设置用户指定的标签	''、字符向量、字符串标量	''（空字符串）
Type	设置图形对象的类型	字符串'text'	
UserData	设置用户指定数据	任何矩阵	[]（空矩阵）
BusyAction	设置如何处理对文字回调过程中断的句柄	cancel、queue	queue
ButtonDownFcn	设置当在文字上单击时，程序做出的反应	''、函数句柄、元胞数组、字符向量	''（空字符串）
CreateFcn	设置当文字被创建时，程序做出的反应	''、函数句柄、元胞数组、字符向量	''（空字符串）
DeleteFcn	设置当文字被删除（通过关闭或删除操作）时，程序做出的反应	''、函数句柄、元胞数组、字符向量	''（空字符串）

表 7-6 中的这些属性及相应的值都可以通过 get 命令来查看、通过 set 命令来修改。

实例——正弦函数图形

源文件：yuanwenjian\ch07\zhengxianhanshu.m、正弦函数图形.fig

本实例绘制正弦函数在 $[0,2\pi]$ 上的图形，标出 $\sin\frac{3\pi}{4}$、$\sin\frac{5\pi}{4}$ 在图形上的位置，并在曲线上标出函数名。

解：MATLAB 程序如下。

```
>> x=0:pi/50:2*pi;            %创建 0～2π 的线性分隔值向量 x，元素间隔值为 π/50
>> plot(x,sin(x))             %绘制正弦波
>> title('正弦函数图形')       %添加标题
>> xlabel('x Value'),ylabel('sin(x)')            %标注 x 轴和 y 轴
>> text(3*pi/4,sin(3*pi/4),'<---sin(3pi/4)')     %在指定位置标注函数
>> text(5*pi/4,sin(5*pi/4),'sin(5pi/4)\rightarrow',
   'HorizontalAlignment','right') %在指定位置标注函数，标注文字水平方向右对齐
```

text 命令中的'\rightarrow'是 TeX 字符串。在 MATLAB 中，TeX 中的一些希腊字母、常用数学符号、二元运算符、关系符号以及箭头符号都可以直接使用。

运行结果如图 7-4 所示。

5．gtext 命令

gtext 命令可以实现在图形的任意位置进行标注。它的调用格式如下：

```
gtext(str,Name,Value)
```

调用这个函数后，图形窗口中的光标会变成十字形，通过移动鼠标来进行定位，即

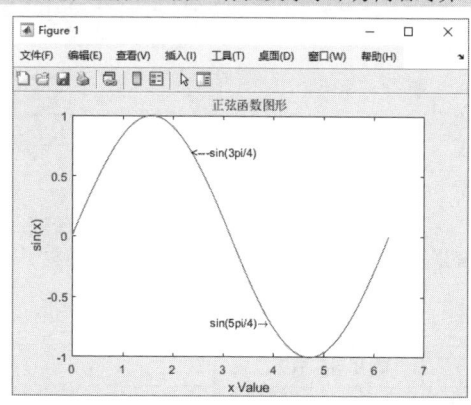

图 7-4　正弦函数图形

光标移到预定位置后按下鼠标左键或键盘上的任意键都会在光标位置显示 str 指定的文本。由于要用鼠标操作，该函数只能在 MATLAB 命令行窗口中进行。

实例——倒数函数图形

源文件：yuanwenjian\ch07\daoshu.m、倒数函数图形.fig

本实例绘制倒数函数 $y=\dfrac{1}{x}$ 在 [0, 2] 上的图形，标出 $\dfrac{1}{4}$、$\dfrac{1}{2}$ 在图形上的位置，并在曲线上标出函数名。

解：MATLAB 程序如下。

```
>> x=0:0.1:2;                              %创建0～2的线性分隔值向量x，元素间隔值为0.1
>> plot(x,1./x)                            %绘制倒数函数的图形
>> title('倒数函数')                        %添加图形标题
>> xlabel('x'),ylabel('1./x')              %标注坐标轴
>> text(0.25, 1./0.25,'<---1./0.25')       %在x=1/4的位置添加标注文本
>> text(0.5, 1./0.5,'1./0.5\rightarrow','HorizontalAlignment',...
'right')                                   %在x=1/2的位置添加标注文本，且文本水平右对齐
>> gtext('y=1./x')                         %在要添加标注的位置单击，添加指定的标注文本
```

运行结果如图 7-5（a）所示，光标显示为十字形。单击即可在指定的位置添加函数名，如图 7-5（b）所示。

(a)   (b)

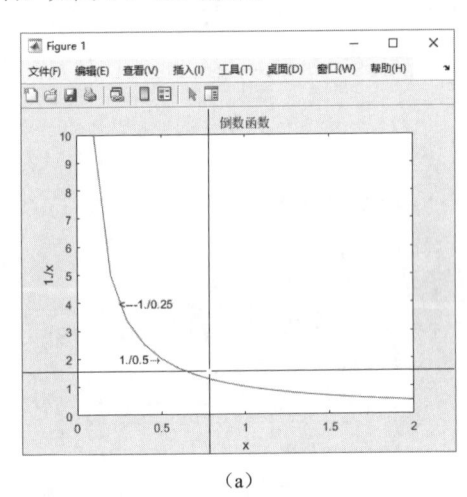

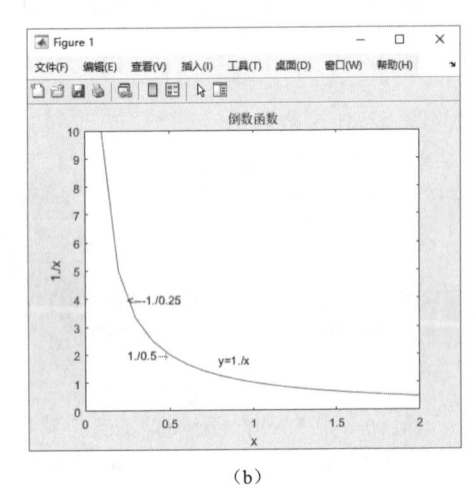

图 7-5 倒数函数图形

6．图例标注

当在一张图中出现多种曲线时，用户可以根据自己的需要，利用 legend 命令对不同的图例进行说明。legend 命令的调用格式见表 7-7。

表 7-7 legend 命令的调用格式

调用格式	说 明
legend(label1,label2,…)	用指定的文字 label1,label2,…在当前坐标轴中对所给数据的每一部分显示一个图例
legend(subset,…)	仅在图例中包括 subset 中列出的数据序列的项。subset 以图形对象向量的形式指定

续表

调用格式	说　明
legend(labels)	使用字符向量元胞数组、字符串数组或字符矩阵设置每一行字符串作为标签
legend(target,…)	在 target 指定的坐标区或图中添加图例
legend(vsbl)	控制图例的可见性，vsbl 可设置为 hide、show 或 toggle
legend(bkgd)	删除图例背景和轮廓（将 bkgd 设为 boxoff）。bkgd 的默认值为 boxon，即显示图例背景和轮廓
legend('off')	从当前的坐标轴中移除图例
legend	为每个绘制的数据序列创建一个带有描述性标签的图例
legend(…,Name,Value)	使用一个或多个名称-值对组参数来设置图例属性。设置属性时，必须使用元胞数组 {} 指定标签
legend(…,'Location',lcn)	设置图例位置。Location 指定放置位置，包括 north、south、east、west、northeast 等
legend(…,'Orientation',ornt)	ornt 用于指定图例放置方向，其默认值为 vertical，即垂直堆叠图例项；取值为 horizontal 时表示并排显示图例项
lgd = legend(…)	返回 Legend 对象，常用于在创建图例后查询和设置图例属性

实例——图例标注函数

源文件：yuanwenjian\ch07\tulibiaozhu.m、图例标注函数.fig

本实例在同一个图形窗口内绘制函数 $y_1 = \sin x$、$y_2 = \dfrac{x}{2}$、$y_3 = \cos x$ 的图形，并作出相应的图例标注。

解：MATLAB 程序如下。

```
>> x=linspace(0,2*pi,100);          %定义取值区间和取值点
>> y1=sin(x);
>> y2=x/2;
>> y3=cos(x);                        %定义3个函数表达式
>> plot(x,y1,'-r',x,y2,'+b',x,y3,'*g')  %绘制3条函数曲线，y1 为红色实线，
                                     %y2 为加号标记的
                                     %蓝色线条，y3 为星号标记的绿色线条
>> title('图例标注函数')             %添加图形标题
>> xlabel('xValue'),ylabel('yValue') %添加坐标轴标注
>> axis([0,7,-2,3])                  %调整坐标轴的刻度范围
>> legend('sin(x)','x/2','cos(x)')   %添加图例
```

运行结果如图 7-6 所示。

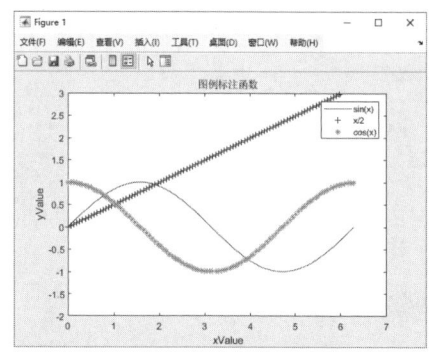

图 7-6　图例标注函数

7．分隔线控制

为了使图形的可读性更强，可以利用 grid 命令给二维图形或三维图形的坐标面增加分隔线。grid 命令的调用格式见表 7-8。

表 7-8　grid 命令的调用格式

调用格式	说　　明
grid on	显示当前坐标区或图的主网格线
grid off	删除当前坐标区或图上的所有网格线
grid	转换主网格线显示与否的状态
grid minor	切换改变次网格线的可见性，次网格线出现在刻度线之间。并非所有类型的图都支持次网格线
grid(target,…)	使用由 target 指定的坐标区或图，而不是当前坐标区或图。其他输入参数应使用单引号引起来

实例——分隔线显示函数

源文件：yuanwenjian\ch07\fegehanshu.m、分隔线显示函数.fig

本实例在同一个图形窗口内绘制正弦和余弦函数的图形，并加入分隔线。

解：MATLAB 程序如下。

```
>> x=linspace(0,2*pi,100);              %定义取值区间和取值点
>> y1=sin(x);
>> y2=cos(x);                           %定义 2 个函数表达式
>> h=plot(x,y1,'-r',x,y2,'.k');         %绘制正弦和余弦曲线，返回由图形线条对象
                                        %组成的列向量 h
>> title('格线控制')                    %显示图形标题
>> legend(h,'sin(x)','cos(x)')          %为指定的图形添加图例
>> grid on                              %显示分隔线
```

运行结果如图 7-7 所示。

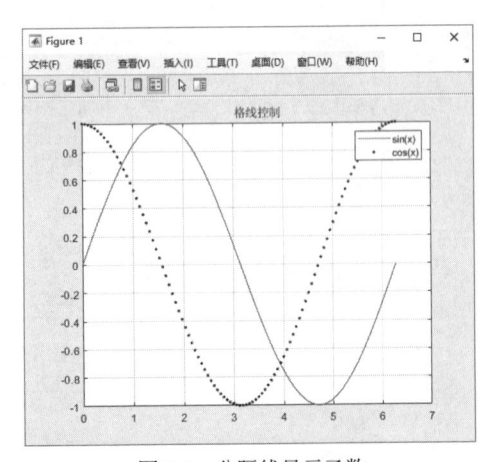

图 7-7　分隔线显示函数

动手练一练——幂函数图形显示

本练习演示绘制函数 $y=x$、$y=x^2$、$y=x^3$、$y=x^4$ 的图形并标注图形。

思路点拨：

源文件：yuanwenjian\ch07\duotuxingxianshi.m、幂函数图形显示.fig
（1）输入表达式。
（2）添加标题注释。
（3）添加函数图例显示。

7.2 特殊图形

为了满足用户的各种需求，MATLAB 还提供了绘制条形图、面积图、饼图、柱状图、阶梯图、火柴杆图等特殊图形的命令。本节将介绍这些命令的具体用法。

7.2.1 统计图形

MATLAB 提供了很多在统计中经常用到的图形绘制命令，本小节主要介绍几个常用命令。

1. 条形图

绘制条形图可分为二维和三维两种情况，其中绘制二维条形图的命令为 bar（竖直条形图）与 barh（水平条形图）；绘制三维条形图的命令为 bar3（竖直条形图）与 bar3h（水平条形图）。它们的调用格式都是一样的，因此只介绍 bar 命令的调用格式，见表 7-9。

表 7-9　bar 命令的调用格式

调 用 格 式	说　　明
bar(y)	若 y 为向量，则分别显示每个分量的高度，横坐标为 1 到 length（y）；若 y 为矩阵，则 bar 把 y 分解成行向量，再分别画出，横坐标为 1 到 size（y,1），即矩阵的行数
bar(x,y)	在指定的横坐标 x 上画出 y，其中 x 为严格单增的向量；若 y 为矩阵，则 bar 把矩阵分解成几个行向量，在指定的横坐标处分别画出
bar(…,width)	设置条形的相对宽度和控制在一组内条形的间距，默认值为 0.8，所以，如果用户没有指定 x，则同一组内的条形有很小的间距，若设置 width 为 1，则同一组内的条形相互接触
bar(…,style)	指定条形的排列类型，类型有 group 和 stack，其中 group 为默认的显示模式，它们的含义如下所示。 group：若 Y 为 n×m 矩阵，则 bar 显示 n 组，每组有 m 个垂直条形图。 stack：将矩阵 Y 的每一个行向量显示在一个条形中，条形的高度为该行向量中的分量和，其中同一条形中的每个分量用不同的颜色显示出来，从而可以显示每个分量在向量中的分布
bar(…,Name,Value)	使用一个或多个名称-值对组参数指定条形图的属性。仅使用默认 grouped 或 stacked 样式的条形图支持设置条形属性
bar(…,color)	用指定的颜色 color 显示所有的条形
bar(ax,…)	将图形绘制到 ax 指定的坐标区中
b = bar(…)	返回一个或多个 Bar 对象。如果 y 是向量，则创建一个 Bar 对象；如果 y 是矩阵，则为每个序列返回一个 Bar 对象。显示条形图后，使用 b 设置条形的属性

2. 面积图

面积图在实际应用中可以表现不同部分对整体的影响。在 MATLAB 中，绘制面积图的命令是 area，其调用格式见表 7-10。

表 7-10　area 命令的调用格式

调用格式	说　明
area(Y)	绘制向量 Y 或将矩阵 Y 中每一列作为单独曲线绘制并堆叠显示
area(X,Y)	绘制 Y 对 X 的图，并填充 0 和 Y 之间的区域。如果 Y 是向量，则将 X 指定为由递增值组成的向量，其长度等于 Y；如果 Y 是矩阵，则将 X 指定为由递增值组成的向量，其长度等于 Y 的行数
area(…,basevalue)	指定区域填充的基值 basevalue，默认为 0
area(…,Name,Value)	使用一个或多个名称-值对组参数修改区域图
area(ax,…)	将图形绘制到 ax 坐标区中，而不是当前坐标区中
a=area(…)	返回一个或多个 Area 对象。函数 area() 将为向量输入参数创建一个 Area 对象；为矩阵输入参数的每一列创建一个对象

3．饼图

饼图用于显示向量或矩阵中各元素所占的比例，它可以用在一些统计数据可视化中。在二维情况下创建饼图的命令是 pie，在三维情况下创建饼图的命令是 pie3，二者的调用格式也非常相似，因此下面只介绍 pie 命令的调用格式，见表 7-11。

表 7-11　pie 命令的调用格式

调用格式	说　明
pie(X)	用 X 中的数据画一个饼图，X 中的每一个元素代表饼图中的一部分，X 中的元素 X(i) 所代表的扇形大小通过 X(i)/sum(X) 的大小来决定。若 sum(X)=1，则 X 中的元素就直接指定所在部分的大小；若 sum(X)<1，则画出一个不完整的饼图
pie(X,explode)	将扇区从饼图偏移一定位置。explode 是一个与 X 同维的矩阵，当所有元素为 0 时，饼图的各个部分将连在一起组成一个圆，而其中存在非零元素时，X 中相对应的元素在饼图中对应的扇形将向外移出一些来加以突出显示
pie(X,labels)	指定扇区的文本标签。X 必须是数值数据类型；标签数必须等于 X 中的元素数
pie(X,explode,labels)	偏移扇区并指定文本标签。X 可以是数值或分类数据类型，为数值数据类型时，标签数必须等于 X 中的元素数；为分类数据类型时，标签数必须等于分类数
pie(ax,…)	将图形绘制到 ax 指定的坐标区中，而不是当前坐标区（gca）中
p = pie(…)	返回一个由补片和文本图形对象组成的向量

实例——绘制矩阵图形

源文件：yuanwenjian\ch07\juzhentuxing.m、矩阵图形 1.fig、矩阵图形 2.fig

对于矩阵

$$Y = \begin{pmatrix} 45 & 6 & 8 \\ 7 & 4 & 7 \\ 6 & 25 & 4 \\ 7 & 5 & 8 \\ 9 & 9 & 4 \\ 2 & 6 & 8 \end{pmatrix}$$

绘制四种不同的条形图与面积图。

解：MATLAB 程序如下。

（1）绘制条形图。

```
>> Y=[45 6 8;7 4 7;6 25 4;7 5 8;9 9 4;2 6 8];
>> subplot(2,2,1)
>> bar(Y)                    %绘制Y各个行向量的二维条形图，横坐标为1～6（矩阵的行数）
>> title('图1')
>> subplot(2,2,2)
>> bar3(Y),title('图2')      %绘制Y各个行向量的三维条形图，并添加标题
>> subplot(2,2,3)
>> bar(Y,2.5)                %绘制矩阵Y的二维条形图，条形的相对宽度为2.5
>> title('图3')
>> subplot(2,2,4)
>> bar(Y,'stack'),title('图4') %绘制矩阵Y的二维堆积条形图，然后添加标题
```

运行结果如图 7-8 所示。

（2）绘制面积图。

```
>> close                     %关闭图窗
>> area(Y)                   %绘制矩阵Y的面积图，每一列作为单独曲线绘制并堆叠显示
>> grid on                   %添加分隔线
>> set(gca,'layer','top')    %将坐标区图层上移到所绘图形的顶层
>> title('面积图')            %添加标题
```

运行结果如图 7-9 所示。

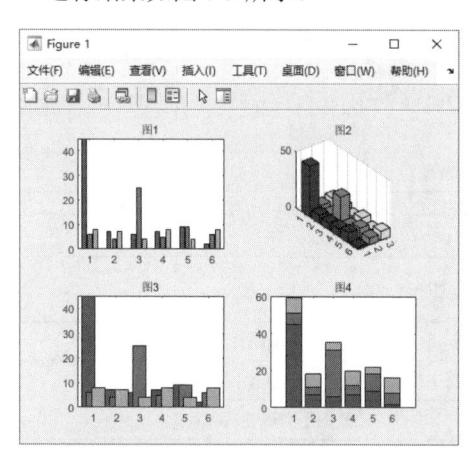

图 7-8　条形图 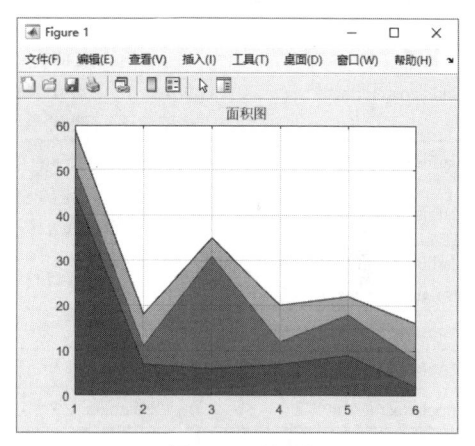　　　　　　　　　图 7-9　面积图

4．柱状图

柱状图是数据分析中用得较多的一种图形。例如，在一些预测彩票结果的网站中，把各期中奖数字记录下来，然后制作成柱状图，这可以让彩民清楚地了解到各个数字在中奖号码中出现的概率。在 MATLAB 中，绘制柱状图的命令有两个。

➢ histogram 命令：用于绘制直角坐标系下的柱状图。

➢ polarhistogram 命令：用于绘制极坐标系下的柱状图。

（1）histogram 命令的调用格式见表 7-12。

表 7-12　histogram 命令的调用格式

调用格式	说　明
histogram(X)	基于 X 创建柱状图，使用均匀宽度的 bin 涵盖 X 中的元素范围并显示分布的基本形状
histogram(X,nbins)	使用标量 nbins 指定 bin 的数量
histogram(X,edges)	将 X 划分到由向量 edges 指定 bin 边界的 bin 内。除了同时包含两个边界的最后一个 bin 外，每个 bin 都包含左边界，但不包含右边界
histogram('BinEdges',edges, 'BinCounts',counts)	指定 bin 边界和关联的 bin 计数
histogram(C)	通过为分类数组 C 中的每个类别绘制一个条形来绘制柱状图
histogram(C,Categories)	仅绘制 Categories 指定的类别的子集
histogram('Categories',Categories, 'BinCounts',counts)	指定类别和关联的 bin 计数
histogram(…,Name,Value)	使用一个或多个名称-值对组参数设置柱状图的属性
histogram(ax,…)	将图形绘制到 ax 指定的坐标区中，而不是当前坐标区中
h = histogram(…)	返回 Histogram 对象，常用于检查并调整柱状图的属性

（2）polarhistogram 命令的调用格式与 histogram 命令非常相似，具体见表 7-13。

表 7-13　polarhistogram 命令的调用格式

调用格式	说　明
polarhistogram(theta)	显示参数 theta 的数据在 20 个区间或更少的区间内的分布，向量 theta 中的角度单位为 rad，用于确定每一区间与原点的角度，每一区间的长度反映出输入参量的元素落入该区间的个数
polarhistogram(theta,nbins)	用正整数参量 nbins 指定 bin 数目
polarhistogram(theta,edges)	将 theta 划分为由向量 edges 指定 bin 边界的 bin。所有 bin 都有左边界，但只有最后一个 bin 有右边界
polarhistogram('BinEdges',edges,' BinCounts',counts)	使用指定的 bin 边界和关联的 bin 计数
polarhistogram(…,Name,Value)	使用指定的一个或多个名称-值对组参数设置图形属性
polarhistogram(pax,…)	在 pax 指定的极坐标区（而不是当前坐标区）中绘制图形
h = polarhistogram(…)	返回 Histogram 对象，常用于检查并调整图形的属性

实例——各个季度所占盈利总额的比例统计图

源文件：yuanwenjian\ch07\yinglizonge.m、盈利总额的比例统计图.fig

某企业四个季度的盈利额分别为 528 万元、701 万元、658 万元和 780 万元，试用条形图、饼图绘制各个季度所占盈利总额的比例。

解：MATLAB 程序如下。

```
>> X=[528 701 658 780];            %四个季度的盈利额向量 X
>> subplot(2,2,1)
>> bar(X)                          %绘制各列元素的二维条形图
>> title('盈利总额二维条形图')
>> subplot(2,2,2)
```

```
>> bar3(X),title('盈利总额三维条形图')   %绘制各列元素的三维条形图
>> subplot(2,2,3)
>> pie(X)   %绘制二维饼图,每个扇区代表 X 中的一个元素,大小由对应的元素值占元素值
%之和的比决定
>> title('盈利总额二维饼图')
>> subplot(2,2,4)
>> explode=[0 0 0 1];   %指定第四个扇区从饼图中心偏移一定距离
>> pie3(X,explode)        %绘制向量 X 的三维饼图,并将第四个元素值对应的扇区从中心偏移
>> title('盈利总额三维分离饼图')
```

运行结果如图 7-10 所示。

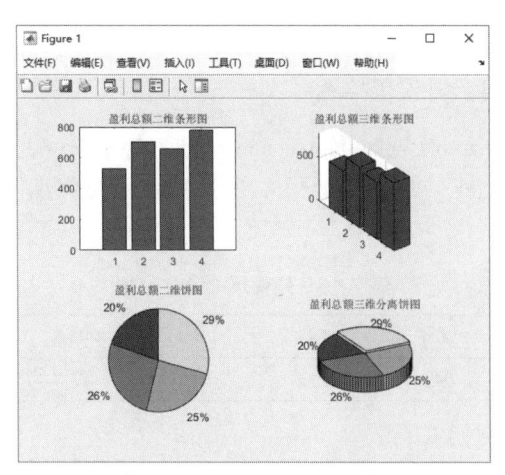

图 7-10　盈利总额的比例统计图

> **注意：**
> 饼图的标注比较特别，其标签是作为文本图形对象来处理的，如果要修改标注文本字符串或位置，则首先要获取相应对象的字符串及其范围，然后再加以修改。

7.2.2　离散数据图形

除了上面提到的统计图形外，MATLAB 还提供了一些在工程计算中常用的离散数据图形，如误差棒图、火柴杆图与阶梯图等。下面来看一下它们的用法。

1. 误差棒图

MATLAB 中绘制误差棒图的命令为 errorbar，其调用格式见表 7-14。

表 7-14　errorbar 命令的调用格式

调用格式	说　　明
errorbar(y,err)	创建 y 中数据的线图，并在每个数据点处绘制一个垂直误差条。err 中的值用于确定数据点上方和下方的每个误差条的长度，因此，总误差条长度是 err 值的两倍
errorbar(x,y,err)	绘制 y 对 x 的图，并在每个数据点处绘制一个垂直误差条
errorbar(…,ornt)	设置误差条的方向。ornt 的默认值为 vertical，绘制垂直误差条；为 horizontal 表示绘制水平误差条；为 both 则表示绘制水平和垂直误差条

续表

调用格式	说 明
errorbar(x,y,neg,pos)	在每个数据点处绘制一个垂直误差条，其中 neg 用于确定数据点下方的长度，pos 用于确定数据点上方的长度
errorbar(x,y,yneg,ypos,xneg,xpos)	绘制 y 对 x 的图，并同时绘制水平和垂直误差条。yneg 和 ypos 分别用于设置垂直误差条下部和上部的长度；xneg 和 xpos 分别用于设置水平误差条左侧和右侧的长度
errorbar(…,LineSpec)	画出用 LineSpec 指定线型、标记符、颜色等的误差棒图
errorbar(…,Name,Value)	使用一个或多个名称-值对组参数修改线和误差条的外观
errorbar(ax,…)	在由 ax 指定的坐标区（而不是当前坐标区）中绘制图形
e = errorbar(…)	返回所创建的 ErrorBar 对象 e，以便后续查询或修改其属性

实例——绘制铸件尺寸误差棒图

源文件：yuanwenjian\ch07\zhujianwuchabang.m、铸件尺寸误差棒图.fig

甲、乙两个铸造厂生产同种铸件，相同型号的铸件尺寸测量如下，绘出表 7-15 所列数据的误差棒图。

表 7-15 铸件尺寸给定数据

| 甲 | 93.3 | 92.1 | 94.7 | 90.1 | 95.6 | 90.0 | 94.7 |
| 乙 | 95.6 | 94.9 | 96.2 | 95.1 | 95.8 | 96.3 | 94.1 |

解：MATLAB 程序如下。

```
>> close all
>> x=[93.3 92.1 94.7 90.1 95.6 90.0 94.7];    %甲厂生产的铸件尺寸
>> y=[95.6 94.9 96.2 95.1 95.8 96.3 94.1];    %乙厂生产的铸件尺寸
>> e=abs(x-y);                                 %数据点上方和下方的误差条长度
>> errorbar(y,e)                               %创建乙厂铸件尺寸的误差棒图
>> title('铸件误差棒图')
>> axis([0 8 88 106])                          %调整坐标轴的范围
```

运行结果如图 7-11 所示。

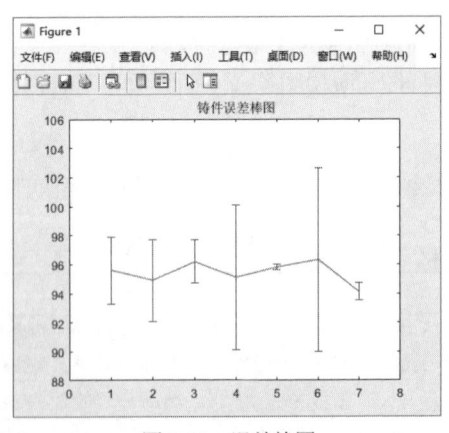

图 7-11 误差棒图

2. 火柴杆图

用线条显示数据点与 x 轴的距离，用一个小圆圈（默认标记）或用指定的其他标记符号与线条相连，并在 y 轴上标记数据点的值，这样的图形称为火柴杆图。在二维情况下，实现这种操作的命令是 stem，其调用格式见表 7-16。

表 7-16　stem 命令的调用格式

调用格式	说　　明
stem(Y)	按 Y 元素的顺序绘制火柴杆图，在 x 轴上，火柴杆之间的距离相等；若 Y 为矩阵，则把 Y 分成几个行向量，在同一横坐标的位置上绘制一个行向量的火柴杆图
stem(X,Y)	在 X 指定的值的位置绘制列向量 Y 的火柴杆图，其中 X 与 Y 为同型的向量或矩阵，X 可以是行或列向量，Y 必须是包含 length(X)行的矩阵
stem(…,'filled')	为火柴杆末端的圆形"火柴头"填充颜色
stem(…,LineSpec)	用参数 LineSpec 指定的线型、标记符号和火柴头的颜色绘制火柴杆图
stem(…,Name,Value)	使用一个或多个名称-值对组参数修改火柴杆图
stem(ax,…)	在 ax 指定的坐标区中，而不是当前坐标区（gca）中绘制图形
h = stem(…)	返回由 Stem 对象构成的向量

在三维情况下，也有相应的绘制火柴杆图的命令，即 stem3，其调用格式见表 7-17。

表 7-17　stem3 命令的调用格式

调用格式	说　　明
stem3(Z)	用火柴杆图显示 Z 中数据与 x-y 平面的高度。若 Z 为行向量，则 x 与 y 将自动生成，stem3 将在与 x 轴平行的方向上等距的位置绘制 Z 的元素；若 Z 为列向量，stem3 将在与 y 轴平行的方向上等距的位置绘制 Z 的元素
stem3(X,Y,Z)	在参数 X 与 Y 指定的位置绘制 Z 的元素，其中 X、Y、Z 必须为同型的向量或矩阵
stem3(…,'filled')	填充火柴杆图末端的火柴头
stem3(…,LineSpec)	用指定的线型、标记符号和火柴头的颜色
stem3(…,Name,Value)	使用一个或多个名称-值对组参数修改火柴杆图
stem3(ax,…)	在 ax 指定的坐标区中，而不是当前坐标区（gca）中绘制图形
h = stem3(…)	返回 Stem 对象 h

实例——绘制火柴杆图

源文件：yuanwenjian\ch07\huochaigan.m、火柴杆图.fig

本实例绘制以下函数的火柴杆图。

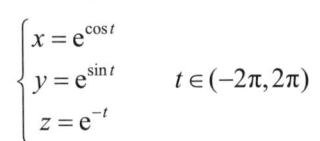

$$\begin{cases} x = e^{\cos t} \\ y = e^{\sin t} \\ z = e^{-t} \end{cases} \quad t \in (-2\pi, 2\pi)$$

解：MATLAB 程序如下。

```
>> close all
>> t=-2*pi:pi/20:2*pi;        %取值区间和取值点
>> x=exp(cos(t));
```

```
>> y=exp(sin(t));
>> z=exp(-t);                  %以 t 为参数的 x、y、z 坐标的参数化函数
>> stem3(x,y,z,'fill','r')%绘制参数化函数的三维火柴杆图，填充为红色
>> title('三维火柴杆图')
```

运行结果如图 7-12 所示。

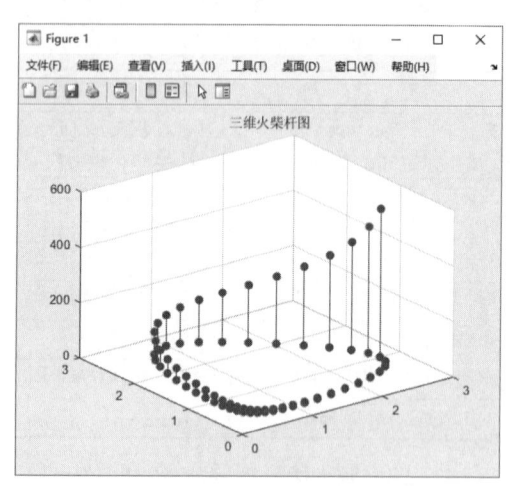

图 7-12 三维火柴杆图

3. 阶梯图

阶梯图在电子信息工程以及控制理论中用得非常多，在 MATLAB 中，绘制阶梯图的命令是 stairs，其调用格式见表 7-18。

表 7-18 stairs 命令的调用格式

调用格式	说明
stairs(Y)	用参量 Y 的元素绘制阶梯图，若 Y 为向量，则横坐标 x 的范围从 1 到 m=length(Y)；若 Y 为 $m \times n$ 矩阵，则对 Y 的每一行绘制阶梯图，其中 x 的范围 1～n
stairs(X,Y)	结合 X 与 Y 绘制阶梯图，其中要求 X 与 Y 为同型的向量或矩阵。此外，X 可以为行向量或列向量，且 Y 为有 length(X)行的矩阵
stairs(…,LineSpec)	用参数 LineSpec 指定的线型、标记符号和颜色绘制阶梯图
stairs(…,Name,Value)	使用一个或多个名称-值对组参数修改阶梯图
stairs(ax,…)	将图形绘制到 ax 指定的坐标区中，而不是当前坐标区（gca）中
h = stairs(…)	返回一个或多个 Stair 对象
[xb,yb] = stairs(…)	该命令不绘制图形，而是返回大小相等的矩阵 xb 与 yb，可以用命令 plot(xb,yb)绘制阶梯图

实例——绘制阶梯图

源文件：yuanwenjian\ch07\jietitu.m、绘制阶梯图.fig
本实例绘制指数波的阶梯图。

解：MATLAB 程序如下。

```
>> close all
>> x=-2:0.1:2;              %取值区间和取值点
```

```
>> y=exp(x);              %以 x 为自变量的指数函数表达式 y
>> stairs(x,y)            %绘制指数函数的阶梯图
>> hold on                %保留当前图窗中的绘图
>> plot(x,y,'--*')        %使用带星号标记的虚线绘制指数函数的二维线图
>> hold off               %关闭绘图保持命令
>> text(-1.8,1.8,'指数波的阶梯图','FontSize',14)   %在指定坐标位置添加标注
                                                    %文本,字号为14
```

运行结果如图 7-13 所示。

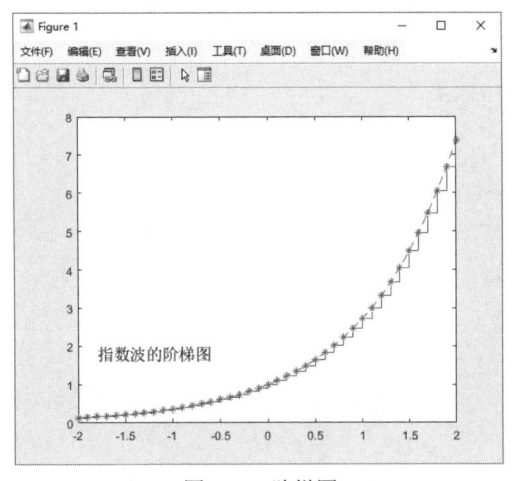

图 7-13　阶梯图

7.2.3　向量图形

物理等学科需要在实际工作中绘制一些带方向的图形，即向量图。对于这种图形的绘制，MATLAB 中也有相关的命令，本小节就来学习几个常用的命令。

1．罗盘图

罗盘图即起点为坐标原点的二维或三维向量，同时还在坐标系中显示圆形的分隔线。绘制罗盘图的命令是 compass，其调用格式见表 7-19。

表 7-19　compass 命令的调用格式

调 用 格 式	说　　明
compass(U,V)	参量 U 与 V 为 n 维向量，显示 n 个箭头，箭头的起点为原点，箭头的位置为[U(i),V(i)]
compass(Z)	参量 Z 为 n 维复数向量，显示 n 个箭头，箭头起点为原点，箭头的位置为[real(Z), imag(Z)]
compass(…,LineSpec)	用参量 LineSpec 指定罗盘图的线型、标记符号、颜色等属性
compass(ax,…)	在带有句柄 ax 的坐标区中绘制图形，而不是在当前坐标区（gca）中绘制
c = compass(…)	返回 Line 对象的句柄给 c

2．羽毛图

羽毛图是在横坐标上等距地显示向量的图形，看起来就像鸟的羽毛一样。绘制羽毛图的命令是 feather，其调用格式见表 7-20。

表7-20 feather命令的调用格式

调用格式	说明
feather(U,V)	显示由参量U与V确定的向量，其中U包含作为相对坐标系中的x成分，Y包含作为相对坐标系中的y成分
feather(Z)	显示复数参量Z确定的向量，等价于feather(real(Z),imag(Z))
feather(…,LineSpec)	用参量LineSpec指定的线型、标记符号、颜色等属性绘制羽毛图
feather(ax,…)	在带有句柄ax的坐标区中绘制图形，而不是在当前坐标区（gca）中绘制
f = feather(…)	返回Line对象组成的向量f

实例——罗盘图与羽毛图

源文件：yuanwenjian\ch07\luopanyumaotu.m、罗盘图与羽毛图.fig

本实例绘制正弦函数的罗盘图与羽毛图。

解：MATLAB程序如下。

```
>> close all
>> x=-pi:pi/10:pi;           %取值区间和取值点
>> y=sin(x);                 %函数表达式
>> subplot(1,2,1)
>> compass(x,y)              %以坐标原点为起点，绘制正弦函数值的二维向量图
>> title('罗盘图')
>> subplot(1,2,2)
>> feather(x,y)              %绘制以x为横坐标，等距地显示y的向量图
>> title('羽毛图')
>> axis([-inf inf -inf inf])    %自动调整坐标轴范围
```

运行结果如图7-14所示。

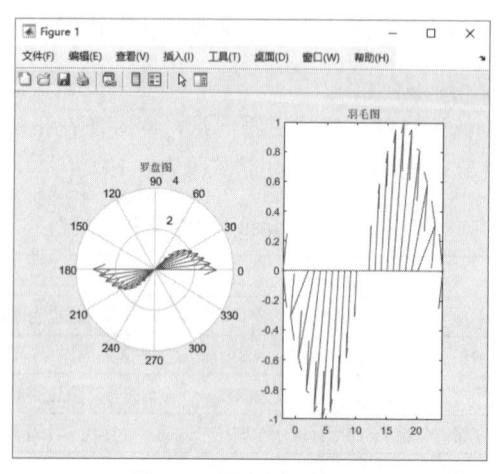

图7-14 罗盘图与羽毛图

3. 箭头图

前面两个命令绘制的图也可以称为箭头图，但接下来要讲的箭头图比前面两个箭头图更像数学中的向量，即它的箭头方向为向量方向，箭头的长短表示向量的大小。这种

图形的绘制命令包括 quiver 与 quiver3，前者绘制的是二维图形，后者绘制的是三维图形。它们的调用格式也十分相似，只是后者比前者多一个坐标参数，因此这里只介绍 quiver 命令的调用格式，见表 7-21。

表 7-21　quiver 命令的调用格式

调用格式	说　　明
quiver(U,V)	其中 U、V 为 $m×n$ 矩阵，绘出在范围为 $x=1:n$ 和 $y=1:m$ 的坐标系中由 U 和 V 定义的向量
quiver(X,Y,U,V)	若 X 为 n 维向量，Y 为 m 维向量，U、V 为 $m×n$ 矩阵，则画出由 X、Y 确定的每一个点处由 U 和 V 定义的向量
quiver(…,scale)	自动对向量的长度进行处理，使之不会重叠。可以对 scale 进行取值，若 scale=2，则向量长度伸长 2 倍；若 scale=0，则如实绘制向量图
quiver(…,LineSpec)	用 LineSpec 指定的线型、标记符号、颜色等绘制向量图
quiver(…,LineSpec,'filled')	对用 LineSpec 指定的标记符号进行填充
quiver(…,Name,Value)	为该函数创建的箭头图对象指定名称-值对组
quiver(ax,…)	将图形绘制到 ax 坐标区中，而不是当前坐标区（gca）中
q = quiver(…)	返回每个向量图的句柄

quiver 与 quiver3 这两个命令经常与其他的绘图命令配合使用，见以下实例。

实例——绘制箭头图形

源文件：yuanwenjian\ch07\jiantoutuxing.m、箭头图形.fig

本实例绘制函数 $z=xe^{(-x^2-y^2)}$ 上的法线方向向量。

解：MATLAB 程序如下。

```
>> close all
>> x=-2:0.25:2;              %创建-2~2 的线性分隔值向量 x，元素间隔值为 0.25
>> y=x;                      %创建与 x 相同的向量 y
>> [X,Y]=meshgrid(x,y);      %基于向量 x、y 创建二维网格数据矩阵 X 和 Y。矩阵 X
%的每一行是向量 x 的一个副本；矩阵 Y 的每一列是向量 y 的一个副本
>> Z=X.*exp(-X.^2-Y.^2);     %输入函数表达式 Z
>> [U,V]=gradient(Z,2,2);    %设置矩阵 Z 每个方向上的点之间的间距为 2，返回数值梯度
>> contour(X,Y,Z)            %以 X、Y 为坐标，绘制矩阵 Z 的等高线图
>> hold on                   %保留当前图窗的绘图
>> quiver(X,Y,U,V)           %在 X 和 Y 包含的位置坐标处，将 U 和 V 包含的速度向量绘制为箭头
>> hold off                  %关闭绘图保持命令
>> axis image                %将坐标轴调整为图形大小
```

运行结果如图 7-15 所示。

动手练一练——绘制函数的罗盘图与羽毛图

绘制以下函数的罗盘图与羽毛图。

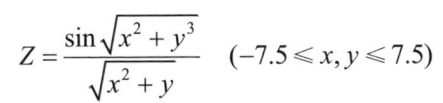

$$Z = \frac{\sin\sqrt{x^2+y^3}}{\sqrt{x^2+y}} \quad (-7.5 \leqslant x,y \leqslant 7.5)$$

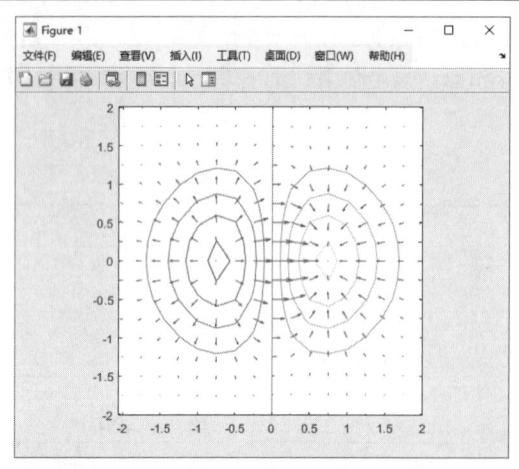

图 7-15　箭头图形

> **思路点拨：**
> 源文件：yuanwenjian\ch07\hanshuxiangliangtu.m、函数向量图.fig
> （1）输入变量范围。
> （2）输入表达式。
> （3）绘制罗盘图与羽毛图。
> （4）添加标题。

7.3 综合实例——部门工资统计图分析

源文件：yuanwenjian\ch07\bumengongzitongjitu.m、部门工资统计图.fig

表 7-22 所列为某单位各部门工资统计表，利用具有统计功能的图形便于分析各部门工资的平均水平，包括基本工资和实发工资，如图 7-16 所示。

表 7-22　某单位各部门工资统计表

部　门	姓　名	基本工资	奖　金	住房基金	保险费	实发工资	级　别
办公室	陈鹏	800.00	700.00	130.00	100.00	1270.00	8
办公室	王卫平	685.00	700.00	100.00	100.00	1185.00	7
办公室	张晓寰	685.00	600.00	100.00	100.00	1085.00	7
办公室	杨宝春	613.00	600.00	100.00	100.00	1013.00	6
人事处	许东东	800.00	700.00	130.00	100.00	1270.00	8
人事处	王川	613.00	700.00	100.00	100.00	1113.00	6
财务处	连威	800.00	700.00	130.00	100.00	1270.00	8
人事处	艾芳	685.00	700.00	100.00	100.00	1185.00	7
人事处	王小明	613.00	600.00	100.00	100.00	1013.00	6
人事处	胡海涛	613.00	600.00	100.00	100.00	1013.00	6

续表

部　门	姓　　名	基本工资	奖　　金	住房基金	保险费	实发工资	级　　别
统计处	庄凤仪	800.00	700.00	130.00	100.00	1270.00	8
统计处	沈奇峰	685.00	600.00	100.00	100.00	1085.00	7
统计处	沈克	613.00	600.00	100.00	100.00	1013.00	6
统计处	岳晋生	613.00	600.00	100.00	100.00	1013.00	6
后勤处	林海	685.00	700.00	130.00	100.00	1155.00	7
后勤处	刘学燕	613.00	600.00	100.00	100.00	1013.00	6

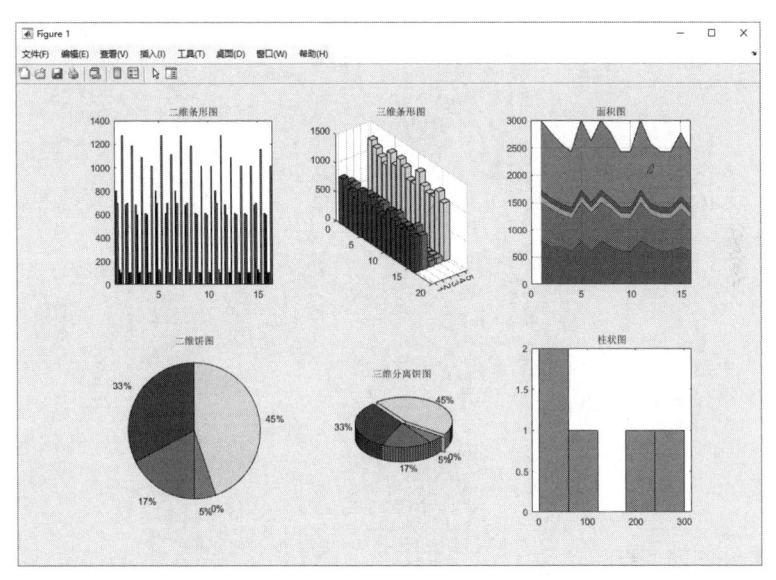

图 7-16　图形显示

【操作步骤】

（1）创建统计工资对应的矩阵。

```
>> jb=[800;685;685;613;800;613;800;685;613;613;800;685;613;613;685;613]
                         %基本工资统计
jb =
   800
   685
   685
   613
   800
   613
   800
   685
   613
   613
   800
```

```
            685
            613
            613
            685
            613
>> jj=[700;700;600;600;700;700;700;700;600;600;700;600;600;600;700;600];
                                        %奖金统计
>>  zf=[130;100;100;100;130;100;130;100;100;100;130;100;100;100;130;100];
                                        %住房基金统计
>> bx=100*ones(16);
>> bx=bx(:,1)                %保险费统计
bx =
    100
    100
    100
    100
    100
    100
    100
    100
    100
    100
    100
    100
    100
    100
    100
    100
>> SF=jb+jj-zf-bx            %实发工资结果
SF =
        1270
        1185
        1085
        1013
        1270
        1113
        1270
        1185
        1013
        1013
        1270
        1085
        1013
        1013
        1155
        1013
>> Z=[jb jj zf bx SF]         %工资清单统计结果
Z =
```

800	700	130	100	1270
685	700	100	100	1185
685	600	100	100	1085
613	600	100	100	1013
800	700	130	100	1270
613	700	100	100	1113
800	700	130	100	1270
685	700	100	100	1185
613	600	100	100	1013
613	600	100	100	1013
800	700	130	100	1270
685	600	100	100	1085
613	600	100	100	1013
613	600	100	100	1013
685	700	130	100	1155
613	600	100	100	1013

（2）绘制条形图。

```
>> subplot(2,3,1)
>> bar(Z)              %将矩阵 Z 按行分组，绘制工资清单的二维条形图，分别显示每一行的数据
>> title('二维条形图')
>> subplot(2,3,2)
>> bar3(Z),title('三维条形图')    %绘制工资清单的三维条形图，然后添加标题
```

运行结果如图 7-17 所示。

（3）绘制面积图。

```
>> subplot(2,3,3)
>> area(Z)                      %以堆叠方式绘制工资清单各项统计数据的面积图
>> grid on
>> set(gca,'layer','top')       %将坐标区图层移到顶层
>> title('面积图')
```

运行结果如图 7-18 所示。

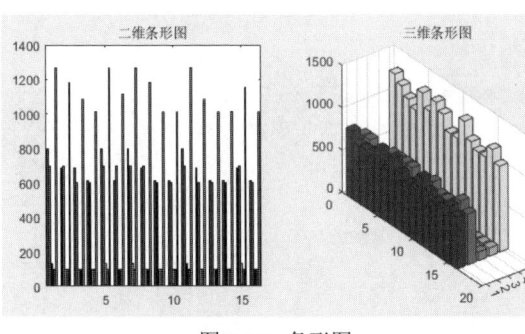

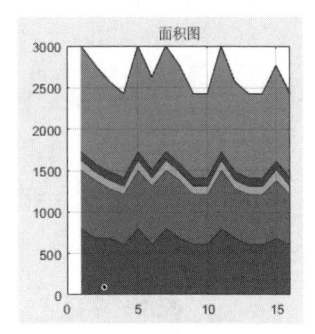

图 7-17　条形图　　　　　　　　　　　图 7-18　面积图

（4）对工资进行排序。

```
>> max(Z)                                %求每一项的最大值
ans =
     800      700      130      100     1270
>> sort(Z)                               %从低到高对工资进行排序
```

- 135 -

```
ans =
     613    600    100    100    1013
     613    600    100    100    1013
     613    600    100    100    1013
     613    600    100    100    1013
     613    600    100    100    1013
     613    600    100    100    1013
     613    600    100    100    1085
     685    600    100    100    1085
     685    700    100    100    1113
     685    700    100    100    1155
     685    700    100    100    1185
     685    700    130    100    1185
     800    700    130    100    1270
     800    700    130    100    1270
     800    700    130    100    1270
     800    700    130    100    1270
>> mad(Z)                              %求绝对差分平均值
ans =
   60.5938   50.0000   12.8906        0   93.1094
>> M=range(Z)                          %求工资差
M =
    187   100    30     0   257
```

(5) 绘制饼图。

```
>> subplot(2,3,4)
>> pie(M)        %使用完整饼图显示工资清单中各个统计项最大值与最小值差值的占比
>> title('二维饼图')
>> subplot(2,3,5)
>> explode=[0 0 0 1 1];    %设置第四个扇区和第五个扇区从饼图中心偏移
>> pie3(M,explode)         %绘制三维分离饼图
>> title('三维分离饼图')
```

运行结果如图 7-19 所示。

(6) 绘制柱状图。

```
>> subplot(2,3,6)
>> h=histogram(M,5);       %使用5个分类条形分别显示各个工资统计项的差值
>> set(h,'FaceColor','r'); 设置分类条形的填充色为红色
>> title('柱状图')
```

运行结果如图 7-20 所示。

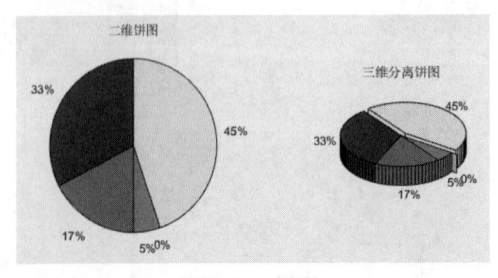

图 7-19 饼图

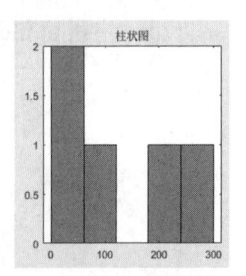

图 7-20 柱状图

7.4 课后习题

1. 在 MATLAB 中，（　　）命令用于设置坐标轴的刻度为对数刻度。
   A. logscale('x')　　　B. semilogy　　　C. set(gca, 'XScale', 'log')　　　D. yscale('log')
2. 使用（　　）命令可以在图形上添加注释。
   A. annotate　　　B. annotation　　　C. text　　　D. comment
3. 在 MATLAB 中，绘制饼图的命令是（　　）。
   A. plotpie　　　B. chartpie　　　C. pie　　　D. circlechart
4. bar 命令主要用于绘制（　　）。
   A. 直方图　　　B. 条形图　　　C. 散点图　　　D. 折线图
5. 在 MATLAB 中，绘制箭头图的命令是（　　）。
   A. quiver　　　B. vectorfield　　　C. arrow　　　D. direction
6. 根据下面的条件绘制不同的正弦函数 $y = \sin x$。
   （1）红色，标记符号为三角形。
   （2）蓝色，标记符号为加号。
   （3）黄色，点画线，标记符号为方形。
7. 绘制一个包含 10 个随机点的散点图，并使用不同的颜色和标记符号来区分它们。
8. 绘制一个包含 4 个扇区的饼图。

第 8 章 三维绘图

内容简介

MATLAB 三维绘图比二维绘图涉及的内容多。例如，三维曲线绘图与三维曲面绘图、三维曲面绘图的曲面网线绘图或曲面色图、如何构造绘图坐标数据、三维曲面的观察角度等。本章详细讲解三维绘图、三维图形修饰处理、图像处理及动画演示功能。

内容要点

- 三维绘图简介
- 三维图形修饰处理
- 图像处理及动画演示
- 综合实例——绘制函数的三维视图
- 课后习题

8.1 三维绘图简介

在实际的工程设计中，二维绘图功能在某些场合往往无法更直观地表示数据的分析结果，此时就需要将结果表示成三维图形。为此，MATLAB 提供了相应的三维绘图功能。与二维绘图功能相同的是，在用于三维绘图的 MATLAB 高级绘图函数中，对于上述许多问题都设置了默认值，应尽量使用默认值，必要时可以认真阅读联机帮助。

为了显示三维图形，MATLAB 提供各种函数来实现在三维空间中画线、画曲面与线格框架等功能。另外，颜色可以用于代表第四维。当颜色以这种方式使用时，它不再具有像照片中那样显示色彩的自然属性，也不具有基本数据的内在属性，所以称为彩色。本章主要介绍三维图形的作图方法和效果。

8.1.1 三维曲线绘图命令

1. plot3 命令

plot3 命令是二维绘图 plot 命令的扩展，因此它们的调用格式也基本相同，只是在参数中多加了一个第三维的信息。例如，plot(x,y,s)与 plot3(x,y,z,s)的意义是一样的，前者绘制的是二维图形，后者绘制的是三维图形，参数 s 用于控制曲线的类型、粗细、颜色等。因此，这里就不再讲解其具体调用格式，读者可以按照 plot 命令的调用格式来学习。

实例——绘制三维曲线

源文件：yuanwenjian\ch08\sanweiquxian.m、绘制三维曲线.fig

本实例绘制方程 $\begin{cases} x = t \\ y_1 = \sin(t) \\ y_2 = \cos(t) \end{cases}$ 在 $t = [0, 2\pi]$ 区间的三维曲线。

解：MATLAB 程序如下。

```
>> close all
>> x=0:pi/10:2*pi;         %定义取值区间和取值点
>> y1=sin(x);
>> y2=cos(x);              %定义以 x 为参数的 y 坐标和 z 坐标的参数化函数表达式 y1 和 y2
>> plot3(x,y1,y2,'m:p')    %绘制指定坐标的三维线图，线型为品红色点画线，标记符号为五角形
>> grid on
```

运行结果如图 8-1 所示。

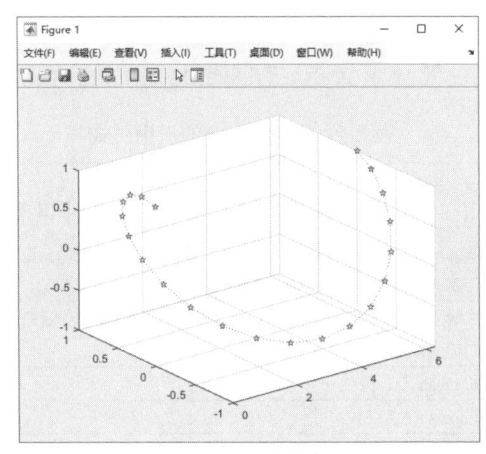

图 8-1　三维曲线

动手练一练——圆锥螺线

绘制以下函数的圆锥螺线。

$$\begin{cases} x = t\cos t \\ y = t\sin t \\ z = t \end{cases} \quad t \in [0, 10\pi]$$

思路点拨：

　　源文件：yuanwenjian\ch08\yuanzhuiluoxian.m、圆锥螺线.fig
　（1）输入表达式。
　（2）绘制三维图形。
　（3）添加图形标注。

2．fplot3 命令

同二维情况一样，三维绘图里也有一个绘制符号函数的命令，即 fplot3，其调用格式见表 8-1。

表 8-1 fplot3 命令的调用格式

调用格式	说　　明
fplot3(funx,funy,funz)	在参数 t 默认的区间[-5, 5]绘制参数化曲线 x=funx(t)、y=funy(t)和 z=funz(t)的图形
fplot3(funx,funy,funz,tinterval)	绘制上述参数化曲线在指定区域 tinterval 上的三维网格图
fplot3 (…,LineSpec)	设置线型、标记符号和线条颜色
fplot3(…,Name,Value)	使用一个或多个名称-值对组参数指定线条属性
fplot3(ax,…)	将图形绘制到 ax 指定的坐标区中，而不是当前坐标区中
fp = fplot3(…)	返回 ParameterizedFunctionLine 对象，可使用此对象查询和修改特定线条的属性

8.1.2 三维网格命令

1. mesh 命令

mesh 命令生成的是由 X、Y 和 Z 指定的网线面，而不是单条曲线，其调用格式见表 8-2。

表 8-2 mesh 命令的调用格式

调用格式	说　　明
mesh(X,Y,Z)	绘制三维网格图，颜色和曲面的高度相匹配。若 X 与 Y 均为向量，且 length(X)=n，length(Y)=m，而[m,n]=size(Z)，空间中的点(X(j),Y(i),Z(i,j))为所画曲面的网线的交点；若 X 与 Y 均为矩阵，则空间中的点(X(i,j),Y(i,j),Z(i,j))为所画曲面的网线的交点
mesh(Z)	生成的网格图满足 X =1：n 与 Y=1：m，[n,m] = size(Z)，其中 Z 为定义在矩形区域上的单值函数
mesh(Z,C)	同 mesh(Z)，并进一步由 C 指定边的颜色
mesh(…,C)	同 mesh(X,Y,Z)，并进一步由 C 指定边的颜色
mesh(ax,…)	将图形绘制到 ax 指定的坐标区中，而不是当前坐标区中
mesh(…,Name,Value)	对指定的属性名 Name 设置属性值 Value，可以在同一语句中对多个属性进行设置
s = mesh(…)	返回图形对象句柄

在给出例题之前，先来学一个常用的命令，即 meshgrid。meshgrid 命令用于生成二元函数 z = f(x,y)中 x-y 平面上的矩形定义域中的数据点矩阵 X 和 Y，或三元函数 u = f(x,y,z)中立方体定义域中的数据点矩阵 X、Y 和 Z。meshgrid 命令的调用格式也非常简单，见表 8-3。

表 8-3 meshgrid 命令的调用格式

调用格式	说　　明
[X,Y] = meshgrid(x,y)	向量 X 为 x-y 平面上矩形定义域中的矩形分割线在 x 轴的值，向量 Y 为 x-y 平面上矩形定义域中的矩形分割线在 y 轴的值。输出向量 X 为 x-y 平面上矩形定义域中的矩形分割点的横坐标值矩阵，输出向量 Y 为 x-y 平面上矩形定义域中的矩形分割点的纵坐标值矩阵
[X,Y] = meshgrid(x)	等价于形式 [X,Y] = meshgrid(x,x)
[X,Y,Z] = meshgrid(x,y,z)	向量 X 为立方体定义域在 x 轴上的值，向量 Y 为立方体定义域在 y 轴上的值，向量 Z 为立方体定义域在 z 轴上的值。输出向量 X 为立方体定义域中分割点的 x 轴坐标值，Y 为立方体定义域中分割点的 y 轴坐标值，Z 为立方体定义域中分割点的 z 轴坐标值
[X,Y,Z] = meshgrid(x)	等价于形式[X,Y,Z] = meshgrid(x,x,x)

实例——绘制网格面

源文件：yuanwenjian\ch08\wanggemian.m、绘制网格面.fig

本实例演示绘制网格面 $z = x^4 + y^5$。

解：MATLAB 程序如下。

```
>> close all
>> x=-4:0.25:4;
>> y=x;                          %定义两个相同的向量x和y
>> [X,Y]=meshgrid(x,y);          %基于向量x和y创建二维网格数据矩阵X和Y
>> Z=X.^4+Y.^5;                  %使用函数表达式定义矩阵Z
>> mesh(Z)                       %创建函数Z的网格图
>> title('网格面')
>> xlabel('x'),ylabel('y'),zlabel('z') %添加坐标轴标注
```

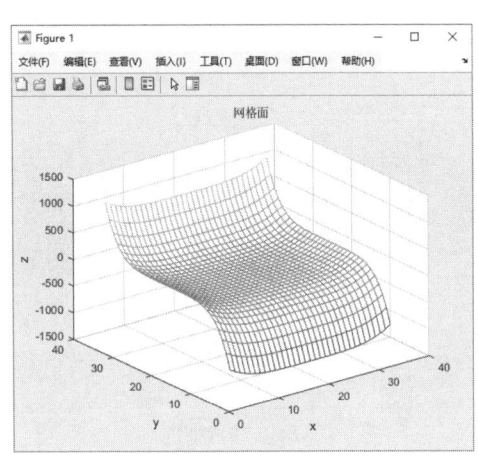

运行结果如图 8-2 所示。

图 8-2 网格面

对于一个三维网格图，用户有时不想显示背后的网格，可以利用 hidden 命令来实现这种要求。hidden 命令的调用格式也非常简单，见表 8-4。

表 8-4 hidden 命令的调用格式

调 用 格 式	说　　明
hidden on	对当前网格图启用隐线消除模式，将网格设为不透明状态
hidden off	对当前网格图禁用隐线消除模式，将网格设为透明状态
hidden	切换隐线消除模式
hidden(ax,…)	修改由 ax 指定的坐标区而不是当前坐标区中的曲面对象

实例——绘制山峰曲面

源文件：yuanwenjian\ch08\shanfengqumian.m、绘制山峰曲面.fig

函数 peaks() 用于绘制山峰曲面。本实例利用该函数绘制两张图，一张不显示其背后的网格，一张显示其背后的网格。

解：MATLAB 程序如下。

```
>> close all
>> t=-4:0.1:4;              %定义向量 t
>> [X,Y]=meshgrid(t);       %基于向量 t 创建二维网格数据矩阵 X 和 Y
>> Z=peaks(X,Y);            %在给定的 X 和 Y 处计算山峰函数，并返回与之大小相同的矩阵 Z
>> subplot(1,2,1)
>> mesh(X,Y,Z),hidden on    %绘制三维曲面网格图，然后将网格设为不透明状态
>> title('不显示网格')
>> subplot(1,2,2)
>> mesh(X,Y,Z),hidden off   %绘制三维曲面网格图，将网格设为透明状态
>> title('显示网格')
```

运行结果如图 8-3 所示。

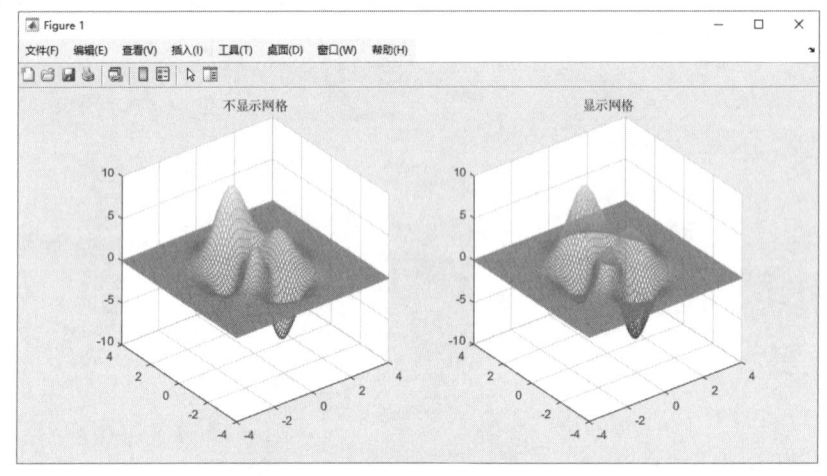

图 8-3　山峰曲面

MATLAB 还有两个同类的函数：meshc() 与 meshz()。函数 meshc() 用于绘制图形的网格图加基本的等高线图，函数 meshz() 用于绘制图形的网格图与零平面的网格图。

实例——绘制函数曲面

源文件：yuanwenjian\ch08\hanshuqumian.m、绘制函数曲面.fig

本实例演示分别用 plot3()、mesh()、meshc() 和 meshz() 绘制以下函数的曲面图形。

$$z = \cos\sqrt{x^2 + y^2} \quad (-5 \leqslant x, y \leqslant 5)$$

解：MATLAB 程序如下。

```
>> close all
>> x=-5:0.1:5;                  %定义线性分隔值向量 x
>> [X,Y]=meshgrid(x);           %基于向量 x 创建二维网格数据矩阵 X 和 Y
>> Z=cos(sqrt(X.^2+Y.^2));      %定义函数表达式 Z
>> tiledlayout(2,2)             %创建 2×2 分块图布局，用于显示当前图形窗口中的多张图形
>> nexttile                     %在第一个图块中创建分块图布局和坐标区对象
>> plot3(X,Y,Z)                 %在第一个图块中绘制函数的三维线图
>> title('plot3 作图')          %添加标题
```

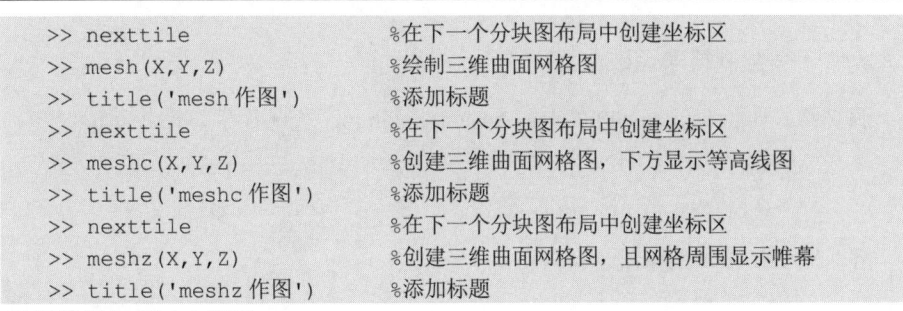

```
>> nexttile                    %在下一个分块图布局中创建坐标区
>> mesh(X,Y,Z)                 %绘制三维曲面网格图
>> title('mesh 作图')           %添加标题
>> nexttile                    %在下一个分块图布局中创建坐标区
>> meshc(X,Y,Z)                %创建三维曲面网格图,下方显示等高线图
>> title('meshc 作图')          %添加标题
>> nexttile                    %在下一个分块图布局中创建坐标区
>> meshz(X,Y,Z)                %创建三维曲面网格图,且网格周围显示帷幕
>> title('meshz 作图')          %添加标题
```

运行结果如图 8-4 所示。

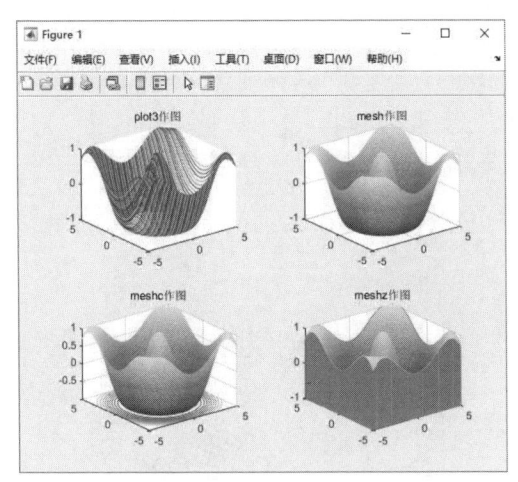

图 8-4　函数曲面图形对比

2. fmesh 命令

fmesh 命令专门用于绘制三维网格图,其调用格式见表 8-5。

表 8-5　fmesh 命令的调用格式

调用格式	说　　明
fmesh(f)	绘制表达式 f(x,y)在 x 和 y 的默认区间[−5,5]内的三维网格图
fmesh (f,xyinterval)	绘制 f 在 x 和 y 的指定区域 xyinterval 内的三维网格图。要对 x 和 y 使用相同的区间,将 xyinterval 指定为 [min max] 形式的二元素向量;要使用不同的区间,则指定 [xmin xmax ymin ymax] 形式的四元素向量
fmesh (funx,funy,funz)	绘制参数曲面 x=funx(u,v)、y=funy(u,v)、z=funz(u,v)在系统默认的区域[−5,5](对于 u 和 v)内的三维网格图
fmesh (funx,funy,funz,uvinterval)	在指定区间 uvinterval 内绘制参数曲面 x=funx(u,v)、y=funy(u,v)、z=funz(u,v)的三维网格图。要对 u 和 v 使用相同的区间,将 uvinterval 指定为 [min max] 形式的二元素向量;要使用不同的区间,则指定 [umin umax vmin vmax] 形式的四元素向量
fmesh(…,LineSpec)	设置网格的线型、标记符号和颜色
fmesh(…,Name,Value)	使用一个或多个名称-值对组参数指定网格的属性
fmesh(ax,…)	将图形绘制到 ax 指定的坐标区中,而不是当前坐标区(gca)中
fs = fmesh(…)	返回 FunctionSurface 对象或 ParameterizedFunctionSurface 对象,具体情况取决于输入

实例——绘制符号函数曲面

源文件：yuanwenjian\ch08\fuhaohanshuqumian.m、绘制符号函数曲面.fig

本实例绘制以下函数的三维网格表面图。

$$f(x,y) = e^y \sin x - e^x \cos y + e^x + e^y \quad (-\pi < x, y < \pi)$$

解：MATLAB 程序如下。

```
>> close all
>> syms x y                                          %定义符号变量 x 和 y
>> f=sin(x)*exp(y)-cos(y)*exp(x)+exp(x)+exp(y);%定义符号函数表达式 f
>> fmesh(f,[-pi,pi])                                 %在指定区间绘制函数的三维网格图
>> title('带网格线的三维表面图')
```

运行结果如图 8-5 所示。

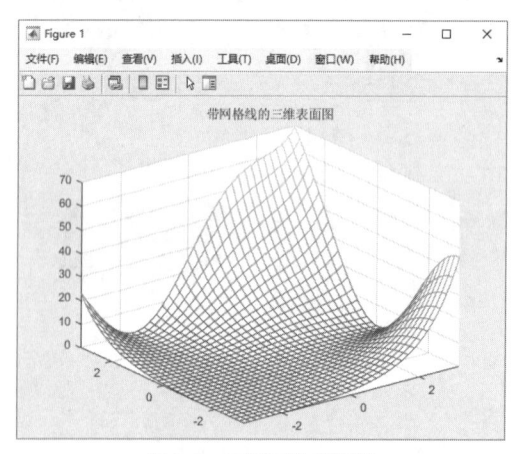

图 8-5 三维网格表面图

动手练一练——函数网格面的绘制

绘制以下函数的图形。

$$z = x^2 + y^2 + \sin(x+y) + e^{x+y}, x \in (-1,1)$$

思路点拨：

源文件：yuanwenjian\ch08\hanshuwanggemian.m、函数网格面的绘制.fig

（1）定义变量取值范围。
（2）使用 plot3 命令绘制三维曲线。
（3）输入函数表达式。
（4）使用 mesh、meshc 和 meshz 命令绘制三维网格图。

8.1.3 三维曲面命令

曲面图是在网格图的基础上，在小网格之间用颜色填充。它的一些特性正好和网格

图相反，线条是黑色的，线条之间有颜色；而在网格图里，线条之间没有颜色，而线条有颜色。在曲面图中，用户不必考虑像网格图一样隐蔽线条，但要考虑用不同的方法为表面添加颜色。

1．surf 命令

surf 命令的调用格式与 mesh 命令完全一样，这里不再详细说明，读者可以参考 mesh 命令的调用格式。下面给出几个例子。

实例——绘制山峰表面

源文件：yuanwenjian\ch08\shanfengbiaomian.m、绘制山峰表面.fig
本实例演示利用 MATLAB 内部函数 peaks() 绘制山峰表面图。
解：MATLAB 程序如下。

```
>> close all
>> [X,Y,Z]=peaks(30);       %使用山峰函数返回 30×30 的矩阵 Z，以及用于参数绘图的矩阵 X 和 Y
>> surf(X,Y,Z)              %使用指定的坐标矩阵创建三维表面图
>> title('山峰表面')
>> xlabel('x-axis'),ylabel('y-axis'),zlabel('z-axis')    %标注坐标轴
>> grid off                 %隐藏分隔线
```

运行结果如图 8-6 所示。

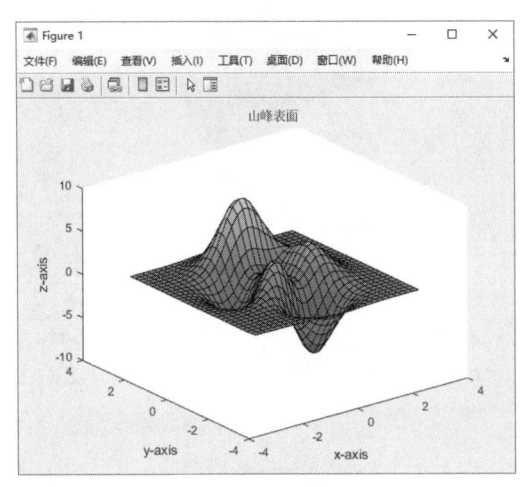

图 8-6　山峰表面

如果想查看曲面背后图形的情况，可以在曲面的相应位置打个洞孔，也就是说，将数据设置为 NaN，所有的 MATLAB 作图函数都会忽略 NaN 的数据点，在该点出现的地方留下一个洞孔。

实例——绘制带洞孔的山峰表面

源文件：yuanwenjian\ch08\daidongkongshanfeng.m、带洞孔的山峰表面.fig
本实例演示观察山峰曲面在 $x \in (-0.6, 0.5)$，$y \in (0.8, 1.2)$ 时曲面背后的情况。
解：MATLAB 程序如下。

```
>> close all
>> [X,Y,Z]=peaks(30);           %使用山峰函数返回 30×30 的矩阵 Z,以及用于参数绘图
                                %的矩阵 X 和 Y
>> x=X(1,:);                    %提取矩阵 X 的第一行
>> y=Y(:,1);                    %提取矩阵 Y 的第一列
>> i=find(y>0.8 & y<1.2);       %在提取的列向量中查找大于 0.8 小于 1.2 的元素,返
                                %回查找结果的索引
>> j=find(x>-.6 & x<.5);        %在提取的行向量中查找大于-0.6 小于 0.5 的元素,返
                                %回查找结果的索引
>> Z(i,j)=nan*Z(i,j);           %将查找结果对应的元素值设置为 NaN
>> surf(X,Y,Z);                 %使用指定的坐标矩阵创建三维表面图
>> title('带洞孔的山峰表面');
>> xlabel('x-axis'),ylabel('y-axis'),zlabel('z-axis')  %标注坐标轴
```

运行结果如图 8-7 所示。

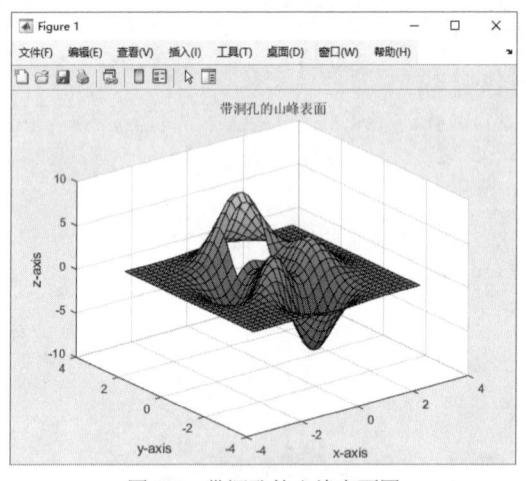

图 8-7 带洞孔的山峰表面图

与 mesh 命令一样,surf 也有两个同类的命令:surfc 与 surfl。surfc 命令用于绘制有基本等高线的曲面图;surfl 命令用于绘制有亮度的曲面图。这两个命令的用法在后面进行讲解。

2. fsurf 命令

fsurf 命令专门用于绘制三维曲面图形,其调用格式见表 8-6。

表 8-6 fsurf 命令的调用格式

调用格式	说 明
fsurf(f)	绘制函数 f(x,y)在 x、y 的默认区间[-5,5]内的三维表面图
fsurf(f,xyinterval)	绘制 f 在 x、y 的指定区域 xyinterval 内的三维曲面。要对 x 和 y 使用相同的区间,将 xyinterval 指定为 [min max] 形式的二元素向量;要使用不同的区间,则指定 [xmin xmax ymin ymax] 形式的四元素向量
fsurf(funx,funy,funz)	绘制参数曲面 x=funx(u,v)、y=funy(u,v)、z=funz(u,v)在系统默认的区域[-5,5](对于 u 和 v)内的三维曲面

续表

调 用 格 式	说 明
fsurf(funx,funy,funz, uvinterval)	在指定区间 uvinterval 内绘制参数曲面 x=funx(u,v)、y=funy(u,v)、z=funz(u,v)的三维曲面。要对 u 和 v 使用相同的区间,将 uvinterval 指定为 [min max] 形式的二元素向量;要使用不同的区间,则指定 [umin umax vmin vmax] 形式的四元素向量
fsurf(…,LineSpec)	设置线型、标记符号和曲面颜色
fsurf(…,Name,Value)	使用一个或多个名称-值对组参数指定曲面的属性
fsurf(ax,…)	将图形绘制到 ax 指定的坐标区中,而不是当前坐标区(gca)中
fs = fsurf(…)	返回 FunctionSurface 对象或 ParameterizedFunctionSurface 对象,具体情况取决于输入

实例——绘制参数曲面

源文件:yuanwenjian\ch08\canshuqumian.m、绘制参数曲面.fig
本实例演示绘制以下函数的参数曲面图。

$$\begin{cases} x = \cos(s+t) \\ y = \sin(s+t) \\ z = \sin s * \cos t \end{cases} \quad (-\pi < s, t < \pi)$$

解:MATLAB 程序如下。

```
>> close all
>> syms s t                    %定义符号变量 s 和 t
>> x=cos(s+t);
>> y=sin(s+t);
>> z=sin(s)*cos(t);            %定义参数曲面的坐标函数表达式
>> fsurf(x,y,z,[-pi,pi])       %在指定区间绘制参数化函数的三维曲面图
>> title('符号函数曲面图')
```

运行结果如图 8-8 所示。

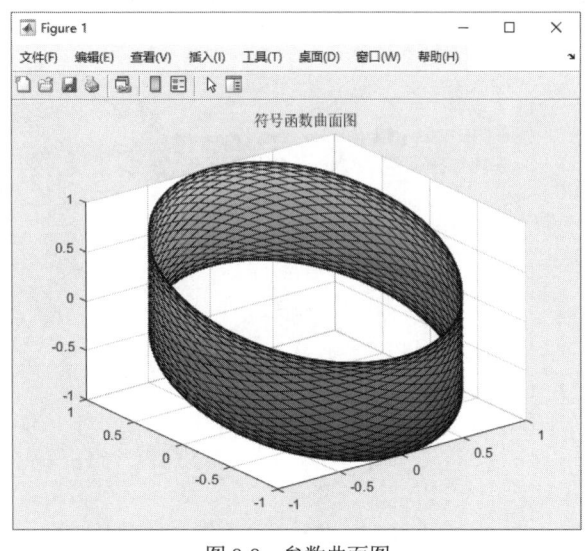

图 8-8 参数曲面图

8.1.4 柱面与球面

在 MATLAB 中，有专门绘制柱面与球面的命令，即 cylinder 与 sphere，它们的调用格式也非常简单。首先来看 cylinder 命令，其调用格式见表 8-7。

表 8-7　cylinder 命令的调用格式

调用格式	说　　明
[X,Y,Z] = cylinder	返回一个半径为 1、高度为 1 的圆柱体的 x 轴、y 轴、z 轴的坐标值（三个 2×21 矩阵），圆柱体的圆周有 20 个距离相同的点
[X,Y,Z] = cylinder(r,n)	返回一个沿圆柱体单位高度的等距高度的半径为 r、高度为 1 的圆柱体的 x 轴、y 轴、z 轴的坐标值，圆柱体的圆周有 n 个距离相同的点
[X,Y,Z] = cylinder(r)	与 [X,Y,Z] = cylinder(r,20) 等价
cylinder(ax,…)	将图形绘制到带有句柄 ax 的坐标区中，而不是当前坐标区（gca）中
cylinder(…)	没有任何输出参量，直接使用 surf 命令绘制圆柱体

实例——绘制柱面

源文件：yuanwenjian\ch08\zhumian.m、绘制柱面.fig

本实例演示绘制一个半径变化的柱面。

解：MATLAB 程序如下。

```
>> close all
>> t=0:pi/10:2*pi;                          %定义线性分隔值向量 t
>> [X,Y,Z]=cylinder(2+sin(t)-cos(t),30);    %返回圆柱体的 x 轴、y 轴、z 轴
%的坐标值 X、Y、Z，圆柱体半径为以 t 为自变量的函数表达式，高度为 1，圆柱体的圆周有
%30 个等距点
>> surf(X,Y,Z)                              %使用指定的坐标矩阵创建三维表面图
>> axis square                              %调整坐标轴，使用相同长度的坐标轴线
>> xlabel('x-axis'),ylabel('y-axis'),zlabel('z-axis')  %添加坐标轴标注
```

运行结果如图 8-9 所示。

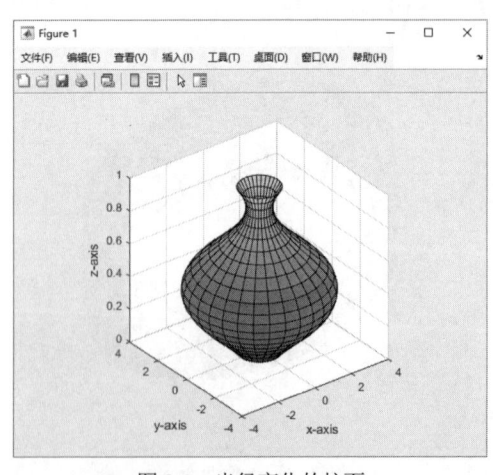

图 8-9　半径变化的柱面

小技巧：
　　用 cylinder 命令可以绘制棱柱图形。例如，运行 cylinder(2,6)可以绘制底面为正六边形、半径为 2 的棱柱。

sphere 命令用于生成三维直角坐标系中的球面，其调用格式见表 8-8。

表 8-8　sphere 命令的调用格式

调 用 格 式	说　　明
sphere	绘制单位球面，该单位球面由 20×20 个面组成，半径为 1
sphere(n)	在当前坐标系中绘制由 n×n 个面组成的球面，半径为 1
sphere(ax,…)	在由 ax 指定的坐标区中，而不是在当前坐标区中创建球形
[X,Y,Z]=sphere(…)	不绘制球面，在三个大小为(n+1)×(n+1)的矩阵中返回 n×n 球面的坐标

实例——绘制球面

源文件：yuanwenjian\ch08\qiumian.m、绘制球面.fig
本实例演示绘制棱柱、由 64 个面组成的球面与由 400 个面组成的球面。
解：MATLAB 程序如下。

```
>> close all
>> [X1,Y1,Z1]=sphere(8);      %绘制由 8×8 个面组成的球面，并返回球面坐标
>> [X2,Y2,Z2]=sphere(20);     %绘制由 20×20 个面组成的球面，并返回球面坐标
>> subplot(1,3,1)
>> cylinder(2,8)              %绘制棱柱，底面为八边形，半径为 2，高度默认为 1
>> axis equal                 %沿每个坐标轴使用相等的数据单位长度
>> title('底面为正八边形的棱柱')
>> subplot(1,3,2)
>> surf(X1,Y1,Z1)             %绘制由 8×8 个面组成的球面的三维表面图
>> axis equal
>> title('64 个面组成的球面')
>> subplot(1,3,3)
>> surf(X2,Y2,Z2)             %绘制由 20×20 个面组成的球面的三维表面图
>> axis equal
>> title('400 个面组成的球面')
```

运行结果如图 8-10 所示。

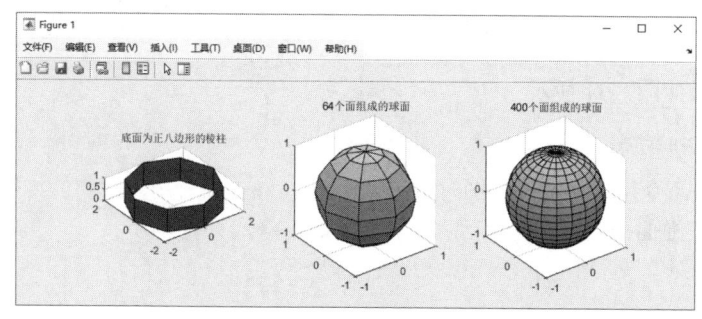

图 8-10　球面

8.1.5 三维图形等值线

在军事、地理等学科中经常会用到等值线。在 MATLAB 中有许多绘制等值线的命令，主要介绍以下几个。

1. contour3 命令

contour3 是 MATLAB 用于三维绘图的常用命令之一。该命令用于在三维空间中绘制等值线图。该命令会在定义的矩形网格上生成一个曲面的三维等值线图，其调用格式见表 8-9。

表 8-9 contour3 命令的调用格式

调用格式	说明
contour3(Z)	绘制在三维空间角度观看矩阵 Z 的等值线图，其中 Z 的元素被认为是距离 x-y 平面的高度，矩阵 Z 至少为 2 阶。等值线的条数与高度是自动选择的。若[m,n]=size(Z)，则 x 轴的范围为[1,n]，y 轴的范围为[1,m]
contour3(X,Y,Z)	绘制指定 x 和 y 坐标的 Z 的等值线的三维等值线图
contour3(…,levels)	将要显示的等值线指定为上述任一语法中的最后一个参数。将 levels 指定为标量值 n，以在 n 个自动选择的层级（高度）上显示等值线
contour3(…,LineSpec)	指定等值线的线型和颜色
contour3(…,Name,Value)	使用一个或多个名称-值对组参数指定等值线图的其他选项
contour3(ax,…)	在指定的坐标区中显示等值线图
M = contour3(…)	返回包含每个层级的顶点的(x, y)坐标等值线矩阵
[M,c] = contour3(…)	返回等值线矩阵 M 和等值线对象 c，显示等值线图后，使用 c 设置属性

实例——三维等值线图

源文件：yuanwenjian\ch08\sanweidengzhixian.m、三维等值线图.fig
本实例演示绘制山峰函数 peaks()的等值线图。
解：MATLAB 程序如下。

```
>> close all
>> [x,y,z]=peaks(30);      %使用山峰函数返回 30×30 的矩阵 Z，以及用于参数绘图的矩
                           %阵 X 和 Y
>> contour3(x,y,z);        %绘制指定 x 和 y 坐标的 z 的三维等值线图
>> title('山峰函数等值线图');
>> xlabel('x-axis'),ylabel('y-axis'),zlabel('z-axis')%添加坐标轴标注
```

运行结果如图 8-11 所示。

2. contour 命令

contour3 命令用于绘制二维图时就等价于 contour，后者用于绘制二维等值线图，可以看作一个三维曲面向 x-y 平面上的投影，其调用格式见表 8-10。

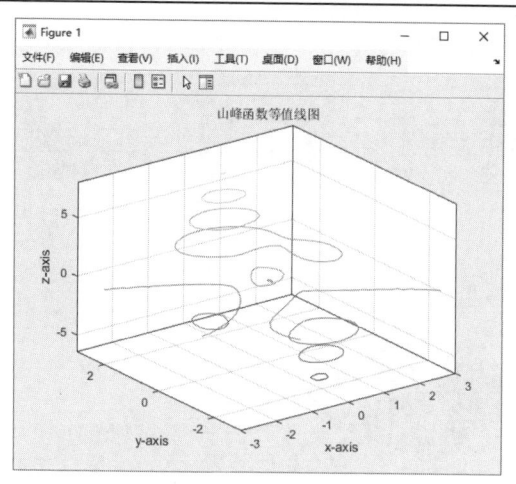

图 8-11 三维等值线图

表 8-10 contour 命令的调用格式

调用格式	说　　明
contour(Z)	把矩阵 Z 中的值作为一个二维函数的值，等值线是一个平面的曲线，平面的高度 v 是 MATLAB 自动选取的
contour(X,Y,Z)	(X,Y)是平面 Z=0 上点的坐标矩阵，Z 为相应点的高度值矩阵
contour(…,levels)	将要显示的等值线指定为上述任一语法中的最后一个参数。将 levels 指定为标量值 n，以在 n 个自动选择的层级（高度）上显示等值线
contour(…,LineSpec)	指定等值线的线型和颜色
contour(…,Name,Value)	使用一个或多个名称-值对组参数指定等值线图的其他选项
contour(ax,…)	在指定的坐标区中显示等值线图
M = contour(…)	返回包含每个层级的顶点的(x, y)坐标等值线矩阵
[M,c] = contour(…)	返回等值线矩阵 M 和等值线对象 c，显示等值线图后，使用 c 设置属性

实例——绘制二维等值线图

源文件：yuanwenjian\ch08\erweidengzhixian.m、绘制二维等值线图.fig

本实例演示绘制曲面 $z = xe^{x-\cos x + \sin y}$ 在 $x \in [-2\pi, 2\pi]$，$y \in [-2\pi, 2\pi]$ 的图形及其在 x-y 平面的等值线图。

解：MATLAB 程序如下。

```
>> close all
>> x=linspace(-2*pi,2*pi,100);
>> y=x;                          %创建两个相同的线性分隔值向量 x 和 y
>> [X,Y]=meshgrid(x,y);          %基于向量 x 和 y 创建二维网格坐标矩阵 X 和 Y
>> Z=X.*exp(X-cos(X)+sin(Y));    %输入曲面表达式 Z
>> subplot(1,2,1);
>> surf(X,Y,Z);                  %创建三维表面图
>> title('曲面图像');
>> subplot(1,2,2);
>> contour(X,Y,Z);               %绘制三维曲面的二维等值线
>> title('二维等值线图')
```

运行结果如图 8-12 所示。

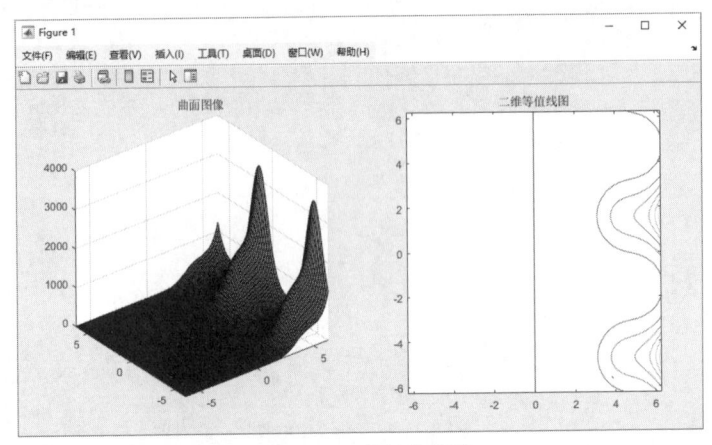

图 8-12 三维等值线图

3. contourf 命令

contourf 命令用于填充二维等值线图，即先绘制不同的等值线，然后将相邻的等值线之间用同一颜色进行填充，填充用的颜色取决于当前的色图颜色。

contourf 命令的调用格式见表 8-11。

表 8-11 contourf 命令的调用格式

调用格式	说明
contourf(Z)	绘制矩阵 Z 的等值线图，其中 Z 理解成距平面 x-y 的高度矩阵。Z 至少为 2 阶，等值线的条数与高度是自动选择的
contourf(X,Y,Z)	绘制矩阵 Z 的等值线图，其中 X 与 Y 用于指定 x 轴与 y 轴的范围。若 X 与 Y 为矩阵，则必须与 Z 同型；若 X 或 Y 有不规则的间距，使用规则的间距计算等值线，然后将数据转变给 X 或 Y
contourf(…,levels)	将要显示的等值线指定为上述任一语法中的最后一个参数。将 levels 指定为标量值 n，以在 n 个自动选择的层级（高度）上显示等值线
contourf(…,LineSpec)	指定等值线的线型和颜色
contourf(…,Name,Value)	使用一个或多个名称-值对组参数指定等值线图的其他选项
contourf(ax,…)	在指定的坐标区中显示等值线图
M = contourf(…)	返回包含每个层级的顶点的(x, y)坐标等值线矩阵
[M,c] = contourf(…)	返回等值线矩阵 M 和等值线对象 c

实例——绘制二维等值线图及颜色填充

源文件：yuanwenjian\ch08\erweidengzhixiantianchong.m、绘制二维等值线图及颜色填充.fig

本实例演示绘制山峰函数 peaks()的二维等值线图。

解：MATLAB 程序如下。

```
>> close all
>> Z=peaks;                    %使用山峰函数创建一个 49×49 矩阵 Z
```

```
>> [C,h]=contourf(Z,10);    %在10个自动选择的高度上绘制填充的二维等值线图。
                            %返回等值线矩阵C和等值线对象h
>> colormap gray;           %应用灰度颜色图
>> title('二维等值线图及颜色填充')
```

运行结果如图8-13所示。

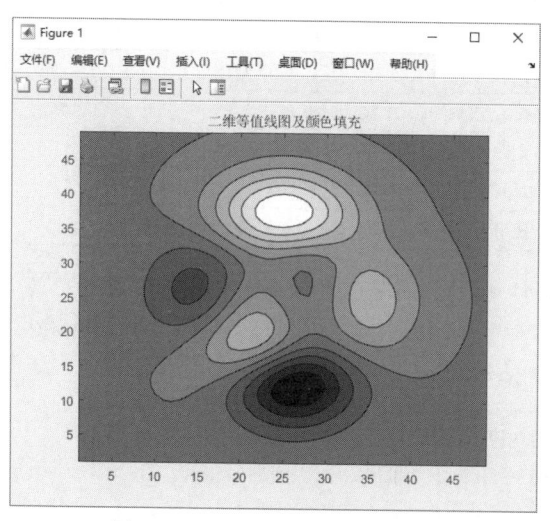

图8-13 二维等值线图及颜色填充

4. contourc命令

contourc命令用于计算等值线矩阵M，该矩阵可用于命令contour、contour3和contourf等。矩阵Z中的数值可以确定平面上的等值线高度值，等值线的计算结果是由矩阵Z的维数决定的间隔宽度。

contourc命令的调用格式见表8-12。

表8-12 contourc命令的调用格式

调用格式	说 明
M = contourc(Z)	从矩阵Z中计算等值线矩阵，其中Z的维数至少为2阶，等值线为矩阵Z中数值相等的单元，等值线的数目和相应的高度值是自动选择的
M = contourc(x,y,Z)	在矩阵Z中，参量x、y确定的坐标轴范围内计算等值线
M=contourc(…,levels)	levels参数用于控制等值线的数量和位置。将levels指定为标量值n，可以在n个自动选择的层级（高度）上计算等值线。要在某些特定高度计算等值线，需要将levels指定为单调递增值的向量。要在高度k处计算等值线，需要将levels指定为[k k]

5. clabel命令

clabel命令用于在二维等值线图中添加高度标签，其调用格式见表8-13。

表8-13 clabel命令的调用格式

调用格式	说 明
clabel(C,h)	把标签旋转到恰当的角度，再插入等值线中，只有等值线之间有足够的空间时才加入，这取决于等值线的尺度，其中C为等值线矩阵，h为等值线对象

续表

调用格式	说明
clabel(C,h,v)	在指定的高度 v 上显示标签 h
clabel(C,h,'manual')	手动设置标签。用户用鼠标左键或空格键在指定位置放置标签，然后按 Enter 键结束该操作
t = clabel(C,h,'manual')	返回创建的文本对象
clabel(C)	在从 contour 命令生成的等值矩阵 C 的位置上添加标签。此时标签的放置位置是随机的
clabel(C,v)	在给定的位置 v 上显示标签
clabel(C,'manual')	允许用户通过鼠标来给等值线贴标签
tl = clabel(…)	返回创建的文本和线条对象
clabel(…,Name,Value)	使用一个或多个名称-值对组参数修改标签外观

对表 8-13 所列的调用格式需要说明的一点是，若命令中有等值线对象 h，则会对标签进行恰当的旋转；否则，标签会竖直放置，且在恰当的位置显示一个"+"号。

实例——绘制等值线

源文件：yuanwenjian\ch08\dengzhixian.m、绘制等值线.fig

本实例演示绘制具有 5 个等值线的山峰函数 peaks()，然后对各个等值线进行标注，并给所画的图加上标题。

解：MATLAB 程序如下。

```
>> close all
>> Z=peaks;                  %使用山峰函数创建一个 49×49 的矩阵 Z
>> [C,h]=contour(Z,5);       %在 5 个自动选择的高度上绘制填充的二维等值线图。返
                             %回等值线矩阵 C 和等值线对象 h
>> clabel(C,h);              %为指定的等值线图添加标签文本
>> title('等值线的标注')
```

运行结果如图 8-14 所示。

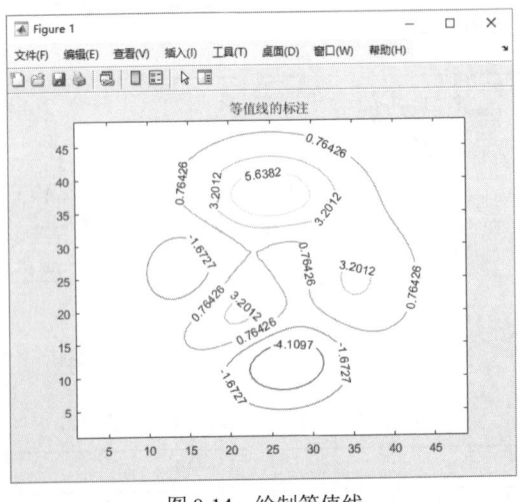

图 8-14　绘制等值线

6．fcontour 命令

fcontour 命令用于绘制符号函数 f(x,y)（f 是关于 x、y 的数学函数的字符串表示）的等值线图。fcontour 命令的调用格式见表 8-14。

表 8-14　fcontour 命令的调用格式

调 用 格 式	说　　明
fcontour (f)	绘制 z=f(x,y)在 x 和 y 的默认区间[-5,5]的固定级别值的等值线图
fcontour (f,xyinterval)	绘制 f 在 x 和 y 的指定区域 xyinterval 内的三维曲面。要对 x 和 y 使用相同的区间，将 xyinterval 指定为[min max]形式的二元素向量；要使用不同的区间，则指定 [xmin xmax ymin ymax] 形式的四元素向量
fcontour(…,LineSpec)	设置等值线的线型和颜色
fcontour(…,Name,Value)	使用一个或多个名称-值对组参数指定线条的属性
fcontour(ax,…)	将图形绘制到 ax 指定的坐标区中，而不是当前坐标区（gca）中
fc = fcontour(…)	返回 FunctionContour 对象

实例——绘制符号函数等值线图

源文件：yuanwenjian\ch08\fuhaohanshudengzhixian.m、绘制符号函数等值线图.fig

本实例演示绘制以下函数的等值线图。

$$f(x,y) = \frac{\cos(x^2 + y^2)}{x^2 + y^2} \quad (-\pi < x, y < \pi)$$

解：MATLAB 程序如下。

```
>> close all
>> syms x y                     %定义符号变量 x 和 y
>> f=cos(x^2+y^2)/(x^2+y^2);    %定义符号函数的表达式 f
>> fcontour(f,[-pi,pi])         %在指定区间绘制符号函数 f 的等值线图
>> title('符号函数等值线图')
```

运行结果如图 8-15 所示。

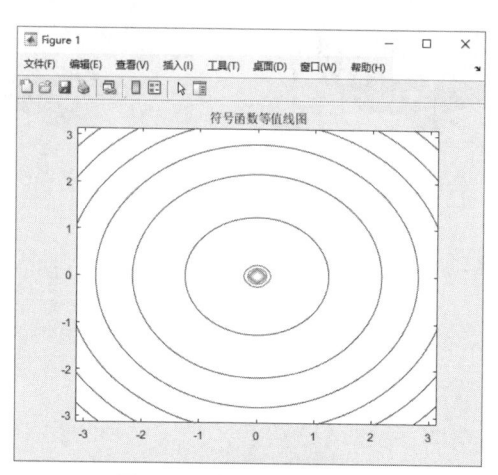

图 8-15　符号函数等值线图

实例——绘制带等值线的三维表面图

源文件：yuanwenjian\ch08\dengzhixiansanweibiaomiantu.m、绘制带等值线的三维表面图.fig

本实例演示在区域 $x \in [-\pi, \pi]$，$y \in [-\pi, \pi]$ 上绘制以下函数的带等值线的三维表面图。

$$f(x, y) = \cos(x^2 + y^2)$$

解：MATLAB 程序如下。

```
>> close all
>> syms x y                %定义符号变量 x 和 y
>> f=cos(x^2+y^2);         %定义符号函数的表达式
>> subplot(1,2,1);         %将图窗分割为左右并排的两个子图，显示第一个子图
>> fsurf(f,[-pi,pi],'MeshDensity',10,'ShowContours','on');%在指定区间
%绘制符号函数的三维曲面图，每个方向上的计算点数为 10，并在绘图下显示等值线图
>> title('网格数为10*10 的表面图');   %添加标题
>> subplot(1,2,2);                   %显示第二个子图
>> fsurf(f,[-pi,pi],'MeshDensity',40,'ShowContours','on');%在指定区间
%绘制符号函数的三维曲面图，每个方向上的计算点数为 40，并在绘图下显示等值线图
>> title('网格数为40*40 的表面图')
```

运行结果如图 8-16 所示。

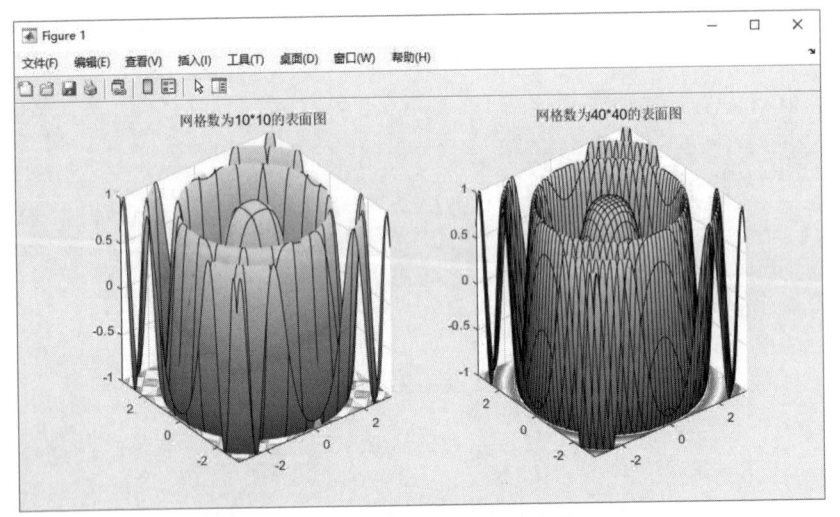

图 8-16 带等值线的三维表面图

动手练一练——多项式的不同网格数的表面图

在区域 $x \in [-\pi, \pi]$，$y \in [-\pi, \pi]$ 上绘制以下函数的带等值线的三维表面图。

$$f(x, y) = \frac{e^{(x+y)}}{x^2 + y^2}$$

思路点拨：

源文件： yuanwenjian\ch08\butongwanggeshudebiaomiantu.m、多项式的不同网格数的表面图.fig
（1）定义变量。
（2）输入表达式。
（3）绘制不同网格数的表面图。

8.2 三维图形修饰处理

本节主要讲解常用的三维图形修饰处理命令，前面已经讲解了一些二维图形修饰处理命令，这些命令在三维图形里同样适用。下面介绍三维图形中特有的图形修饰处理命令。

8.2.1 视角处理

在现实空间中，从不同角度或位置观察某一事物会有不同的效果。三维图形表现的正是空间内的图形，因此在不同视角或位置都会有不同的效果，这在工程实际中也是经常遇到的。MATLAB 提供的 view 命令能够很好地满足这种需要。

view 命令用于控制三维图形的观察点和视角，其调用格式见表 8-15。

表 8-15 view 命令的调用格式

调 用 格 式	说　　明
view(az,el)	给三维空间图形设置观察点的方位角 az 与仰角 el
view(v)	根据二元素或三元素数组 v 设置视线。二元素数组的值分别是方位角和仰角；三元素数组的值是从图框中心点到照相机位置所形成向量的 x、y 和 z 坐标
view(dim)	对二维（dim 为 2）或三维（dim 为 3）绘图使用默认视线
view(ax,...)	指定目标坐标区的视线
[az,el] = view(...)	返回当前的方位角 az 与仰角 el

对于这个命令需要说明的是，方位角 az 与仰角 el 为两个旋转角度。做一个经过视点和 z 轴平行的平面，与 x-y 平面有一条交线，该交线与 y 轴的反方向的、按逆时针方向（从 z 轴的方向观察）计算的夹角，就是观察点的方位角 az；若角度为负值，则按顺时针方向计算。在通过视点与 z 轴的平面上，用一条直线连接视点与坐标原点，该直线与 x-y 平面的夹角就是观察点的仰角 el；若仰角为负值，则观察点转移到曲面下方。

实例——绘制网格面视图

源文件： yuanwenjian\ch08\wanggemianshitu.m、绘制网格面视图.fig
本实例演示在同一窗口中绘制网格面 $z = -x^4 + y^5$ 函数的各种视图。
解： MATLAB 程序如下。

```
>> [X,Y]=meshgrid(-5:0.25:5);    %基于向量创建二维网格数据矩阵 X 和 Y，行数和列
                                 %数为向量的长度
>> Z=-X.^4+Y.^5;                 %使用函数定义矩阵 Z
```

```
>> subplot(2,2,1)                 %将图窗分割为2行2列4个子图,显示第一个子图
>> surf(X,Y,Z),title('三维视图')   %绘制三维曲面图,添加标题
>> subplot(2,2,2)                 %显示第二个子图
>> surf(X,Y,Z),view(90,0)         %绘制三维曲面图,以方位角为90度、仰角为0度
                                  %的视角显示绘图
>> title('侧视图')                 %添加标题
>> subplot(2,2,3)                 %显示第三个子图
>> surf(X,Y,Z),view(0,0)          %绘制三维曲面图,以方位角为0度、仰角为0度
                                  %的视角显示绘图
>> title('正视图')                 %添加标题
>> subplot(2,2,4)                 %显示第四个子图
>> surf(X,Y,Z),view(0,90)         %绘制三维曲面图,以方位角为0度、仰角为90度
                                  %的视角显示绘图
>> title('俯视图')                 %添加标题
```

运行结果如图 8-17 所示。

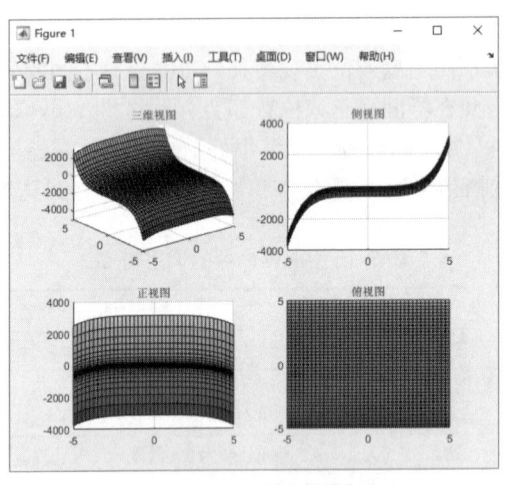

图 8-17 网格面视图

实例——绘制函数转换视角的三维图

源文件：yuanwenjian\ch08\hanshuzhuanhuanshijiaosanweitu.m、绘制函数转换视角的三维图.fig

本实例演示在区域 $x \in [-\pi, \pi]$，$y \in [-\pi, \pi]$ 上绘制下面函数转换视角的三维表面图。

$$f(x,y) = \frac{e^{\sin(x+y)}}{x^2 + y^2}$$

解：MATLAB 程序如下。

```
>> close all                                %关闭所有打开的MATLAB文件
>> [X,Y]= meshgrid(-pi:0.01*pi:pi);          %基于向量创建二维网格数据矩阵X和Y
>> Z=exp(sin(X+Y))./(X.^2+Y.^2);             %使用函数定义矩阵Z
>> subplot(2,2,1)                            %将图窗分割为2行2列4个子图,显示第一个子图
>> surf(X,Y,Z),title('三维视图')              %绘制三维表面图,然后添加标题
>> subplot(2,2,2)                            %显示第二个子图
```

```
>> surf(X,Y,Z),view(90,0) %绘制三维表面图,以方位角为90度、仰角为0度的视角显示绘图
>> title('侧视图')         %添加标题
>> subplot(2,2,3)          %显示第三个子图
>> surf(X,Y,Z),view(0,0)  %绘制三维表面图,以方位角为0度、仰角为0度的视角显示绘图
>> title('正视图')         %添加标题
>> subplot(2,2,4)          %显示第四个子图
>> surf(X,Y,Z),view(0,90) %绘制三维表面图,以方位角为0度、仰角为90度的视角显示绘图
>> title('俯视图')         %添加标题
```

运行结果如图 8-18 所示。

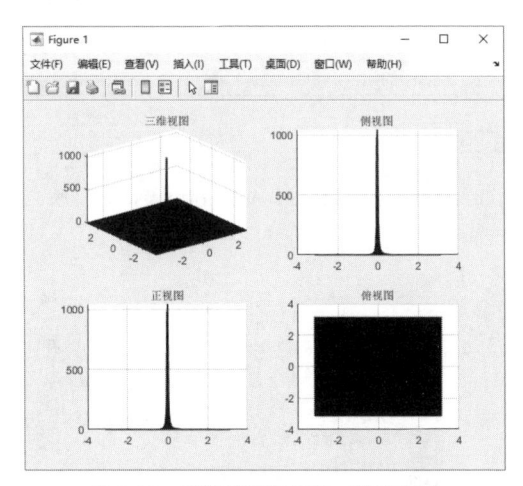

图 8-18　函数转换视角的三维表面图

8.2.2　颜色处理

下面针对三维图形讲解几个颜色处理命令。

1．色图明暗控制

在 MATLAB 中，控制色图明暗的命令是 brighten，其调用格式见表 8-16。

表 8-16　brighten 命令的调用格式

调用格式	说　　明
brighten(beta)	增强或减弱色图的色彩强度，若 0<beta<1，则增强色图强度；若-1<beta<0，则减弱色图强度
brighten(map,beta)	增强或减弱指定为 map 的颜色图的色彩强度
newmap=brighten(…)	返回一个比当前色图增强或减弱的新的色图
brighten(f,beta)	变换为图窗 f 指定的颜色图的强度。其他图形对象（如坐标区、坐标区标签和刻度）的颜色也会受到影响

2．色轴刻度

clim 命令控制着对应色图的数据值的映射图。它通过将被变址的颜色数据（CData）与颜色数据映射（CDataMapping）设置为 scaled，影响着任何的表面、块、图像。该命令还可以改变坐标轴图形对象的属性 Clim 与 ClimMode。clim 命令的调用格式见表 8-17。

表 8-17 clim 命令的调用格式

调用格式	说 明
clim(limits)	将颜色的刻度范围设置为 limits（即[cmin cmax]）。数据中小于 cmin 或大于 cmax 的，将分别映射于 cmin 与 cmax；处于 cmin 与 cmax 之间的数据将线性地映射于当前色图
clim('auto')	让系统自动地计算数据的最大值与最小值对应的颜色范围，这是系统的默认状态。数据中的 Inf 对应于最大颜色值；-Inf 对应于最小颜色值；带颜色值设置为 NaN 的面或边界将不显示。clim auto 命令是此语法的另一种形式
clim('manual')	冻结当前颜色坐标轴的刻度范围。当 hold 设置为 on 时，可使后面的图形命令使用相同的颜色范围。clim manual 命令是此语法的另一种形式
clim(target,…)	为特定坐标区或图设置颜色图范围
lims = clim	返回当前坐标区或图的当前颜色图范围，是一个二维向量 lims=[cmin cmax]

实例——映射球面颜色

源文件：yuanwenjian\ch08\yingsheqiumianbiaoliyanse.m、映射球面颜色.fig
本实例演示创建一个球面，并映射颜色图中的颜色。

解：MATLAB 程序如下。

```
>> close all                %关闭所有打开的 MATLAB 文件
>> [X,Y,Z]=sphere;          %返回20×20个面组成的单位球面上点的坐标矩阵X、Y、Z
>> C=cos(X)+sin(Y).^3;      %通过矩阵X、Y定义函数表达式，得到三维颜色矩阵C
>> subplot(1,2,1);          %将图窗分割为1行2列2个子图，显示第一个子图
>> surf(X,Y,Z,C);           %绘制三维球面图，颜色矩阵C指定球面的颜色
>> axis equal               %沿每个坐标轴使用相同的数据单位长度
>> title('图1');            %添加标题
>> subplot(1,2,2);          %显示第二个子图
>> surf(X,Y,Z,C),clim([-1 0]);%设置球面颜色图范围，小于-1或大于0的颜色数
%据分别映射为-1与0；-1与0之间的数据线性地映射到当前色图中
>> axis equal               %沿每个坐标轴使用相同的数据单位长度
>> title('图2')             %添加标题
```

运行结果如图 8-19 所示。

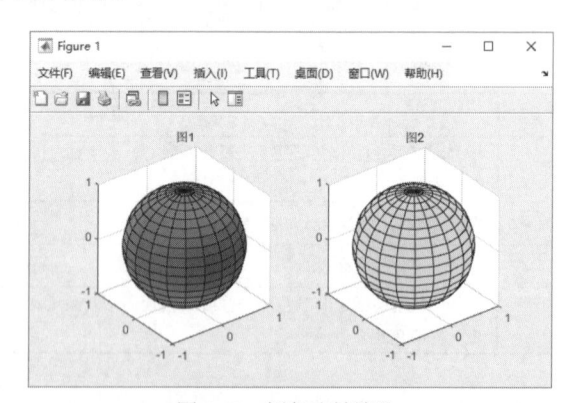

图 8-19 颜色映射效果

在 MATLAB 中，还有一个绘制色轴的命令，即 colorbar，这个命令在图形窗口的工具条中有对应的图标。colorbar 命令的调用格式见表 8-18。

表 8-18　colorbar 命令的调用格式

调 用 格 式	说　　明
colorbar	在当前坐标区或图的右侧显示一个垂直色轴
colorbar(location)	在特定位置显示色轴
colorbar(…,Name,Value)	使用一个或多个名称-值对组参数修改色轴外观
c=colorbar(…)	返回一个指向色轴的句柄
colorbar('off')	删除与当前坐标区或图关联的所有色轴
colorbar(target,…)	在 target 指定的坐标区或图上添加一个色轴
colorbar(target,'off')	删除与目标坐标区或图关联的所有色轴

3. 颜色渲染设置

shading 命令用于控制曲面与补片等图形对象的颜色渲染，同时设置当前坐标轴中所有曲面与补片图形对象的属性 EdgeColor 与 FaceColor。shading 命令的调用格式见表 8-19。

表 8-19　shading 命令的调用格式

调 用 格 式	说　　明
shading flat	使网格图上的每一条线段与每一个小面有相同颜色，该颜色由该线段的端点或该面的角边处具有最小索引的颜色值确定
shading faceted	用重叠的黑色网格线来达到渲染效果。这是默认的渲染模式
shading interp	在每一条线段与曲面上显示不同的颜色，该颜色通过在每条线段或曲面中对颜色图索引或真彩色值进行插值得到
shading(axes_handle,...)	将着色类型应用于 axes_handle 指定的坐标区而非当前坐标区中的对象。使用函数形式时，可以使用单引号，如 shading(gca,'flat')

实例——渲染图形

源文件：yuanwenjian\ch08\xuanrantuxing.m、渲染图形.fig

本实例针对下面的函数比较 3 种渲染模式的图形效果。

$$z = x^2 + e^{\sin y} \quad (-10 \leqslant x,\ y \leqslant 10)$$

解：MATLAB 程序如下。

```
>> [X,Y]=meshgrid(-10:0.5:10);   %基于向量创建二维网格数据矩阵 X 和 Y
>> Z=X.^2+exp(sin(Y));           %使用函数定义矩阵 Z
>> subplot(2,2,1);               %将图窗分割为 2 行 2 列 4 个子图，显示第一个子图
>> surf(X,Y,Z);                  %绘制函数的三维表面图
>> title('三维视图');            %添加标题
>> subplot(2,2,2), surf(X,Y,Z),shading flat;    %在第二个子图中利用网格
%颜色渲染三维表面图，使每一条线段与每一个小面都有一个相同颜色，该颜色由线段末端的
%颜色确定
>> title('shading flat');        %添加标题
>> subplot(2,2,3), surf(X,Y,Z),shading faceted;%在第三个子图中用重叠的黑
%色网格线渲染三维表面图，这是默认的渲染模式
>> title('shading faceted');     %添加标题
>> subplot(2,2,4), surf(X,Y,Z),shading interp;%在第四个子图中利用插值颜
```

```
%色渲染三维表面图，通过对线段两边或曲面之间色图的索引或真彩色值进行内插值得到线段
%与曲面的颜色
>> title('shading interp')           %添加标题
```
运行结果如图 8-20 所示。

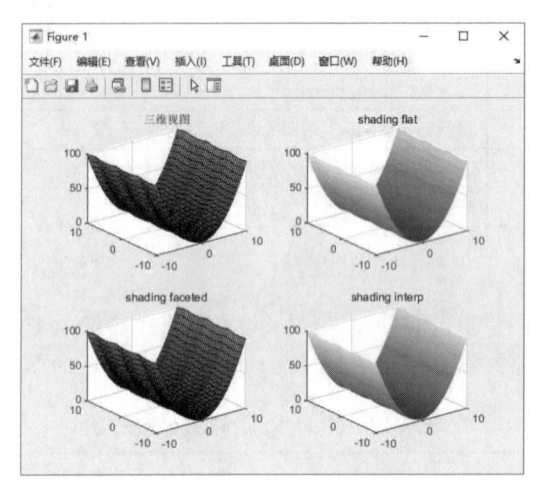

图 8-20　颜色渲染控制图

4．颜色映像使用

语句 colormap(M)将矩阵 M 作为当前图形窗口所用的颜色映像。例如，colormap(cool) 装入了一个有 64 个输入项的 cool 颜色映像；colormap default 装入了默认的颜色映像（hsv）。

函数 plot()、plot3()、contour()和 contour3()不使用颜色映像，它们使用表 6-6 中的颜色。而大多数其他绘图函数（如 mesh()、surf()、fill()、pcolor()和它们的各种变形函数）使用当前的颜色映像。

接收颜色参量的绘图函数中的颜色参量通常采用以下 3 种形式之一。

（1）字符串。代表表 6-6 中的一种颜色，如 r 代表红色。

（2）3 个输入的行向量。它代表一个单独的 RGB 值，如[.25 .50 .75]。

（3）矩阵。如果颜色参量是一个矩阵，其元素做了调整，并把它们用作当前颜色映像的下标。

实例——颜色映像

源文件：yuanwenjian\ch08\yanseyingxiang.m、颜色映像.fig

本实例演示创建一个矩阵，并显示颜色映像。

解：MATLAB 程序如下。

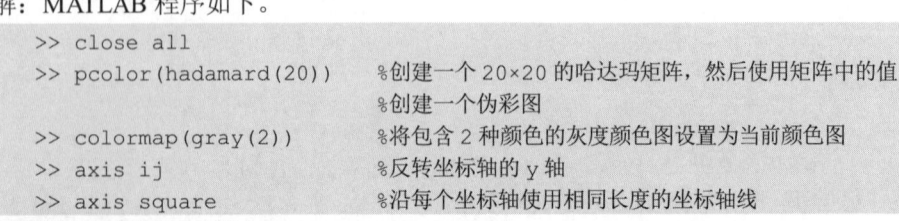

```
>> close all
>> pcolor(hadamard(20))        %创建一个20×20的哈达玛矩阵，然后使用矩阵中的值
                               %创建一个伪彩图
>> colormap(gray(2))           %将包含2种颜色的灰度颜色图设置为当前颜色图
>> axis ij                     %反转坐标轴的y轴
>> axis square                 %沿每个坐标轴使用相同长度的坐标轴线
```

运行结果如图 8-21 所示。

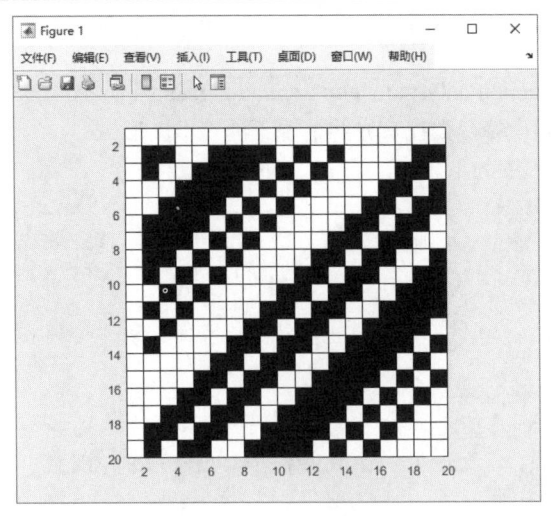

图 8-21　颜色映像图

8.2.3　光照处理

在 MATLAB 中绘制三维图形时，不仅可以绘制带光照模式的曲面，还能在绘图时指定光线的来源。

1. 带光照模式的三维曲面

surfl 命令用于绘制带光照模式的三维曲面图，该命令显示一个带阴影的曲面，结合了周围的、散射的和镜面反射的光照模式。想获得较平滑的颜色过渡，则需要使用有线性强度变化的色图（如 gray、copper、bone、pink 等）。surfl 命令的调用格式见表 8-20。

表 8-20　surfl 命令的调用格式

调用格式	说　　明
surfl(Z)	以向量 Z 的元素生成一个三维的带阴影的曲面，其中阴影模式中的默认光源方位为从当前视角开始，逆时针旋转 45°
surfl(X,Y,Z)	以矩阵 X、Y、Z 生成一个三维的带阴影的曲面，其中阴影模式中的默认光源方位为从当前视角开始，逆时针旋转 45°
surfl(…,'light')	用一个 MATLAB 光照对象（light object）生成一个带颜色、带光照的曲面，这与用默认光照模式产生的效果不同
surfl(…,s)	指定光源与曲面之间的方位 s，其中 s 为一个二维向量[azimuth elevation]，或者三维向量[sx,sy,sz]，默认光源方位为从当前视角开始，逆时针旋转 45°
surfl(X,Y,Z,s,k)	指定反射常数 k，其中 k 为一个定义环境光（ambient light）系数（0≤ka≤1）、漫反射（diffuse reflection）系数（0≤kb≤1）、镜面反射（specular reflection）系数（0≤ks≤1）与镜面反射亮度（以相素为单位）等的四维向量[ka kd ks shine]，默认值为 k=[0.55 0.6 0.4 10]
surfl(ax,…)	将图形绘制到 ax 指定的坐标区中，而不是当前坐标区中
s = surfl(…)	返回一个曲面图形句柄向量 s

对于这个命令的调用格式需要说明的是，参数 X、Y、Z 确定的点定义了参数曲面的"里面"和"外面"。若用户想让曲面的另一面有光照模式，只需使用 surfl(X',Y',Z')即可。

实例——三维图形添加光照

源文件：yuanwenjian\ch08\sanweituxingtianjiaguangzhao.m、三维图形添加光照.fig

本实例演示绘制山峰函数在有光照情况下的三维图形。

解：MATLAB 程序如下。

```
>> close all
>> [X,Y]=meshgrid(-5:0.25:5);    %基于向量创建二维网格数据矩阵 X 和 Y
>> Z=peaks(X,Y);                 %在给定的 X 和 Y 处计算山峰函数并返回大小相同的矩阵 Z
>> subplot(1,2,1)
>> surfl(X,Y,Z)                  %创建带光照的三维曲面图，默认光源方位为从当前视角开始，
                                 %逆时针旋转 45°
>> title('外面有光照')
>> subplot(1,2,2)
>> surfl(X',Y',Z')               %转置坐标矩阵，创建里面带光照模式的曲面
>> title('里面有光照')
```

运行结果如图 8-22 所示。

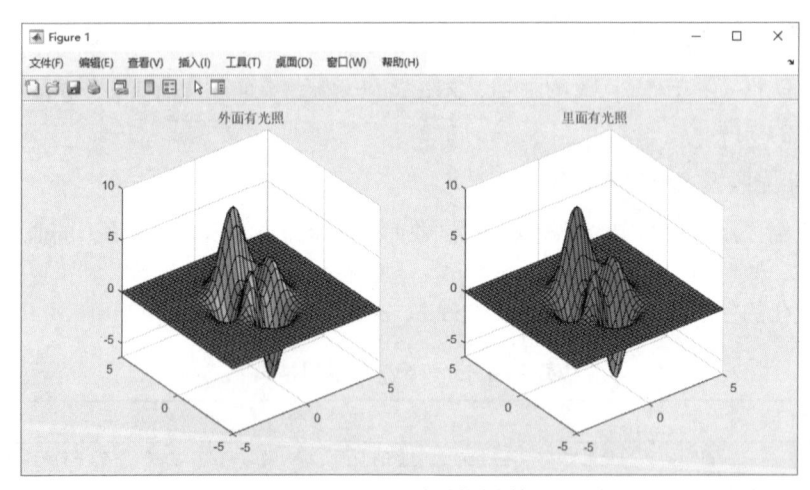

图 8-22 光照控制图比较

2. 光源位置及照明模式

在绘制带光照的三维图形时，可以利用 light 命令与 lightangle 命令来确定光源位置，其中 light 命令的调用格式非常简单，即 light('color',s1,'style',s2,'position',s3)，其中，color、style 与 position 的位置可以互换；s1、s2、s3 为相应的可选值。例如，light('position',[1 0 0])表示光源从无穷远处沿 x 轴向原点照射过来。lightangle 命令的调用格式见表 8-21。

表 8-21 lightangle 命令的调用格式

调用格式	说明
lightangle(az,el)	在由方位角 az 和仰角 el 确定的位置放置光源
lightangle(ax,az,el)	在 ax 指定的坐标区而不是当前坐标区中创建光源

续表

调 用 格 式	说　　明
lgt=lightangle(…)	创建一个光源位置并在 lgt 里返回 light 的句柄
lightangle(lgt,az,el)	设置由 lgt 确定的光源位置
[az,el]=lightangle(lgt)	返回由 lgt 确定的光源位置的方位角和仰角

在确定了光源位置后，用户可能还会用到一些照明模式，这一点可以利用 lighting 命令来实现。lighting 命令的调用格式见表 8-22。

表 8-22　lighting 命令的调用格式

调 用 格 式	说　　明
lighting method	指定 Light 对象在当前坐标区中照亮曲面和补片时使用的方法。method 的值可以为 flat、gouraud 或 none。flat 表示在对象的每个面上产生均匀分布的光照，可查看分面着色对象；gouraud 表示计算顶点法向量并在各个面中线性插值，可查看曲面；none 表示关闭光照
lighting(ax,method)	使用 ax 指定的坐标区，而不是当前坐标区（gca）

实例——色彩变幻

源文件：yuanwenjian\ch08\secaibianhuan.m、色彩变幻.fig

本实例演示球体的色彩变幻。

解：MATLAB 程序如下。

```
>> close all
>> [x,y,z]=sphere;              %返回 20×20 个面组成的球面坐标
>> subplot(1,2,1);
>> surf(x,y,z),shading interp   %绘制球面图，利用插值颜色渲染图形
>> light('position',[2,-2,2],'style','local')    %在指定位置创建白色点光源
>> lighting gouraud             %设置照明模式
>> axis equal                   %沿每个坐标轴使用相同的数据单位长度
>> subplot(1,2,2)
>> surf(x,y,z,-z),shading flat  %绘制球面图，球面颜色矩阵为-z，利用网格颜色
                                %渲染图形
>> light,lighting flat          %在无穷远处放置白色光源，发射三元素向量[1 0 1]
%指定方向的平行光，在曲面对象的每个面上产生均匀分布的光照
>> light('position',[-1 -1 -2],'color','y')      %在无穷远处放置黄色光源，
%发射指定方向的平行光
>> light('position',[-1,0.5,1],'style','local','color','w')
%在指定坐标位置创建向所有方向发射的白色点光源
>> axis equal                   %沿每个坐标轴使用相同的数据单位长度
```

运行结果如图 8-23 所示。

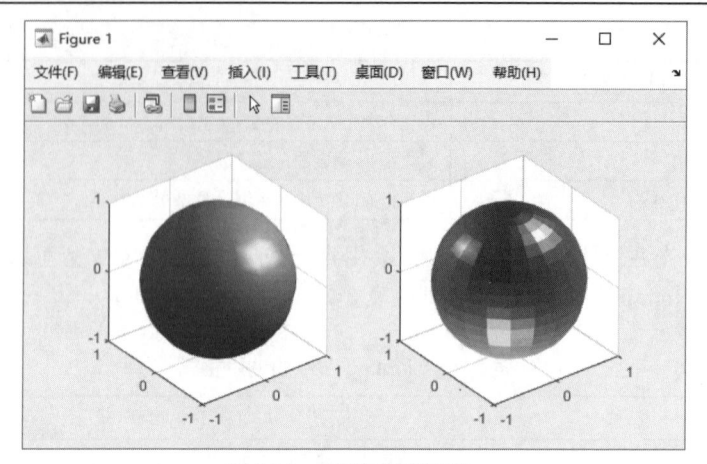

图 8-23　光源控制图比较

实例——函数光照对比图

源文件：yuanwenjian\ch08\hanshuguangzhaotu.m、函数光照对比图.fig

本实例演示针对以下函数比较使用不同光源和光照模式的图形效果。

$$z = \frac{\cos\sqrt{x^2+y^2}}{\sqrt{x^2+y^2}} \quad (-7.5 \leq x, y \leq 7.5)$$

解：MATLAB 程序如下。

```
>> [X,Y]=meshgrid(-7.5:0.5:7.5);        %基于向量创建二维网格数据矩阵 X 和 Y
>> Z=cos(sqrt(X.^2+Y.^2))./sqrt(X.^2+Y.^2);    %使用函数定义矩阵 Z
>> subplot(1,2,1);
>> surf(X,Y,Z),shading interp           %绘制函数的三维表面图，插值颜色渲染图形
>> light('position',[2,-2,2],'style','local')  %在指定位置创建白色点光源
>> lighting gouraud                     %设置照明模式
>> title('lighting gouraud');
>> subplot(1,2,2), surf(X,Y,Z), shading flat   %在第二个子图中用网格
                                        %颜色渲染三维表面图
>> light,lighting flat                  %在无穷远处创建白色平行光源，在曲面对象
                                        %的每个面上产生均匀分布的光照
>> light('position',[-1 -1 -2],'color','y')    %在无穷远处创建从三元
                                        %向量指定的方向发射的黄色平行光源
>> light('position',[-1,0.5,1],'style','local','color','w')
                                        %在指定坐标位置创建白色点光源
>> title('lighting flat');
```

运行结果如图 8-24 所示。

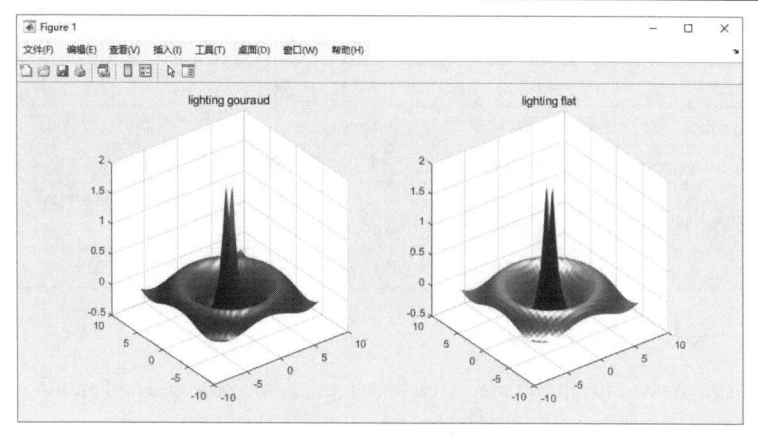

图 8-24 光照控制图

8.3 图像处理及动画演示

MATLAB 还可以进行一些简单的图像处理与动画制作，本节将介绍这些方面的基本操作，关于这些功能的详细介绍，感兴趣的读者可以参考其他相关书籍。

8.3.1 图像的读写

MATLAB 支持的图像格式有*.bmp、*.cur、*.gif、*.hdf、*.ico、*.jpg（或*.jpeg）、*.jp2（或*.jpx）、*.pbm、*.pcx、*.pgm、*.png、*.ppm、*.ras、*.tiff 及*.xwd。对于这些格式的图像文件，MATLAB 提供了相应的读写命令，下面简单介绍这些命令的基本用法。

1. 图像读入命令

在 MATLAB 中，imread 命令用于读入各种图像文件，其调用格式见表 8-23。

表 8-23 imread 命令的调用格式

调用格式	说明
A=imread(filename)	从 filename 指定的文件中读取图像，从其内容推断文件的格式
A=imread(filename, fmt)	其中参数 fmt 用于指定图像的格式，图像格式可以与文件名写在一起，默认的文件目录为当前工作目录
A=imread(…, idx)	读取多帧图像文件中的一帧，idx 为帧号。仅适用于 GIF、PGM、PBM、PPM、CUR、ICO、TIF、SVS 和 HDF4 文件
A=imread(…, Name,Value)	使用一个或多个名称-值对组参数及前面语法中的任何输入参数指定特定于格式的选项
[A, map]=imread(…)	将 filename 中的索引图像读入 A，并将其关联的颜色图读入 map。图像文件中的颜色图值会自动重新调整到范围 [0,1] 中
[A,map,transparency]=imread(…)	在[A, map]=imread(…)的基础上还返回图像透明度，仅适用于 PNG、CUR 和 ICO 文件。对于 PNG 文件，transparency 会返回 alpha 通道（如果存在）

2. 图像写入命令

在 MATLAB 中，imwrite 命令用于写入各种图像文件，其调用格式见表 8-24。

- 167 -

表 8-24　imwrite 命令的调用格式

调用格式	说　　明
imwrite(A, filename)	将图像的数据 A 写入文件 filename 中，并从扩展名推断出文件格式
imwrite(A, map, filename)	将图像矩阵 A 中的索引图像及颜色映像矩阵写入文件 filename 中
imwrite(…, Name,Value)	使用一个或多个名称-值对组参数，以指定 GIF、HDF、JPEG、PBM、PGM、PNG、PPM 和 TIFF 文件输出的其他参数
imwrite(…, fmt)	以 fmt 指定的格式写入图像，无论 filename 中的文件扩展名如何

实例——转换电路图片信息

源文件：yuanwenjian\ch08\tupianxinxi.m、cengcidianlu.png、cengcidianlu_grayscale.bmp
本实例演示读取图 8-25 所示的图像信息并保存转换图像格式。

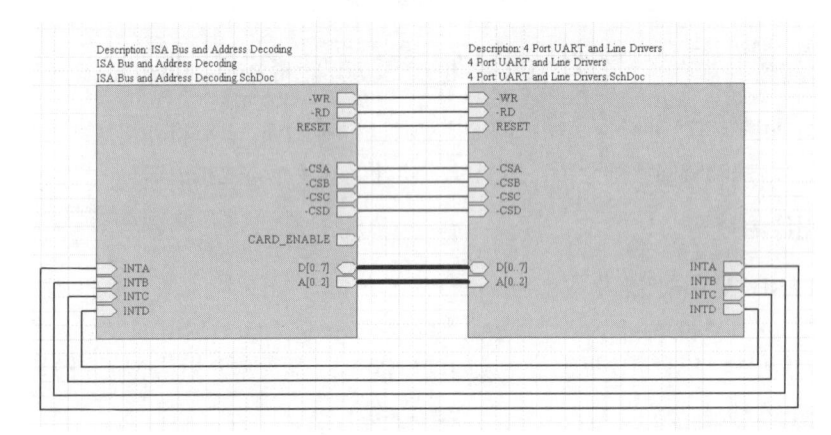

图 8-25　图像信息

解：MATLAB 程序如下。

```
>> A=imread('cengcidianlu.png');              %读取一个 24 位 PNG 图像
>> imwrite(A,'cengcidianlu.bmp','bmp');       %将图像.png 格式保存成.bmp 格式
>> B=rgb2gray(A);                              %将图像 A 转换为灰度图像
>> imwrite(B,'cengcidianlu_grayscale.bmp','bmp');  %将灰度图像保存为.bmp 格式
```

注意：
当调用 imwrite 命令保存图像时，MATLAB 默认的保存方式为 unit8 的数据类型，如果图像矩阵是 double 型，则 imwrite 在将矩阵写入文件之前，先对其进行偏置，即写入的是 unit8(X−1)。

8.3.2　图像的显示及信息查询

通过 MATLAB 窗口可以将图像显示出来，并且可以对图像的一些基本信息进行查询。下面将具体介绍这些命令及相应用法。

1．图像显示命令

MATLAB 中常用的图像显示命令有 image 命令、imagesc 命令及 imshow 命令。image

命令有两种调用格式：一种是通过调用 newplot 命令来确定在什么位置绘制图像，并设置相应轴对象的属性；另一种是不调用任何命令，直接在当前窗口中绘制图像，这种用法的参数列表只能包括名称-值对组参数。image 命令的调用格式见表 8-25。

表 8-25　image 命令的调用格式

调 用 格 式	说　　　明
image(C)	将矩阵 C 中的值以图像形式显示出来
image(x,y,C)	指定图像位置，其中 x、y 为二维向量，分别定义了 x 轴与 y 轴的范围
image(…, Name,Value)	在绘制图像前需要调用 newplot 命令，后面的参数定义了名称-值对组参数
image(ax,…)	在由 ax 指定的坐标区中而不是当前坐标区（gca）中创建图像
im= image(…)	返回所生成的图像对象的柄

实例——设置电路图图片颜色显示

源文件：yuanwenjian\ch08\tupianyanse.m、设置电路图图片颜色显示.fig

本实例演示设置电路图图片颜色显示。

解：MATLAB 程序如下。

```
>> figure                           %新建一个图窗
>> ax(1)=subplot(1,2,1);            %将图窗分割为左右并排的2个子图，显示第一个子图，
                                    %并返回坐标区对象
>> rgb=imread('dianluban.bmp');     %读取当前路径下的图像文件，返回图像数据矩阵 rgb
>> image(rgb);                      %显示图像
>> title('RGB image')               %添加标题
>> ax(2)=subplot(1,2,2);            %显示第二个子图，并返回坐标区对象
>> im=mean(rgb,3);                  %求矩阵 rgb 第三个维度的均值
>> image(im);                       %显示均值图像
>> title('Intensity Heat Map')      %添加标题
>> colormap(hot(256))               %将包含256种颜色的 hot 颜色图设置为当前颜色图
>> linkaxes(ax,'xy')                %同步两个子图坐标区的 x 轴和 y 轴范围
>> axis(ax,'image')                 %沿每个坐标区使用相同的数据单位长度，使坐标区框紧
                                    %密围绕图像
```

运行结果如图 8-26 所示。

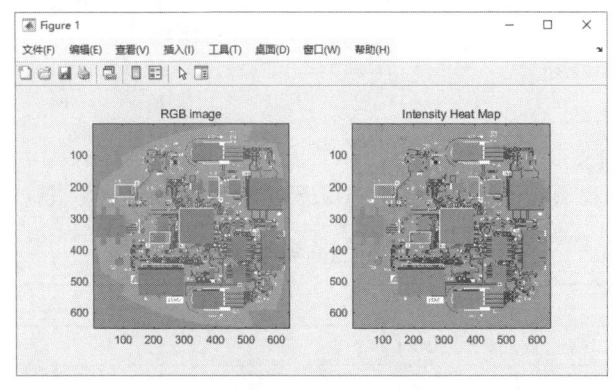

图 8-26　设置电路图图片颜色显示

imagesc 命令与 image 命令非常相似，主要区别在于前者可以自动调整值域范围。imagesc 命令的调用格式见表 8-26。

表 8-26　imagesc 命令的调用格式

调 用 格 式	说　　明
imagesc(C)	将矩阵 C 中的值以图像形式显示出来
imagesc(x,y,C)	x、y 为二维向量，分别定义了 x 轴与 y 轴的范围
imagesc(…, Name, Value)	使用一个或多个名称-值对组参数指定图像属性
imagesc(…, clims)	clims 为二维向量，它限制了矩阵中元素的取值范围
imagesc(ax,…)	在由 ax 指定的坐标区中而不是当前坐标区（gca）中创建图像
im = imagesc(…)	返回所生成的图像对象的句柄

实例——转换灰度图

源文件：yuanwenjian\ch08\huidutu.m、原色图.fig、灰度图.fig

本实例演示 imagesc 命令应用举例。

解：MATLAB 程序如下。

```
>> imagesc                    %显示图 8-27（a）所示的图形
>> colormap(gray)             %应用灰度颜色图，显示图 8-27（b）所示的图形
```

运行结果如图 8-27 所示。

(a)　　　　　　　　　　　　　　(b)

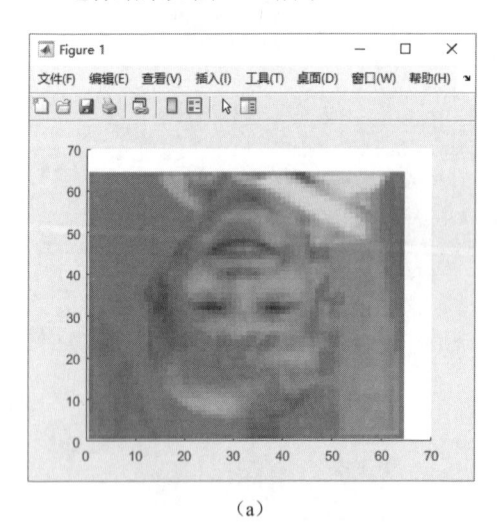

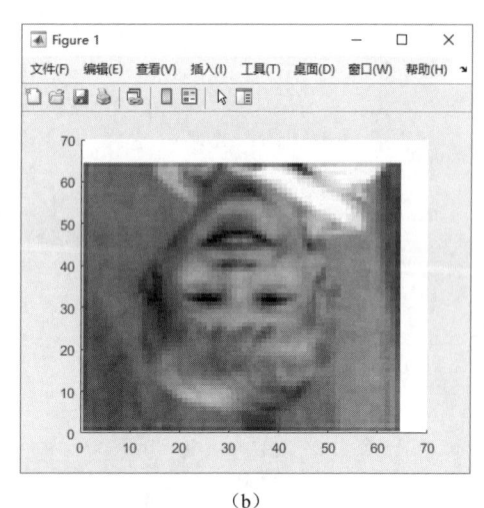

图 8-27　imagesc 命令应用举例

在实际应用中，另一个经常用到的图像显示命令是 imshow，其调用格式见表 8-27。

表 8-27　imshow 命令的调用格式

调 用 格 式	说　　明
imshow(I)	显示灰度图像 I
imshow(I, [low high])	显示灰度图像 I，其值域为[low high]

续表

调 用 格 式	说　　明
imshow(I,[])	根据 I 中的像素值范围对显示进行转换，显示灰度图像
imshow(RGB)	显示真彩色图像
imshow(BW)	显示二进制图像
imshow(X,map)	显示索引色图像，X 为图像矩阵，map 为调色板
imshow(filename)	显示 filename 文件中的图像
himage = imshow(…)	返回所生成的图像对象的句柄
imshow(…,Name, Value)	根据参数及相应的值来显示图像，对于其中参数及相应的取值，读者可以参考 MATLAB 的帮助文档

实例——显示图形

源文件：yuanwenjian\ch08\xianshituxing.m、显示图形.fig
本实例演示 imshow 命令应用举例。
解：MATLAB 程序如下。

```
>> subplot(1,2,1)
>> I=imread('bird.jpg');     %读取当前路径下的图像文件，返回图像数据矩阵I
>> imshow(I,[0 80])          %在图窗中显示值域为 0～80 的灰度图像
>> subplot(1,2,2)
>> imshow('bird.jpg')        %显示当前路径下的图像
```

运行结果如图 8-28 所示。

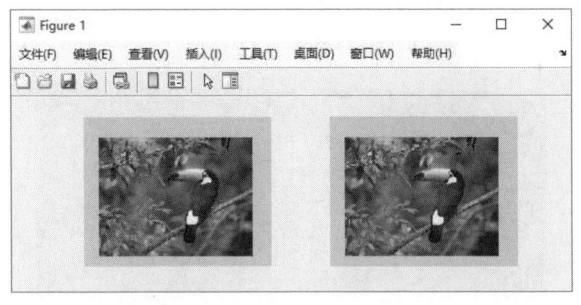

图 8-28　imshow 命令应用举例

2．图像信息查询

在利用 MATLAB 进行图像处理时，可以利用 imfinfo 命令查询图像文件的相关信息。这些信息包括文件名、文件最后一次修改的时间、文件大小、文件格式、文件格式的版本号、图像的宽度与高度、每个像素的位数及图像类型等。imfinfo 命令的调用格式见表 8-28。

表 8-28　imfinfo 命令的调用格式

调 用 格 式	说　　明
info=imfinfo(filename)	查询图像文件 filename 的信息
info=imfinfo(filename,fmt)	查询图像文件 filename 的信息。如果找不到名为 filename 的文件，则查找名为 filename.fmt 的文件

实例——显示图片信息

源文件：yuanwenjian\ch08\xianshitupianxinxi.m

本实例演示查询图 8-28 所示的图片信息。

解：MATLAB 程序如下。

```
>> info=imfinfo('bird.jpg')
info = 
  包含以下字段的 struct:
              Filename: 'D:\documents\MATLAB\ch08\bird.jpg'
           FileModDate: '27-Apr-2024 11:22:56'
              FileSize: 12454
                Format: 'jpg'
         FormatVersion: ''
                 Width: 260
                Height: 202
              BitDepth: 24
             ColorType: 'truecolor'
       FormatSignature: ''
       NumberOfSamples: 3
          CodingMethod: 'Huffman'
         CodingProcess: 'Sequential'
               Comment: {'LEAD Technologies Inc. V1.01'}
```

动手练一练——办公中心图像的处理

读取图 8-29 所示的图像信息并保存转换图像格式。

图 8-29 办公中心图像

> **思路点拨：**
> 源文件：yuanwenjian\ch08\bangongzhongxin.m、办公中心图像彩色.fig、办公中心图像灰度.fig
> （1）查看图像文件信息。
> （2）读取彩色图像。
> （3）将图像转换为灰度图像格式。
> （4）读取灰度图像。
> （5）将灰度图像保存到图像文件。

8.3.3 动画演示

MATLAB 还可以进行一些简单的动画演示，实现这种操作的主要命令包括 moviein 命令、getframe 命令及 movie 命令。动画演示的步骤如下：

（1）利用 moviein 命令对内存进行初始化，创建一个足够大的矩阵，使其能够容纳基于当前坐标轴大小的一系列指定的图形（帧）；moviein(n) 可以创建一个足够大的 n 列矩阵。

（2）利用 getframe 命令生成每个帧。

（3）利用 movie 命令按照指定的速度和次数运行该动画，movie(M, n) 可以播放由矩阵 M 所定义的画面 n 次，默认只播放一次。

实例——球体旋转动画

源文件：yuanwenjian\ch08\qiutixuanzhuandonghua.m、球体旋转动画.fig

本实例演示球体绕 z 轴旋转的动画。

解：MATLAB 程序如下。

```
>> [X,Y,Z]= sphere;              %返回由20×20个面组成的球面坐标
>> surf(X,Y,Z)                   %绘制三维球面
>> axis([-3,3,-3,3,-1,1])        %调整坐标轴范围
>> axis off                      %关闭坐标系
>> shading interp                %利用插值颜色渲染图形
>> colormap(hot)                 %将颜色图 hot 设置为当前颜色图
>> M=moviein(20);                %建立一个20列的大矩阵
>> for i=1:20
view(-37.5+24*(i-1),30)          %改变视点
M(:,i)=getframe;                 %将图形保存到矩阵 M
end
>> movie(M,3)                    %播放画面3次
```

图 8-30 所示为动画的一帧。

动手练一练——正弦波传递动画

本实例演示图 8-31 所示的正弦波传递动画。

图 8-30 球体旋转动画的一帧　　　　图 8-31 正弦波传递动画

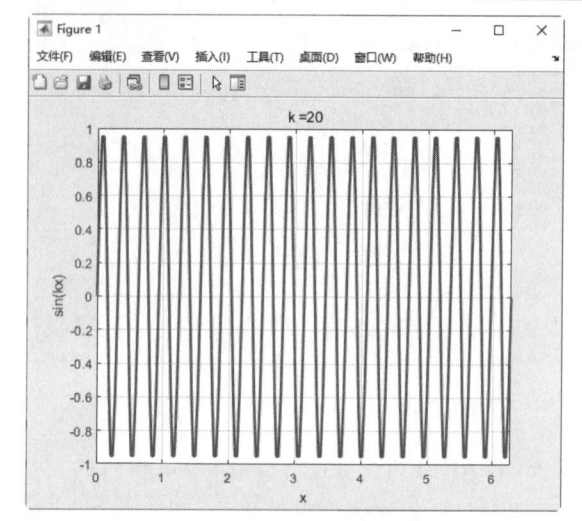

> **思路点拨：**
> 源文件：yuanwenjian\ch08\zhengxianbochuandidonghua.m、正弦波传递动画.fig
> （1）定义变量范围。
> （2）绘制正弦波图形。
> （3）固定 x、y 范围，显示曲线变化。
> （4）保存当前绘制。
> （5）播放画面，图 8-31 所示为动画的一帧。

8.4　综合实例——绘制函数的三维视图

源文件：yuanwenjian\ch08\hanshusanweishitu.m、函数的三维视图.fig

函数方程为 $z = \dfrac{e^{|x+y|}}{x+y}$ （$-4 \leqslant x, y \leqslant 4$），绘制该函数方程的三维视图。

【操作步骤】

（1）绘制三维图形。

```
>> [X,Y]=meshgrid(-4:0.2:4);       %基于给定向量创建二维网格坐标矩阵 X、Y
>> Z=exp(abs(X+Y))./(X+Y);         %定义函数表达式，得到二维矩阵 Z
>> subplot(2,3,1)
>> surf(X,Y,Z),title('主视图')     %绘制函数的三维表面图，添加标题
```

运行结果如图 8-32 所示。

（2）转换视图。

```
>> subplot(2,3,2)
>> surf(X,Y,Z),view(20,15),title('三维视图')  %方位角为 20 度，仰角为 15 度
```

运行结果如图 8-33 所示。

(3) 填充图形。

```
>> subplot(2,3,3)
>> colormap(hot)                %设置颜色图
>> stem3(X,Y,Z,'bo'),view(20,15),title('填充图')%绘制函数的三维火柴杆图，
%线条颜色为蓝色，线条样式为小圆圈。以20度的方位角和15度的仰角显示图形，然后添
%加标题
```

运行结果如图 8-34 所示。

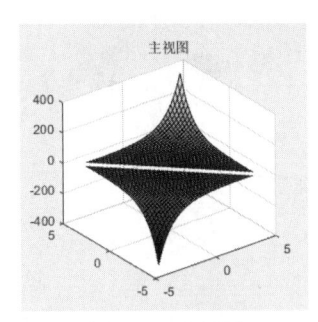

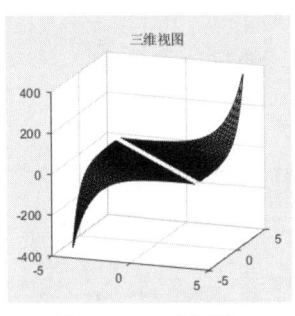

图 8-32　主视图　　　　　　图 8-33　三维视图　　　　　　图 8-34　填充图形

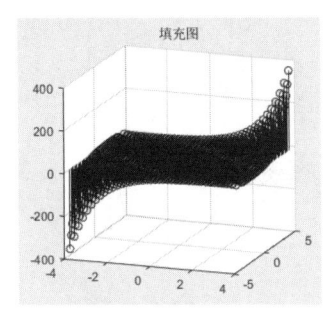

(4) 绘制半透明图。

```
>> subplot(2,3,4)
>> surf(X,Y,Z),view(20,15)      %绘制函数的三维曲面图，以20度的方位角和
                                %15度的仰角显示图形
>> shading interp               %利用插值颜色渲染图形
>> alpha(0.5)                   %图形透明度为0.5
>> title('半透明图')
```

运行结果如图 8-35 所示。

(5) 绘制透视图。

```
>> subplot(2,3,5)
>> surf(X,Y,Z),view(5,10)       %绘制函数的三维曲面图，以5度的方位角和10度
                                %的仰角显示图形
>> shading interp               %利用插值颜色渲染图形
>> hold on,mesh(X,Y,Z)          %打开绘图保持命令，创建三维网格图
>> hold off                     %关闭绘图保持命令
>> title('透视图')
```

转换坐标系后的运行结果如图 8-36 所示。

(6) 裁剪处理。

```
>> subplot(2,3,6)
>> surf(X,Y,Z), view(20,15)     %绘制函数的三维曲面图，以20度的方位角和15
                                %度的仰角显示图形
>> ii=find(abs(X)>2|abs(Y)>2);  %在X、Y中查找绝对值大于2的元素，返回其索引
                                %组成数组ii
>> Z(ii)=zeros(size(ii));       %将查找到的元素赋值为0
>> surf(X,Y,Z),shading interp   %绘制曲面图，利用插值颜色渲染图形，然后设置颜
                                %色图
>> light('position',[0,-15,1]);lighting flat %在指定位置添加局部光源，
                                %在每个面上均匀照亮曲面图
```

- 175 -

```
>> material([0.8,0.8,0.5,10,0.5])    %设置被照亮对象的环境、漫反射、镜面反射
                                     %强度、镜面反射指数和镜面反射颜色反射属性
>> title('裁剪图')
```

运行结果如图 8-37 所示。

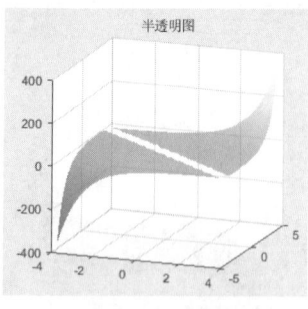

图 8-35　半透明图 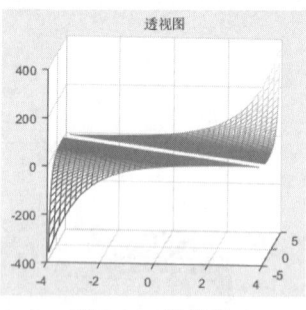　　　　　　图 8-36　透视图 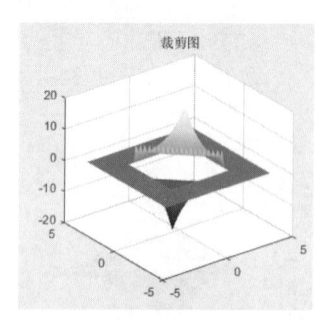　　　　　　图 8-37　裁剪图

8.5　课后习题

1. 在 MATLAB 中，使用（　　）命令可以绘制三维曲线。
   A. plot3　　　　　　B. line　　　　　　C. curve　　　　　　D. graph3d
2. 在 MATLAB 中，（　　）命令用于创建三维网格。
   A. meshgrid　　　　B. mesh　　　　　　C. surf　　　　　　D. contour3
3. 在 MATLAB 中，surf 命令主要用于绘制（　　）。
   A. 三维曲面图　　　B. 三维散点图　　　C. 三维柱面图　　　D. 三维等高线图
4. 在 MATLAB 中，使用（　　）命令可以绘制球面。
   A. sphere　　　　　B. sphsurf　　　　C. cylinder　　　　D. ellipsoid
5. 在 MATLAB 中，（　　）命令用于处理三维图形的视角。
   A. view　　　　　　B. rotate3d　　　　C. perspective　　　D. zoom
6. 绘制一个半径变化的柱面 $y = x^2$。
7. 分别用 plot3、mesh、meshc 和 meshz 命令绘制以下参数曲面的图形。

$$z = \frac{e^{\sqrt{x^2+y^2}}}{\sqrt{x^2+y^2}} \quad (-5 \leqslant x, y \leqslant 5)$$

8. 绘制以下函数的等值线图。

$$f(x,y) = \frac{\sin(x^2+y^2)}{x^2+y^2} \quad (-\pi < x, y < \pi)$$

9. 绘制函数 $z = -x^4 + y^6$ 在有光照情况下的三维图形。
10. 显示内存中的图像 landOcean.jpg、corn.tif。

第 9 章 程 序 设 计

内容简介

MATLAB 提供特有的函数功能，虽然可以解决许多复杂的科学计算、工程设计问题，但在有些情况下利用函数无法解决复杂问题，或者解决问题的方法过于烦琐，因此需要编写专门的程序。本章以 M 文件为基础，详细介绍程序的基本编写流程。

内容要点

- M 文件
- MATLAB 程序设计
- 函数句柄
- 综合实例——比较函数曲线
- 课后习题

9.1 M 文 件

在实际应用中，直接在命令行窗口中输入简单的命令无法满足用户的所有需求，因此 MATLAB 提供了另一种工作方式，即利用 M 文件编程。本节主要介绍这种工作方式。

M 文件因其扩展名为.m 而得名，它是一个标准的文本文件，因此可以在任何文本编辑器中进行编辑、存储、修改和读取。M 文件的语法类似于一般的高级语言，是一种程序化的编程语言，但它又比一般的高级语言简单，且程序容易调试、交互性强。MATLAB 在初次运行 M 文件时将其代码保存到内存中，再次运行该文件时直接从内存中取出代码运行，因此会大大提高程序的运行速度。

M 文件有两种形式：一种是命令文件〔有的书中又称脚本文件（Script）〕；另一种是函数文件（Function）。下面分别来了解一下这两种形式。

9.1.1 命令文件

在实际应用中，如果需要经常重复输入较多的命令，就可以利用 M 文件来实现。需要运行这些命令时，只需在命令行窗口中输入 M 文件的文件名，系统会自动逐行地运行 M 文件中的命令。命令文件中的语句可以直接访问 MATLAB 工作区（Workspace）中的所有变量，且在运行过程中所产生的变量均为全局变量。这些变量一旦生成，就一直保存在内存中，用 clear 命令可以将它们清除。

M 文件可以在任何文本编辑器中进行编辑，MATLAB 也提供了相应的 M 文件编辑器。通过在命令行窗口中输入 edit，直接进入 M 文件编辑器；也可在"主页"选项卡中依次选择"新建"→"脚本"命令；或者直接单击"主页"选项卡中的"新建脚本"图标按钮，进入 M 文件编辑器。

实例——矩阵的加法运算

源文件：yuanwenjian\ch09\jiafa.m、juzhenjiafa.m

本实例编写矩阵的加法文件。

解：MATLAB 程序如下。

（1）在命令行窗口中输入 edit 直接进入 M 文件编辑器，并将其保存为 jiafa.m。

（2）在 M 文件编辑器中输入程序，创建简单矩阵及加法运算。

```
A=[1 5 6;34 -45 7;8 7 90];        %输入矩阵 A
B=[1 -2 6;2 8 74;9 3 60];         %输入矩阵 B
C=A+B                             %两个矩阵相加
```

结果如图 9-1 所示。

（3）在 MATLAB 命令行窗口中输入文件名，得到下面的结果。

```
>> jiafa
C =
     2     3    12
    36   -37    81
    17    10   150
```

在工作区显示变量值，如图 9-2 所示。

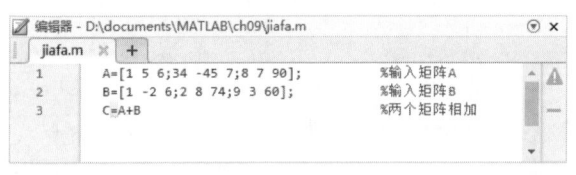

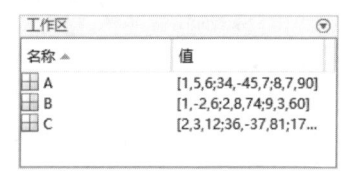

图 9-1 输入程序   图 9-2 工作区变量

说明：

M 文件中的符号"%"用于对程序进行注释，在实际运行时并不执行，这相当于 Basic 语言中的"\"或 C 语言中的"/*"和"*/"。编辑完文件后，一定要将其保存在当前工作路径下。

9.1.2 函数文件

函数文件的第一行一般都以 function 开始，它是函数文件的标志。函数文件是为了实现某种特定功能而编写的。例如，MATLAB 工具箱中的各种命令实际上都是函数文件，由此可见函数文件在实际应用中的作用。

函数文件与命令文件的主要区别在于：函数文件要定义函数名，一般都带参数和返回值（有一些函数文件不带参数和返回值），函数文件的变量仅在函数的运行期间有效，一旦函数运行完毕，其所定义的一切变量都会被系统自动清除；命令文件一般不需要带参数和返回值（有的命令文件也带参数和返回值），且其中的变量在执行后仍会保存在内存中，直到被 clear 命令清除。

实例——分段函数

源文件：yuanwenjian\ch09\fenduanhanshu.m、f.m

本实例编写一个求分段函数 $f(x)=\begin{cases} 3x+2, & x<-1 \\ x, & -1 \leqslant x \leqslant 1 \\ 2x+3, & x>1 \end{cases}$ 的程序，并用它来求 $f(0)$ 的值。

解：MATLAB 程序如下。

（1）创建函数文件 f.m。

```
function y=f(x)
%此函数用于求分段函数 f(x)的值
%当 x<-1 时，f(x)=3x+2
%当-1<=x<=1 时，f(x)=x
%当 x>1 时，f(x)=2x+3
   if x<-1
     y=3*x+2;
elseif (x>=-1)&(x<=1)
     y=x;
else
     y=2*x+3;
end
```

（2）求 $f(0)$。

```
>> y=f(0)
y =
     0
```

实例——10 的阶乘

源文件：yuanwenjian\ch09\jiecheng.m、jiecheng10.m

本实例编写一个求任意非负整数阶乘的函数，并用它来求 10 的阶乘。

解：MATLAB 程序如下。

创建函数文件 jiecheng.m（必须与函数名相同），输入下面的程序。

```
function s=jiecheng(n)
%此函数用于求非负整数 n 的阶乘
%参数 n 可以为任意的非负整数
if n<0
%若用户将输入参数误写成负值，则报错
   error('输入参数不能为负值！');
   return;
else
   if n==0    %若 n 为 0，则其阶乘为 1
     s=1;
   else
     s=1;
     for i=1:n
       s=s*i;
     end
```

```
        end
    end
```

将上面的函数文件保存在当前文件夹目录下,然后在命令行窗口中求 10 的阶乘,操作如下:

```
>> s=jiecheng(10)
s =
    3628800
```

在编写函数文件时,要养成写注释的习惯,这样可以使程序更加清晰易懂,同时也可以对后面的维护起到指导作用。利用 help 命令可以查到关于函数的一些注释信息。例如:

```
>> help jiecheng
此函数用于求非负整数 n 的阶乘
参数 n 可以为任意的非负整数
```

> **注意:**
> 在应用 help 命令时需要注意,它只能显示 M 文件注释语句中的第一个连续块;如果注释语句被空行或其他语句分隔开,且位于第一个连续块之外,那么这些注释语句将不会被显示出来。lookfor 命令同样可以显示一些注释信息,不过它显示的只是文件的第一行注释。因此,在编写 M 文件时,应该在第一行注释中尽可能多地包含函数特征信息。

在编辑函数文件时,MATLAB 也允许对函数进行嵌套调用和递归调用。被调用的函数必须为已经存在的函数,包括 MATLAB 的内部函数及用户自己编写的函数。下面分别讲解这两种调用格式。

1. 函数的嵌套调用

所谓函数的嵌套调用,即指一个函数文件可以调用任意其他函数,被调用的函数还可以继续调用其他函数,这样可以大大降低函数的复杂性。

实例——阶乘求和运算

源文件: yuanwenjian\ch09\sum_jiecheng.m、sum_jiecheng10.m

本实例编写一个求 $1+\dfrac{1}{2!}+\dfrac{1}{3!}+\cdots+\dfrac{1}{n!}$ 的函数,其中 n 由用户输入。

解: MATLAB 程序如下。

创建函数文件 sum_jiecheng.m(必须与函数名相同),输入下面的程序。

```
function s=sum_jiecheng(n)
%此函数用于求 1+1/2!+…+1/n!的值
%参数 n 为任意正整数
if n<=0
%若用户将输入参数误写成负值或 0,则报错
    disp('输入参数不能为负值或 0!');
    return;
else
    s=0;
```

```
    for i=1:n
        s=s+1/jiecheng(i);          %调用求 n 的阶乘的函数 jiecheng()
    end
end
```

将上面的函数文件保存在当前文件夹目录下,在命令行窗口中求 $1+\dfrac{1}{2!}+\dfrac{1}{3!}+\cdots+\dfrac{1}{n!}$ 的值。

```
>> s=sum_jiecheng(10)          %调用自定义函数,代入参数 10 进行计算
s =
    1.7183
```

2. 函数的递归调用

所谓函数的递归调用,即指在调用一个函数的过程中直接或间接地调用函数本身。这种用法在解决很多实际问题时是非常有效的,但若使用不当,容易导致死循环。因此,一定要掌握跳出递归的语句,这需要读者平时多多练习并注意积累经验。

实例——阶乘函数

源文件：yuanwenjian\ch09\factorial_1.m、factorial10.m
本实例利用函数的递归调用编写求阶乘的函数。

解：MATLAB 程序如下。

```
function s=factorial_1(n)
%此函数利用递归来求阶乘
%参数 n 为任意非负整数
if n<0
%若用户将输入参数误写成负值,则报错
    disp('输入参数不能为负值!');
    return;
end
if n==0||n==1
    s=1;
else
    s=n*factorial_1(n-1);      %对函数本身进行递归调用
end
```

利用这个函数求 10!如下。

```
>> s=factorial_1(10)           %调用自定义函数,代入参数 10 计算 10!
s =
    3628800
```

> **注意**：
> M 文件的文件名或 M 函数的函数名应尽量避免与 MATLAB 的内置函数和工具箱中的函数重名,否则可能会在程序执行过程中出现错误;M 函数的文件名必须与函数名一致。

9.2　MATLAB 程序设计

本节着重讲解 MATLAB 中的程序结构及相应的流程控制。在 9.1 节中，已经强调了 M 文件的重要性，要想编好 M 文件，就必须要学好 MATLAB 程序设计。

9.2.1　程序结构

一般的程序设计语言的程序结构大致可以分为顺序结构、循环结构与分支结构 3 种。MATLAB 程序设计语言也不例外，但它要比其他程序设计语言简单易学，因为其语法不像 C 语言那样复杂，并且具有功能强大的工具箱，使它成为科研工作者及学生最易掌握的软件之一。下面分别介绍上述 3 种程序结构。

1．顺序结构

顺序结构是一种最简单易学的程序结构，它由多个 MATLAB 语句顺序构成，各语句之间用分号";"隔开（若不加分号，则必须分行编写），程序执行也是按照由上至下的顺序进行。下面来看一个顺序结构的例子。

实例——矩阵求差运算

源文件：yuanwenjian\ch09\dif.m

本实例求解矩阵的差值。

解：MATLAB 程序如下。

（1）创建 M 文件 dif.m。

```
disp('求解矩阵的差值');
disp('矩阵A、B分别为');
A=[1 2;3 4];
B=[5 6;7 8];
A,B
disp('A与B的差为：');
C=A-B
```

（2）运行结果如下。

```
>> dif
求解矩阵的差值
矩阵A、B分别为
A =
     1     2
     3     4
B =
     5     6
     7     8
A与B的差为
C =
    -4    -4
    -4    -4
```

2. 循环结构

在利用 MATLAB 进行数值实验或工程计算时，用得最多的是循环结构。在循环结构中，被重复执行的语句组称为循环体。常用的循环结构有 for-end 循环与 while-end 循环两种。下面分别简要介绍相应的用法。

➢ for-end 循环

在 for-end 循环中，循环次数一般情况下是已知的，除非用其他语句提前终止循环。这种循环以 for 开头、end 结束，其一般形式如下：

```
for 变量=表达式
    可执行语句1
    ...
    可执行语句n
end
```

其中，"表达式"通常为形如 m:s:n（s 的默认值为 1）的向量，即变量的取值从 m 开始，以间隔 s 递增一直到 n，变量每取一次值，循环便执行一次。这种循环在 9.1 节已经用到。下面来看一个特别的 for-end 循环示例。

实例——魔方矩阵

源文件：yuanwenjian\ch09\magverifier.m

本实例验证魔方矩阵的奇妙特性。

解：MATLAB 程序如下。

（1）将设计的 M 文件命名为 magverifier.m。

```
function f=magverifier(n)
%此文件用于验证魔方矩阵的特性
%使用 MATLAB 中的魔方函数达到验证目的
if n>2
    x=magic(n)
    for j=1:n
        rowval=0;
        for i=1:n
            rowval=rowval+x(j,i);        %计算各行元素之和
        end
        rowval
    end
    for i=1:n
        colval=0;
        for j=1:n
            colval=colval+x(i,j);        %计算各列元素之和
        end
        colval
    end
    diagval=sum(diag(x))                 %计算对角线元素之和
else
    disp('魔方矩阵的阶数必须大于等于3!')
end
```

（2）在命令行窗口中输入函数名之后的结果如下。

```
>> magverifier(4)           %调用自定义函数，代入参数 4 验证 4 阶魔方矩阵的特性
x =
    16     2     3    13
     5    11    10     8
     9     7     6    12
     4    14    15     1
colval =
    34
colval =
    34
colval =
    34
colval =
    34
rowval =
    34
rowval =
    34
rowval =
    34
rowval =
    34
diagval =
    34
```

说明各行元素的和、各列元素的和还有对角线上元素的和全为 34。

➢ while-end 循环

如果不知道所需要的循环到底要执行多少次，那么可以选择 while-end 循环。这种循环以 while 开头、以 end 结束，其一般形式如下：

```
while 表达式
    可执行语句 1
    …
    可执行语句 n
end
```

其中，"表达式"即循环控制语句，一般是由逻辑运算、关系运算及一般运算组成的表达式。若表达式的值非零，则执行一次循环；否则停止循环。这种循环方式在编写某一数值算法时用得非常多。一般来说，for-end 循环能实现的程序用 while-end 循环也能实现，程序如下例所示。

实例——由小到大排列

源文件：yuanwenjian\ch09\mm3.m

本实例利用 while-end 循环实现数值由小到大排列。

解：MATLAB 程序如下。

（1）编写名为 mm3.m 的 M 文件。

```
function f=mm3(a,b)
```

```
%此文件专门用于演示 while-end 的用法
%此文件的函数可对 a 和 b 的数值从小到大进行排序
while a>b
    t=a;
    a=b;
    b=t;                %将较小的参数存储在 a 中,将较大的数存储在 b 中
end
a
b                       %输出排序后 a、b 的值
```

(2) 在命令行窗口中运行,结果如下。

```
>> mm3(2,3)             %从小到大排序 2 和 3
a =
    2
b =
    3
>> mm3(7,3)             %从小到大排序 7 和 3

a =
    3
b =
    7
```

3. 分支结构

分支结构又称选择结构,即根据表达式值的情况来选择执行哪些语句。在编写较复杂的算法时一般都会用到此结构。MATLAB 编程语言提供了 if-else-end、switch-case-end 和 try-catch-end 3 种分支结构。其中较常用的是前两种。下面分别介绍这 3 种分支结构的用法。

➢ if-else-end 结构

if-else-end 结构也是复杂结构中最常用的一种分支结构,具有以下 3 种形式。

(1) 形式 1。

```
if   表达式
     语句组
end
```

说明:
若表达式的值非零,则执行 if 与 end 之间的语句组,否则直接执行 end 后面的语句。

(2) 形式 2。

```
if   表达式
     语句组 1
else
     语句组 2
end
```

说明：
若表达式的值非零，则执行语句组 1，否则执行语句组 2。

实例——数组排列

源文件： yuanwenjian\ch09\mm4.m

本实例编写对数组进行特殊排列的程序。

解： MATLAB 程序如下。

首先编写名为 mm4.m 的 M 文件。

```
function f=mm4
%此文件专门用于演示if-else-end的用法
%此文件的函数可对数组进行特殊排列
for i=1:9
    if i<=5
        a(i)=i;
    else
        a(i)=10-i;
    end
end
a
```

接着在命令行窗口中运行，结果如下。

```
>> mm4
a =
   1   2   3   4   5   4   3   2   1
```

(3) 形式 3。

```
if      表达式 1
        语句组 1
elseif  表达式 2
        语句组 2
elseif  表达式 3
        语句组 3
...
else
        语句组 n
end
```

说明：
程序执行时先判断表达式 1 的值，若非零则执行语句组 1，然后执行 end 后面的语句；否则判断表达式 2 的值，若非零则执行语句组 2，然后执行 end 后面的语句；否则继续上面的过程。如果所有的表达式都不成立，则执行 else 与 end 之间的语句组 n。

实例——矩阵变换

源文件： yuanwenjian\ch09\mm5.m

本实例编写一个根据要求处理矩阵的程序。

解：MATLAB 程序如下。

（1）编写名为 mm5.m 的 M 文件。

```
function f=mm5
%此文件专门用于演示if-else-if-end的用法
%此文件的函数可对矩阵进行特殊处理
A=[1 2 4;8 9 3;2 4 7];
i=3;j=3;
if i==j
    A(i,j)=0;         %由于i==j==3，所以将A(3,3)修改为0，后面的判断语句不执行
elseif abs(i-j)==2
    A((i-1),(j-1))=-1;
else
    A(i,j)=-10;
end
A                     %输出修改后的矩阵A
```

（2）在命令行窗口中运行，结果如下。

```
>> mm5
A =
    1    2    4
    8    9    3
    2    4    0
```

实例——判断数值正负

源文件：yuanwenjian\ch09\ifo.m

本实例编写一个判断数值正负的程序。

解：MATLAB 程序如下。

（1）编写名为 ifo.m 的 M 文件。

```
function ifo(x)
  if x>0
    fprintf('%f 是一个正数\n',x);
  else
fprintf('%f 不是一个正数\n',x);
  end
```

（2）输入数值验证程序。

```
>> ifo(5)
5.000000 是一个正数
>> ifo(-5)
-5.000000 不是一个正数
```

➢ switch-case-end 结构

一般来说，这种分支结构也可以由 if-else-end 结构实现，但那样会使程序变得更加复杂且不易维护。switch-case-end 分支结构一目了然，而且更便于后期维护。这种结构的形式如下：

```
switch    变量或表达式
case      常量表达式1
          语句组1
```

```
        case        常量表达式2
                    语句组2
        ...
        case        常量表达式n
                    语句组n
        otherwise
                    语句组n+1
        end
```

其中，switch 后面的"变量或表达式"可以是任何类型的变量或表达式。如果变量或表达式的值与其后某个 case 后的常量表达式的值相等，就执行这个 case 和下一个 case 之间的语句组；否则就执行 otherwise 后面的语句组 n+1。执行完一个语句组，程序便退出该分支结构，执行 end 后面的语句。下面来看一个这种结构的例子。

实例——方法判断

源文件：yuanwenjian\ch09\mm6.m

本实例编写一个使用方法判断的程序。

解：MATLAB 程序如下。

（1）编写名为 mm6.m 的 M 文件。

```
function f=mm6(METHOD)
%此文件专门用于演示 switch-case-end 的用法
%此文件的函数可判断所使用的方法
switch METHOD
    case {'linear','bilinear'},disp('we use the linear method')
    case 'quadratic',disp('we use the quadratic method')
    case 'interior point',disp('we use the interior point method')
    otherwise, disp('unknown')
end
```

（2）在命令行窗口中运行，结果如下。

```
>> mm6('quadratic')
we use the quadratic method
```

实例——成绩评定

源文件：yuanwenjian\ch09\grade_assess.m

本实例编写一个学生成绩评定函数，要求若该生考试成绩在 85～100 分之间，则评定为"优"；若在 70～84 分之间，则评定为"良"；若在 60～69 分之间，则评定为"及格"；若在 60 分以下，则评定为"不及格"。

解：MATLAB 程序如下。

（1）建立名为 grade_assess.m 的 M 文件。

```
function grade_assess(Name,Score)
%此函数用于评定学生的成绩
%Name、Score 为参数，需要用户输入
%Name 中的元素为学生姓名
%Score 中的元素为学生成绩
```

```
%统计学生人数
n=length(Name);

%将分数区间划开：优（85～100 分）、良（70～84 分）、及格（60～69 分）、不及格（60
分以下）
for i=0:15
    A_level{i+1}=85+i;
    if i<=14
        B_level{i+1}=70+i;
        if i<=9
            C_level{i+1}=60+i;
        end
    end
end

%创建存储成绩等级的数组
Level=cell(1,n);

%创建结构体 S
S=struct('Name',Name,'Score',Score,'Level',Level);

%根据学生成绩，给出相应的等级
for i=1:n
    switch S(i).Score
        case A_level
            S(i).Level='优';            %分数在 85～100 分之间为"优"
        case B_level
            S(i).Level='良';            %分数在 70～84 分之间为"良"
        case C_level
            S(i).Level='及格';          %分数在 60～69 分之间为"及格"
        otherwise
            S(i).Level='不及格';        %分数在 60 分以下为"不及格"
    end
end

%显示所有学生的成绩等级评定
disp(['学生姓名',blanks(4),'得分',blanks(4),'等级']);
for i=1:n
    disp([S(i).Name,blanks(8),num2str(S(i).Score),blanks(6),S(i).Level]);
end
```

（2）构造一个姓名名单以及相应的分数，来看一下程序的运行结果。

```
>> Name={'赵一','王二','张三','李四','孙五','钱六'};
>> Score={90,46,84,71,62,100};
>> grade_assess(Name,Score)
学生姓名    得分    等级
赵一        90      优
王二        46      不及格
张三        84      良
李四        71      良
```

| 孙五 | 62 | 及格 |
| 钱六 | 100 | 优 |

➢ try-catch-end 结构

有些 MATLAB 参考书中没有提到这种结构，因为上述两种分支结构足以处理实际应用中的各种情况。但是因为这种结构在程序调试时很有用，所以在这里简单介绍一下这种分支结构。其一般形式如下：

```
try
    语句组1
catch
    语句组2
end
```

在程序不出错的情况下，这种结构只有语句组 1 被执行；若程序出现错误，那么错误信息将被捕获，并存放在 lasterr 变量中，然后执行语句组 2；若在执行语句组 2 时，程序又出现错误，那么程序将自动终止，除非相应的错误信息被另一个 try-catch-end 结构所捕获。下面来看一个例子。

实例——矩阵的乘积

源文件：yuanwenjian\ch09\xiangcheng.m

本实例利用 try-catch-end 结构调试 M 文件，验证两个矩阵的乘积。

解：MATLAB 程序如下。

（1）在命令行窗口中输入下面的程序。

```
>> X=magic(4);          %创建一个4阶魔方矩阵X
>> Y=ones(3,3);         %定义一个3阶全1矩阵Y
>> try
    Z=X*Y;              %计算两个矩阵的乘积，如果不出错，只执行这条语句
catch
    Z=nan;              %如果出错，则捕获错误信息，将变量Z赋值为nan，并显示出错信息
    disp('X and Y is not conformable');
end
```

显示程序运行结果：

```
X and Y is not conformable
```

（2）在命令行窗口中输入下面的程序。

```
>> X=magic(3);          %创建一个3阶魔方矩阵X
>> Y=ones(3,3);         %定义一个3阶全1矩阵Y
>> try
    Z=X*Y
catch
    Z=nan;
    disp('X and Y is not conformable');
end
```

显示程序运行结果：

```
Z =
    15    15    15
    15    15    15
    15    15    15
```

9.2.2 程序的流程控制

在利用 MATLAB 编程解决实际问题时，可能需要提前终止 for 与 while 等循环结构、显示必要的出错或警告信息、显示批处理文件的执行过程等，而实现这些特殊要求就需要用到本小节所要讲述的程序流程控制命令，如 break、pause、continue、return、echo、warning 与 error 等。下面介绍一下这些命令的用法。

1．break 命令

break 命令一般用于终止 for 或 while 循环，通常与 if 条件语句结合在一起使用，如果条件满足，则利用 break 命令将循环终止。在多层循环嵌套中，break 命令只终止最内层的循环。

实例——数值最大值循环

源文件：yuanwenjian\ch09\xunhuan.m
本实例为 break 命令应用举例。
解：MATLAB 程序如下。

（1）编写 M 文件 xunhuan.m。

```
%此程序段用于演示break命令的用法
s=1;
for i=1:100
    i=s+i;
    if i>50      %如果数据大于50，则显示一条文本信息，终止循环，然后输出数据i
        disp('i已经大于50，终止循环!');
        break;
    end
end
i
```

（2）运行结果如下：

```
>> xunhuan
i已经大于50，终止循环!
i =
    51
```

2．pause 命令

pause 命令用于使程序暂停运行，然后根据用户的设定来选择何时继续运行。该命令经常用在程序的调试中，其调用格式见表 9-1。

表 9-1 pause 命令的调用格式

调 用 格 式	说　　明
pause	暂停执行 M 文件，当用户按下任意键后继续执行
pause(n)	暂停执行 M 文件，n 秒后继续
pause(state)	启用、禁用或显示当前暂停设置。例如，pause('on')允许其后的暂停命令起作用；pause ('off')不允许其后的暂停命令起作用
oldState = pause(state)	返回当前暂停设置并如 state 所示设置暂停状态

实例——绘制平方曲线

源文件：yuanwenjian\ch09\pingfang.m、绘制平方曲线.fig

本实例为 pause 命令应用举例。

解：MATLAB 程序如下。

（1）建立名为 pingfang.m 的 M 文件。

```
%此程序段用于演示 pause 命令
x=0:0.05:6;          %定义线性分隔值向量 x
y=x.^2;
z=-x.^2;
r=y+z+5;             %定义三个函数表达式 y、z 和 r
plot(x,y)            %绘制平方函数 y 的二维线图
pause                %暂停程序运行
plot(x,z)            %绘制负平方函数 z 的二维线图
pause(10)            %等待 10 秒
plot(x,r)            %绘制函数 r 的二维线图
```

从上述程序中可以看出，程序的主要功能是绘制曲线。开始绘制平方函数，然后进入 pause 状态；当用户按 Enter 键时，绘制负平方函数；然后进入 pause(n)状态，等待 n 秒后，系统进入函数和的曲线绘制。

（2）运行结果如下：

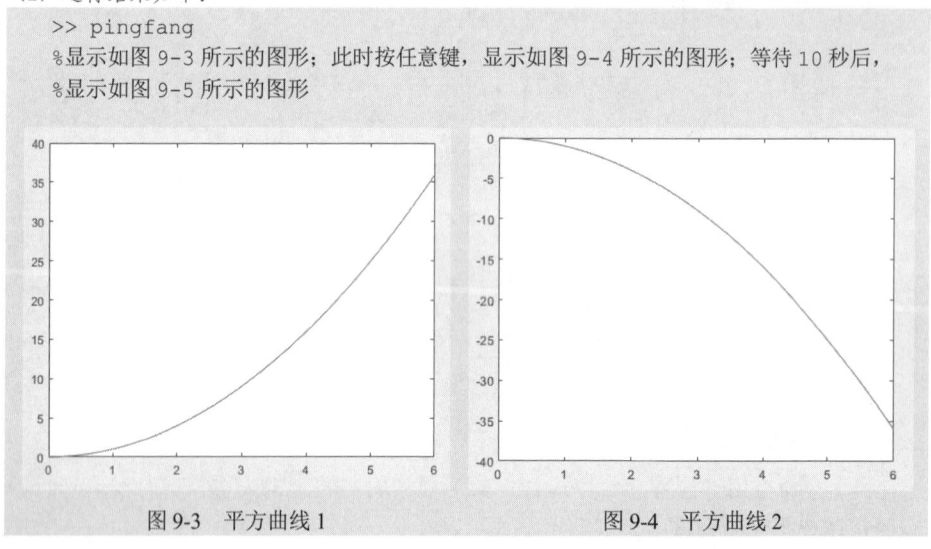

```
>> pingfang
%显示如图 9-3 所示的图形；此时按任意键，显示如图 9-4 所示的图形；等待 10 秒后，
%显示如图 9-5 所示的图形
```

图 9-3　平方曲线 1　　　　　　　　图 9-4　平方曲线 2

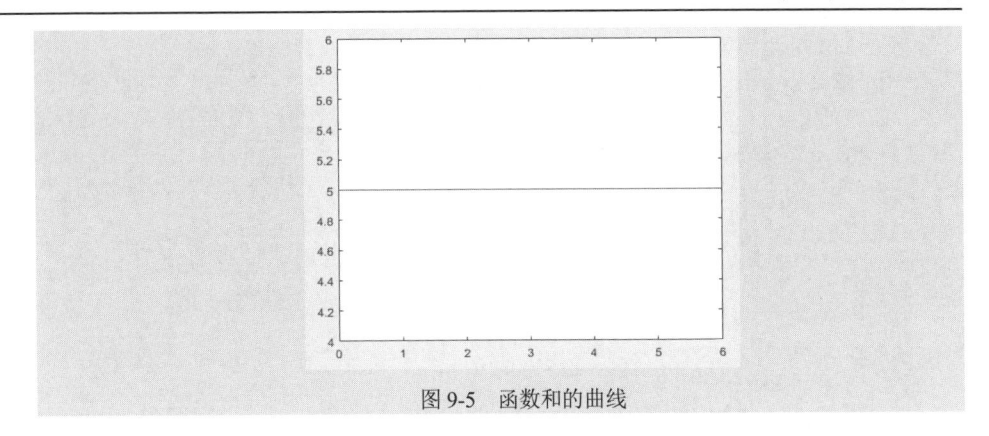

图 9-5 函数和的曲线

3．continue 命令

continue 命令通常用在 for 或 while 循环结构中，并与 if 一起使用，其作用是结束本次循环，即跳过其后的循环语句而直接进行下一次循环是否执行的判断。

实例——阶乘循环

源文件：yuanwenjian\ch09\jiechengxunhuan.m
本实例为 continue 命令应用举例。
解：MATLAB 程序如下。

（1）编写 M 文件 jiechengxunhuan.m。

```
%此 M 文件用于演示 continue 命令的用法
s=1;
for i=1:4
    if i==4
        continue;       %若没有该语句，则该程序求的是 4!，加上就变成了求 3!
    end
    s=s*i;              %当 i=4 时该语句得不到执行
end
s                       %显示 s 的值，应当为 3!
i
```

（2）运行结果如下：

```
>> jiechengxunhuan
s =
     6
i =
     4
```

4．return 命令

return 命令使正在运行的函数正常结束并返回调用它的函数或命令行窗口。

实例——矩阵之和

源文件：yuanwenjian\ch09\sumAB.m、sumABjz.m
本实例编写一个求两个矩阵之和的程序。

解：MATLAB 程序如下。

（1）编写 M 文件 sumAB.m。

```
function C=sumAB(A,B)
%此函数用于求矩阵A、B的和
[m1,n1]=size(A);
[m2,n2]=size(B);
%若A、B中有一个为空矩阵或两者维数不一致则返回空矩阵，并给出警告信息
if isempty(A)
    warning('A为空矩阵!');
    C=[];
    return;
elseif isempty(B)
    warning('A为空矩阵!');
    C=[];
    return;
elseif m1~=m2||n1~=n2
    warning('两个矩阵维数不一致!');
    C=[];
    return;
else
    for i=1:m1
        for j=1:n1
            C(i,j)=A(i,j)+B(i,j);
        end
    end
end
```

（2）选取两个矩阵 A、B，运行结果如下：

```
>> A=[];
>> B=[3 4];
>> C=sumAB(A,B)        %调用自定义函数计算两个矩阵的和
警告: A为空矩阵!
> 位置: sumAB (第 7 行)
C =
    []
```

5. echo 命令

echo 命令用于控制 M 文件在执行过程中显示与否，通常应用在对程序的调试与演示中。echo 命令的调用格式见表 9-2。

表 9-2　echo 命令的调用格式

调 用 格 式	说　　明
echo on	显示 M 文件每一行语句的执行过程
echo off	不显示 M 文件的执行过程
echo	在上面两个命令之间切换
echo filename on	显示名为 filename 的函数文件的执行过程

续表

调 用 格 式	说　　明
echo filename off	不显示名为 filename 的函数文件的执行过程
echo filename	在上面两个命令间切换
echo on all	显示所有函数文件的执行过程
echo off all	不显示所有函数文件的执行过程

> **注意：**
> echo 命令中涉及的函数文件必须是当前内存中的函数文件，对于那些不在内存中的函数文件，echo 命令将不起作用。实际操作时，可以利用 inmem 命令来查看当前内存中有哪些函数文件。

实例——查看内存

源文件：yuanwenjian\ch09\inmem_demo.m

本实例显示函数的执行过程。

解：MATLAB 程序如下。

```
>> inmem              %查看当前内存中的函数
ans =
    {'pathdef' }
    ...
    {'sumAB'   }      %发现有上例中的函数文件，若没有发现则运行一次函数 sumAB()即可
    ...
>> echo sumAB on      %显示名为 sumAB 的函数文件的执行过程
>> A=[];
>> B=[3 4];           %创建两个要进行求和的矩阵 A 和 B
>> C=sumAB(A,B);      %调用自定义函数求矩阵之和，按 Enter 键即可看到该函数的执行过程
function C=sumAB(A,B)
%此函数用于求矩阵 A、B 的和
[m1,n1]=size(A);
[m2,n2]=size(B);
%若 A、B 中有一个为空矩阵或两者维数不一致则返回空矩阵，并给出警告信息
if isempty(A)
    warning('A 为空矩阵!');
警告: A 为空矩阵!
> 位置: sumAB (第 7 行)
    C=[];
    return;
```

6. warning 命令

warning 命令用于在程序运行时给出必要的警告信息，这在实际应用中是非常必要的。因为一些人为因素或其他不可预知的因素可能会使某些数据输入有误，如果编程者在编程时能够考虑到这些因素，并设置相应的警告信息，那么就可以大大降低因数据输入有误而导致程序运行失败的可能性。

warning 命令的调用格式见表 9-3。

表 9-3 warning 命令的调用格式

调 用 格 式	说　　　明
warning(msg)	显示警告信息，msg 为文本信息
warning(msg,A)	显示警告信息 msg，其中包含转义字符，且每个转义字符的值将被转换为 A 中的一个值
warning(warnID,…)	将警告标识符附加至警告消息
warning(state)	启用、禁用或显示所有警告的状态：on、off 或 query
warning(state,warnID)	处理指定警告的状态
warning	显示所有警告的状态，等效于 warning('query')
warnStruct = warning	返回一个结构体或一个包含有关启用和禁用哪些警告信息的结构体数组
warning(warnStruct)	按照结构体数组 warnStruct 中的说明设置当前警告设置
warning(state,mode)	控制 MATLAB 是否显示堆栈跟踪或有关警告的其他信息
warnStruct=warning(state, mode)	返回一个结构体，其中一个包含 mode 的 identifier 字段和一个包含 mode 当前状态的 state 字段

实例——底数函数

源文件：yuanwenjian\ch09\log_3.m

本实例编写一个求 $y = \log_3 x$ 的函数。

解：MATLAB 程序如下。

（1）编写名为 log_3.m 的 M 文件。

```
function y=log_3(x)
%该函数用于求以 3 为底的 x 的对数
a1='负数';
a2=0;
if x<0                                  %如果输入的参数小于 0，将函数值赋值为空
    y=[];
    warning('x 的值不能为%s!',a1);       %输出一条警告信息
    return;                             %结束程序，输出值
elseif x==0                             %如果输入的参数等于 0，将函数值赋值为空
    y=[];
    warning('x 的值不能为%d!',a2);       %输出一条警告信息
    return;                             %结束程序，输出值
else
    y=log(x)\log(3);                    %如果输入的参数大于 0，则执行计算
end
```

（2）函数的运行结果如下：

```
>> y=log_3(-1)
警告: x 的值不能为负数!
> 位置: log_3 (第 7 行)
y =
    []
>> y=log_3(0)
```

```
警告: x 的值不能为 0!
> 位置: log_3 (第 11 行)
y =
    []
>> y=log_3(4)
y =
0.7925
```

7. error 命令

error 命令用于显示错误信息，同时返回键盘控制。error 命令的调用格式见表 9-4。

表 9-4 error 命令的调用格式

调 用 格 式	说　　明
error(msg)	终止程序并显示错误信息 msg
error(msg,A)	终止程序并显示错误信息 msg，其中包含转义字符，且每个转义字符的值将被转换为 A 中的一个值
error(errID,…)	包含此异常中的用于区分错误的错误标识符
error(errorStruct)	使用标量结构体中的字段抛出错误
error(correction,…)	为异常提供建议修复

error 命令的用法与 warning 命令非常相似，读者可以试着将上例函数中的 warning 改为 error 并运行，对比一下两者的不同。

初学者可能会对 break、continue、return、warning、error 几个命令产生混淆。因此，为帮助读者理解它们的区别，在表 9-5 中列举了它们各自的特点。

表 9-5 5 种命令的区别

命　　令	特　　点
break	执行此命令后，程序立即退出最内层的循环，进入外层循环
continue	执行此命令后，程序立即结束本次循环，即跳过其后的循环语句而直接进行下一次是否执行循环的判断
return	该命令可用在任意位置，执行后使正常运行的函数正常结束并返回调用它的函数或命令行窗口
warning	该命令可用在任意位置，但不影响程序的正常运行
error	该命令可用在任意位置，执行后立即终止程序的运行

9.2.3 交互式输入

在利用 MATLAB 编写程序时，可以通过交互的方式来协调程序的运行。常用的交互命令有 input、keyboard 及 menu 等。下面主要介绍它们的用法及作用。

1. input 命令

input 命令用于提示用户从键盘输入数值、字符串或表达式，并将相应的值赋给指定的变量。input 命令的调用格式见表 9-6。

表 9-6　input 命令的调用格式

调 用 格 式	说　　　明
x=input(prompt)	在屏幕上显示提示信息 prompt，待用户输入信息后，将相应的值赋给变量 x；若无输入，则返回空矩阵
txt=input(prompt, 's')	在屏幕上显示提示信息 prompt，并将用户输入的信息以字符串的形式赋给变量 txt；若无输入，则返回空矩阵

实例——赋值输入

源文件：yuanwenjian\ch09\apple.m

本实例编写一个输入信息的程序。

解：MATLAB 程序如下。

（1）编写没有输入参数的 M 文件 apple.m。

```
R=input('您有多少个苹果？　\n')
```

（2）运行结果如下：

```
>> apple
您有多少个苹果？
45       %用户输入
R =
    45
```

> **注意**：
> 在 message 中可以出现一个或若干个 "\n"，表示在输入的提示信息后有一个或若干个换行。若想在提示信息中出现 "\"，输入 "\\" 即可。

2. keyboard 命令

keyboard 命令是一个键盘调用命令，即在一个 M 文件中运行该命令后，该文件将停止执行并将"控制权"交给键盘，产生一个以 K 开头的提示符（K>>），用户可以通过键盘输入各种 MATLAB 的合法命令。

实例——修改矩阵数值

源文件：yuanwenjian\ch09\key.m

本实例为 keyboard 命令应用举例。

解：MATLAB 程序如下。

```
>> a=[2 3]              %创建向量 a
a =
     2     3
>> keyboard             %使用键盘调用命令暂停执行正在运行的程序
K>> a=[3 4];            %在 K 提示符下修改 a
K>> dbcont              %返回原命令行窗口
>> a                    %查看 a 的值是否被修改
a =
     3     4
```

3. menu 命令

menu 命令用于产生一个菜单供用户选择，其调用格式如下：

```
choice=menu('message','opt1',...,'optn')
```

以上命令产生一个标题为 message 的菜单，菜单选项为 opt1～optn。若用户选择第 i 个选项 opti，则 choice 的值取 i。

实例——选择颜色

源文件：yuanwenjian\ch09\color.m

本实例为 menu 命令应用举例。

解：MATLAB 程序如下。

（1）编写名为 color.m 的 M 文件。

```
k = menu('选择一个颜色','红色','绿色','蓝色')
%第一个参数为菜单的标题，后面三个参数为三个菜单选项
```

运行得到如图 9-6 所示的菜单。

```
>> color
```

（2）单击其中的"红色"按钮，在命令行窗口中得到如下结果。

```
k =
    1
```

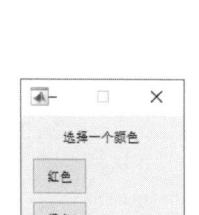

图 9-6 menu 演示

9.2.4 程序调试

如果 MATLAB 程序出现运行错误或者输入结果与预期结果不一致，那么就需要对所编写的程序进行调试。最常用的调试方式有两种：一种是根据程序运行时系统给出的错误信息或警告信息进行相应的修改；另一种是通过用户设置断点来对程序进行调试。

1. 根据系统提示来调试

根据系统提示来调试程序是最容易的。例如，要调试下面的 M 文件。

```
%M 文件名为 test.m，功能为求 A*B 以及 C+D
A=[1 2 4;3 4 6];
B=[1 2;3 4];
E=A*B;
C=[4 5 6 7;3 4 5 1];
D=[1 2 3 4;6 7 8 9];
F=C+D;
```

在 MATLAB 命令行窗口中运行该 M 文件时，系统会给出如下提示。

```
>> test
错误使用  *
用于矩阵乘法的维度不正确。请检查并确保第一个矩阵中的列数与第二个矩阵中的行数匹配。
要单独对矩阵的每个元素进行运算，请使用 TIMES (.*)执行按元素相乘。

出错 test (第 4 行)
E=A*B;

相关文档
```

通过上面的提示可知，在程序的第 4 行出现错误，错误为两个矩阵相乘时不符合维

数要求。这时，只需将 A 改为 A'即可。

2. 通过设置断点来调试

若程序在运行时没有出现警告或错误提示，但输出结果与预期的目标相差甚远，这时就需要用设置断点的方式来调试。所谓断点，是指用于临时中断 M 文件执行的一个标志。通过中断程序运行，可以观察一些变量在程序运行到断点时的值，并与预期的值进行比较，以此来找出程序的错误。

（1）设置断点。设置断点有 3 种方法：第一种方法是在 M 文件编辑器中将光标放在某一行，然后按 F12 键，便在这一行设置了一个断点；第二种方法是在 M 文件编辑器中选择"断点"→"设置/清除"命令，便会在光标所在行设置一个断点；第三种方法是利用 dbstop 命令设置断点，其调用格式见表 9-7。

表 9-7 dbstop 命令的调用格式

调 用 格 式	说 明
dbstop in file	在 M 文件 file.m 的第一个可执行代码行位置设置断点
dbstop in file at location	在 M 文件 file.m 的指定位置设置断点，location 为行号、匿名函数编号所在的行号或局部函数的名称
dbstop in file if expression	在文件的第一个可执行代码行位置设置条件断点。仅当 expression 的计算结果为 true(1)时暂停执行
dbstop in file at location if expression	在指定位置设置条件断点。仅当 expression 的计算结果为 true 时，于该位置处或该位置前暂停执行
dbstop if condition	在满足指定的 condition（如 error 或 naninf）的行位置处暂停执行
dbstop(b)	用于恢复之前保存到 b 的断点。包含保存的断点的文件必须位于搜索路径中或当前文件夹中。MATLAB 按行号分配断点，因此，文件中的行数必须与保存断点时的行数相同

（2）清除断点。与设置断点一样，清除断点同样有 3 种实现方法：第一种方法是将光标放在断点所在行，然后按 F12 键，便可清除断点；第二种方法同样是选择"断点"→"设置/清除"命令；第三种方法是利用 dbclear 命令来清除断点，其调用格式见表 9-8。

表 9-8 dbclear 命令的调用格式

调 用 格 式	说 明
dbclear all	清除所有 M 文件的所有断点
dbclear in file	清除 M 文件 file.m 中第一个可执行处的断点
dbclear in file at location	清除在指定文件中的指定位置设置的断点
dbclear if condition	清除使用指定的 condition（如 error、naninf、warning）设置的所有断点

（3）列出全部断点。在调试 M 文件（尤其是一些大的程序）时，有时需要列出用户所设置的全部断点。这可以通过 dbstatus 命令来实现，其调用格式见表 9-9。

表 9-9 dbstatus 命令的调用格式

调 用 格 式	说 明
dbstatus	列出包括错误、警告及 naninf 在内的所有断点

续表

调 用 格 式	说　　明
dbstatus file	列出 M 文件 mfile.m 中的所有断点
dbstatus -completenames	为每个断点显示包含该断点的函数或文件的完全限定名称
dbstatus file -completenames	为指定文件中的每个断点显示包含该断点的函数或文件的完全限定名称
b = dbstatus(…)	以 $m×1$ 结构体形式返回断点信息，常用于保存当前断点以便以后使用 dbstop(b) 还原它们

（4）从断点处执行程序。若调试时发现当前断点以前的程序没有任何错误，那么就需要从当前断点处继续执行该文件。dbstep 命令可以实现这种操作，其调用格式见表 9-10。

表 9-10　dbstep 命令的调用格式

调 用 格 式	说　　明
dbstep	执行当前文件中的下一个可执行代码行，跳过在当前行所调用的函数中设置的任何断点
dbstep nlines	执行指定的可执行代码行数。MATLAB 将在它遇到的任何断点处暂停执行
dbstep in	执行当前 M 文件断点处的下一行，若该行包含对另一个 M 文件的调用，则从被调用的 M 文件的第一个可执行代码行继续执行；若没有调用其他 M 文件，则其功能与 dbstep 相同
dbstep out	运行当前函数的其余代码，并在退出函数后立即暂停

dbcont 命令也可以实现此功能，它可以执行所有行程序直至遇到下一个断点或到达 M 文件的末尾。

（5）断点的调用关系。在调试程序时，MATLAB 还提供了查看导致断点产生的调用函数及具体行号的命令，即 dbstack 命令，其调用格式见表 9-11。

表 9-11　dbstack 命令的调用格式

调 用 格 式	说　　明
dbstack	显示导致当前断点产生的调用函数的名称及行号，并按它们的执行次序将其列出
dbstack(n)	在显示中省略前 n 个堆栈帧
dbstack(…,'-completenames')	将输出堆栈中每个函数的完全限定名称
ST = dbstack(…)	以 $m×1$ 结构体（ST）形式返回堆栈跟踪信息
[ST,I]=dbstack(…)	使用 ST 来返回调用信息，并用 I 来返回当前的工作空间索引

（6）进入与退出调试模式。在设置好断点后，按 F5 键便开始进入调试模式。在调试模式下，提示符变为"K>>"，此时可以访问函数的局部变量，但不能访问 MATLAB 工作区中的变量。当程序出现错误时，系统会自动退出调试模式；若要强行退出调试模式，则需要输入 dbquit 命令。

实例——程序测试

源文件：yuanwenjian\ch09\test.m、test1.m

本实例利用前面所讲的知识调试 test.m 文件。

解：MATLAB 程序如下。

利用前面所讲的 3 种方法之一在第 3 行设置断点，此时第 3 行将出现一个红框（如下）作为断点标志，并按 F5 键进入调试模式。

```
>> test
   3        B=[1 2;3 4];              %设置断点后的第 3 行
   3     →  B=[1 2;3 4];              %按 F5 键后第 3 行出现一个绿色箭头
K>> dbstep                            %继续执行下一行
4     E=A*B;
K>> dbstop 5                          %在第 5 行设置断点
K>> dbcont                            %继续执行到下一个断点
错误使用  *                           %在执行当前断点到下一个断点之间的行时出现错误
用于矩阵乘法的维度不正确。请检查并确保第一个矩阵中的列数与第二个矩阵中的行数匹配。
要单独对矩阵的每个元素进行运算，请使用 TIMES (.*)执行按元素相乘。

出错 test (第 4 行)
E=A*B;

相关文档
>>                                    %系统自动返回 MATLAB 命令行窗口
```

9.3 函数句柄

函数句柄是 MATLAB 中用于间接调用函数的一种语言结构，可以在函数使用过程中保存函数的相关信息，尤其是关于函数执行的信息。

9.3.1 函数句柄的创建与显示

函数句柄的创建可以通过特殊符号@引导函数名来实现。函数句柄实际上就是一个结构数组。

实例——创建保存函数

源文件：yuanwenjian\ch09\savehandle.m

本实例为函数句柄创建示例。

解：MATLAB 程序如下。

```
>> fun_handle=@save              %创建了函数 save()的函数句柄
fun_handle =
包含以下值的 function_handle:
    @save
```

函数句柄的内容可以通过函数 functions()来显示，将会返回函数句柄所对应的函数名、类型、文件类型及加载方式。函数句柄常见的信息字段见表 9-12。

表 9-12 函数句柄常见的信息字段

信息字段	说　　明
function	显示关于函数句柄的信息
simple	未加载的 MATLAB 内部函数、M 文件，或只在执行过程中才能用函数 type()显示内容的函数
subfunction	MATLAB 子函数
private	MATLAB 局部函数
constructor	MATLAB 类的构造函数
overloaded	加载的 MATLAB 内部函数或 M 文件

函数的文件类型是指该函数句柄所对应的函数是否为 MATLAB 的内部函数。

函数的加载方式只有当函数类型为 overloaded 时才存在。

实例——显示保存函数

源文件：yuanwenjian\ch09\fun.m

本实例为函数句柄显示示例。

解：MATLAB 程序如下。

```
>> functions(fun_handle)       %显示函数句柄 fun_handle 的内容
ans =
  包含以下字段的 struct:
    function: 'save'
        type: 'simple'
        file: 'MATLAB built-in function'
```

9.3.2 函数句柄的调用与操作

函数句柄的操作可以通过函数 feval() 进行，格式如下：

```
[y1,...,yN] = feval(fun,x1,...,xM)
```

其中，fun 为函数名称或其句柄；x1,…,xM 为参数列表。

这种调用相当于执行以参数列表为输入变量的函数句柄所对应的函数。

实例——差值计算

源文件：yuanwenjian\ch09\test2.m、chazhijisuan.m

本实例为调用函数句柄示例。

解：MATLAB 程序如下。

（1）创建一个名为 test2.m 的 M 文件，实现差的计算功能。

```
function f=test2(x,y)
f=x-y;
```

（2）创建函数 test2() 的函数句柄。

```
>> fhandle=@test2       %通过特殊符号@引导函数名，创建函数句柄
fhandle =
  包含以下值的 function_handle:
    @test2
>> functions(fhandle)   %显示函数句柄对应的函数名、类型和文件类型
ans =
  包含以下字段的 struct:
    function: 'test2'
        type: 'simple'
        file: 'D:\documents\MATLAB\ch09\test2.m'
```

（3）调用该句柄。

```
>> feval(fhandle,4,3)
ans =
     1
```

这种操作相当于以函数名作为输入变量的 feval 操作。

```
>> feval('test2',4,3)
ans =
     1
```

9.4 综合实例——比较函数曲线

源文件：yuanwenjian\ch09\bijiaohanshuquxian.m

按要求分别绘制以下函数的图形。

(1) $f_1(x) = \dfrac{\sin x}{x^2 - x + 0.5} + \dfrac{\cos x}{x^2 + 2x - 0.5}$, $x \in [0,1]$，在直角坐标系中，曲线为红色虚线。

(2) $f_2(x) = \ln(\sin^2 x + 2\sin x + 8)$, $x \in [-2\pi, 2\pi]$，在直角坐标系中，曲线为蓝色，标记符号为菱形。

(3) $f_3(x) = e^{4\sin x - 2\cos x}$, $x \in [-4\pi, 4\pi]$，在对数坐标系中，曲线为绿色，曲线线宽为2。

(4) $\begin{cases} y_1 = \sin x \\ y_2 = x \end{cases}$, $x \in \left[0, \dfrac{\pi}{2}\right]$, $y \in [0, 2]$，使用双 y 轴坐标系。

并在最后的视图中叠加显示所有曲线。

【操作步骤】

1. 编写函数

```
>> syms x                                              %定义变量 x
```
(1) 创建函数 f1。
```
>> f1=sin(x)/(x^2-x+0.5)+cos(x)/(x^2+2*x-0.5);
```
(2) 创建函数 f2。
```
>> f2=log(sin(x)^2+2*sin(x)+8);
```
(3) 创建函数 f3。
```
>> f3=exp(4*sin(x)-2*cos(x));
```

2. 绘制函数 f1 的曲线

```
>> subplot(2,3,1),fplot(x,sin(x)/(x^2-x+0.5)+cos(x)/(x^2+2*x-0.5),
[0,1],'r--')
%将图窗分割为2行3列6个子图，在第一个子图中绘制第一个函数的曲线，区间为0～1，
%线型为红色虚线
>> title('函数 f1')                                    %添加标题
>> xlabel('x')                                         %添加坐标轴注释
>> ylabel('y')
>> grid on                                             %添加网格线
>> gtext('y=f1(x)')                                    %添加曲线名称
```
在图形窗口中显示函数 f1 的曲线，如图 9-7 所示。

3. 绘制函数 f2 的曲线

```
>> subplot(2,3,2),fplot(x,log(sin(x)^2+2*sin(x)+8),[-2*pi,2*pi],'bd')
%在第二个子图中绘制第二个函数的曲线，区间为−2π～2π，颜色为蓝色，标记符号为菱形
>> title('函数 f2')                                    %添加标题
```

```
>> xlabel('x')                                    %添加坐标轴注释
>> ylabel('y')
>> hold on                                        %打开绘图保持命令
>> fplot(x,log(sin(x)^2+2*sin(x)+8),[-2*pi,2*pi],'--b')
                                                  %叠加显示不同线型曲线
>> gtext('y=f2(x)')                               %添加曲线名称
>> hold off                                       %关闭绘图保持命令
```

在图形窗口中显示函数 f2 的曲线，如图 9-8 所示。

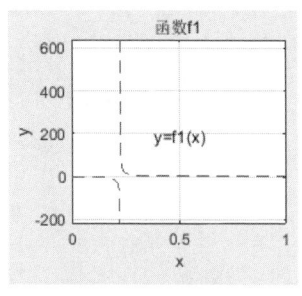

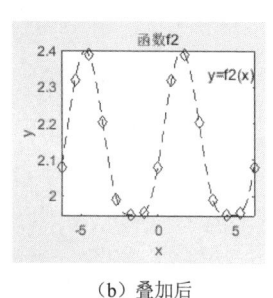

图 9-7　函数 f1 的曲线　　　　　　图 9-8　函数 f2 的曲线

（a）叠加前　　　（b）叠加后

4．绘制函数 f3 的曲线

（1）直角坐标系。

```
>> subplot(2,3,3),fplot(x,exp(4*sin(x)-2*cos(x)),[-4*pi,4*pi],'g',
'Linewidth',2)
   %在第三个子图中绘制第三个函数的曲线，区间为-4π～4π，颜色为绿色，线宽为 2
>> title('函数 f3')                               %添加标题
>> xlabel('x')                                    %添加坐标轴注释
>> ylabel('y')
>> gtext('y=f3(x)')                               %添加曲线名称
```

在图形窗口中显示函数 f3 的曲线，如图 9-9 所示。

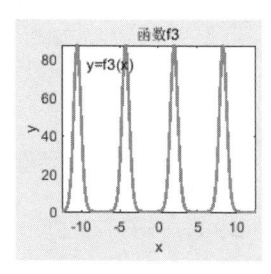

图 9-9　函数 f3 的曲线

（2）对数坐标系。

```
>> x=(-4*pi:4*pi);                                %定义向量 x 作为取值点序列
>> subplot(2,3,4),loglog(x,exp(4*sin(x)-2*cos(x)),'-.r')
   %在第四个子图中绘制第三个函数在双对数坐标系下的图形，线型为红色点画线
>> title('对数坐标系函数 f3')                      %添加标题
>> xlabel('x')                                    %添加坐标轴注释
>> ylabel('y')
```

```
        >> gtext('y=f3(x)')                    %添加曲线名称
```
在图形窗口中显示对数坐标系下的函数 f3 的曲线，如图 9-10 所示。

5．绘制函数 f4 的曲线

（1）显示两曲线。

```
        >> x=linspace(0,pi/2,100);             %定义取值区间和取值点
        >> subplot(2,3,5),plot(x,sin(x),'co',x,x,'rv')
%在第五个子图中同时绘制正弦波和直线 y=x，正弦波线型为青色小圆圈标记，直线为红色下三角标记
        >> axis([0 pi/2 0 2])                  %调整坐标轴范围
        >> title('函数 f4')                    %添加标题
        >> xlabel('x')                         %添加坐标轴注释
        >> ylabel('y')
        >> text(1, sin(1),'<---sin1');
        >> text(1, 1,'<---1');                 %添加曲线注释
        >> legend('sin(x)','x')                %添加图例
```

在图形窗口中显示函数 f4 的曲线，如图 9-11 所示。

（2）显示双 y 轴坐标系。

```
        >> x=linspace(-2*pi,2*pi,200);         %定义取值区间和取值点
        >> subplot(2,3,6),plotyy(x,sin(x),x,x,'plot')
%在第六个子图中，使用 plot 绘图函数绘制双 y 轴坐标系下的函数图形
        >> title('双 y 坐标系函数 f4')         %添加标题
        >> xlabel('x')                         %添加坐标轴注释
        >> ylabel('y')
        >> gtext('y=sin(x)')                   %添加曲线名称
        >> gtext('y=x')                        %添加曲线名称
```

在图形窗口中显示函数 f4 的曲线，如图 9-12 所示。

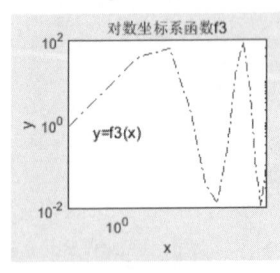

图 9-10 对数坐标系下的函数 f3 的曲线 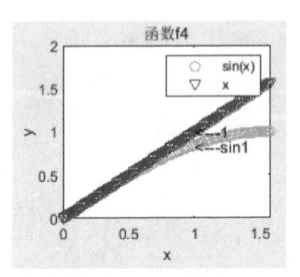　　　图 9-11 函数 f4 的曲线 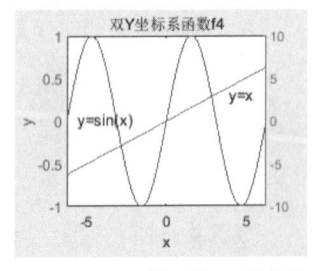　　　图 9-12 双 y 轴函数 f4 的曲线

9.5 课后习题

1．MATLAB 中的 M 文件分为（　　）两种类型。

　　A．命令文件和函数文件　　　　　　　　B．脚本文件和函数文件
　　C．命令文件和脚本文件　　　　　　　　D．函数文件和脚本文件

2．在 MATLAB 中，（　　）命令用于创建一个函数文件。

　　A．function　　　　B．command　　　　C．script　　　　D．program

3. MATLAB 程序设计中的流程控制不包括（　　）结构。
   A. 顺序　　　　　　　B. 分支　　　　　　　C. 循环　　　　　　　D. 递归
4. 使用（　　）命令可以在 MATLAB 中进行交互式输入。
   A. input　　　　　　 B. keyboard　　　　　C. read　　　　　　　D. scanf
5. 在 MATLAB 中，（　　）命令用于显示函数句柄的内容。
   A. disp　　　　　　　B. show　　　　　　　C. display　　　　　　D. functions
6. 编写一个 MATLAB 程序，该程序使用 if-else 语句判断一个数是否为偶数。
7. 编写一个 MATLAB 程序，该程序使用 for 循环计算从 1 到 10 的所有整数的平方和。
8. 创建一个名为 myScript.m 的命令文件，该文件输出 "Hello, MATLAB!"。
9. 创建一个名为 addNumbers 的函数文件，该函数接收两个参数并返回它们的和，并使用该句柄调用函数。

第 10 章 矩阵分析

内容简介

矩阵分析是线性代数中极其重要的部分。通过第 5 章的学习，已经知道了如何利用 MATLAB 对矩阵进行一些基本的运算，本章主要学习如何使用 MATLAB 来求解矩阵的特征值与特征向量、对角化、反射与旋转变换。

内容要点

- 特征值与特征向量
- 矩阵对角化
- 若尔当标准形
- 矩阵的反射与旋转变换
- 综合实例——帕斯卡矩阵
- 课后习题

10.1 特征值与特征向量

物理、力学和工程技术中的很多问题在数学上都归结为求矩阵的特征值问题，如振动问题（桥梁的振动、机械的振动、电磁振荡、地震引起的建筑物的振动等）、物理学中某些临界值的确定等。

10.1.1 标准特征值与特征向量问题

对于矩阵 $A \in R^{n \times n}$，多项式

$$f(\lambda) = \det(\lambda I - A)$$

称为 A 的特征多项式，它是关于 λ 的 n 次多项式。方程 $f(\lambda) = 0$ 的根称为矩阵 A 的特征值。设 λ 为 A 的一个特征值，方程组

$$(\lambda I - A)x = 0$$

的非零解（即 $Ax = \lambda x$ 的非零解）x 称为矩阵 A 对应于特征值 λ 的特征向量。

在 MATLAB 中求矩阵特征值与特征向量的命令是 eig，其调用格式见表 10-1。

表 10-1　eig 命令的调用格式

调用格式	说　明
e=eig(A)	返回由矩阵 A 的所有特征值组成的列向量 e

续表

调用格式	说明
[V,D]=eig(A)	求矩阵 A 的特征值与特征向量，其中 D 为对角矩阵，其对角元素为 A 的特征值，相应的特征向量为 V 的相应列向量
[V,D,W]=eig(A)	返回特征值的对角矩阵 D 和 V，以及满矩阵 W
[…]=eig(A,balanceOption)	在求解矩阵特征值与特征向量之前，是否进行平衡处理。balanceOption 的默认值是 balance，表示启用均衡步骤
[…]=eig(…,outputForm)	以 outputForm 指定的形式返回特征值。outputForm 指定为 vector 可返回列向量中的特征值；指定为 matrix 可返回对角矩阵中的特征值

对于上面的调用格式，需要说明的是参数 balanceOption。所谓平衡处理，是指先求矩阵 A 的一个相似矩阵 B，然后通过求 B 的特征值来得到 A 的特征值（因为相似矩阵的特征值相等）。这种处理可以提高特征值与特征向量的计算精度，但这种处理有时会破坏某些矩阵的特性，这时就可以用上面的 eig 命令来取消平衡处理。

如果用了平衡处理，那么其中的相似矩阵及平衡矩阵可以通过 balance 命令来得到。balance 命令的调用格式见表 10-2。

表 10-2 balance 命令的调用格式

调用格式	说明
[T,B]=balance(A)	求相似变换矩阵 T 和平衡矩阵 B，满足 $B = T^{-1}AT$
[S,P,B] = balance(A)	单独返回缩放向量 S 和置换向量 P
B = balance(A)	求平衡矩阵 B
B = balance(A,'noperm')	缩放 A，而不会置换其行和列

实例——矩阵特征值与特征向量

源文件：yuanwenjian\ch10\tzz1.m

本实例求矩阵 $A = \begin{bmatrix} 5 & 6 & 4 & 2 \\ 3 & -5 & 8 & 9 \\ 7 & 2 & 8 & -1 \\ 3 & 0 & 8 & 8 \end{bmatrix}$ 的特征值与特征向量，并求出相似矩阵 T 及平衡矩阵 B。

解：MATLAB 程序如下。

```
>> A=[5 6 4 2;3 -5 8 9;7 2 8 -1;3 0 8 8];
>> [V,D]=eig(A)                %求矩阵 A 的特征值与特征向量
V =                            %右特征向量矩阵 V

   0.4946 + 0.0000i  -0.4990 + 0.2553i  -0.4990 - 0.2553i   0.5557 + 0.0000i
   0.4728 + 0.0000i  -0.1457 - 0.2412i  -0.1457 + 0.2412i  -0.8127 + 0.0000i
   0.4421 + 0.0000i   0.5864 + 0.0000i   0.5864 + 0.0000i  -0.1744 + 0.0000i
   0.5799 + 0.0000i  -0.3974 - 0.3236i  -0.3974 + 0.3236i  -0.0208 + 0.0000i
D =                            %对角矩阵 D，对角元素为 A 的特征值
  16.6574 + 0.0000i   0.0000 + 0.0000i   0.0000 + 0.0000i   0.0000 + 0.0000i
```

```
          0.0000 + 0.0000i   2.2237 + 2.7765i   0.0000 + 0.0000i   0.0000 + 0.0000i
          0.0000 + 0.0000i   0.0000 + 0.0000i   2.2237 - 2.7765i   0.0000 + 0.0000i
          0.0000 + 0.0000i   0.0000 + 0.0000i   0.0000 + 0.0000i  -5.1049 + 0.0000i
>> [T,B]=balance(A)                    %求相似矩阵 T 及平衡矩阵 B
T =
     1     0     0     0
     0     1     0     0
     0     0     1     0
     0     0     0     1
B =
     5     6     4     2
     3    -5     8     9
     7     2     8    -1
     3     0     8     8
```

因为矩阵的特征值即为其特征多项式的根，所以可以用求多项式根的方法来求特征值。具体的做法是先用 poly 命令求出矩阵 A 的特征多项式，再利用多项式的求根命令 roots 求出该多项式的根。

poly 命令的调用格式见表 10-3。

表 10-3 poly 命令的调用格式

调 用 格 式	说　　明
p=poly(A)	返回由 n×n 矩阵 A 的特征多项式系数组成的行向量
p=poly(r)	返回由以向量 r 中元素为根的特征多项式系数组成的行向量

roots 命令的调用格式为

```
r=roots(p)
```

功能：返回由多项式 p 的根组成的列向量。若 p 有 $n+1$ 个元素，则与 p 对应的多项式为 $p_1 x^n + \cdots + p_n x + p_{n+1}$。

实例——矩阵特征值

源文件：yuanwenjian\ch10\tzz2.m

本实例用求特征多项式之根的方法来求矩阵 $A = \begin{bmatrix} 5 & 6 & 4 & 2 \\ 3 & -5 & 8 & 9 \\ 7 & 2 & 8 & -1 \\ 3 & 0 & 8 & 8 \end{bmatrix}$ 的特征值。

解：MATLAB 程序如下。

```
>> A=[5 6 4 2;3 -5 8 9;7 2 8 -1;3 0 8 8];
>> c=poly(A)                           %A 的特征多项式系数组成的行向量
c =
   1.0e+03 *
    0.0010   -0.0160   -0.0210    0.2320   -1.0760
>> lambda=roots(c)                     %求 c 对应的多项式的根
```

```
    lambda =
      16.6574 + 0.0000i
      -5.1049 + 0.0000i
       2.2237 + 2.7765i
       2.2237 - 2.7765i
```

> **注意：**
> 在实际应用中，如果要求计算精度比较高，那么最好不要用上面的方法求特征值。相同情况下，eig 命令求得的特征值更准确、精度更高。

10.1.2 广义特征值与特征向量问题

前面的特征值与特征向量问题都是《线性代数》中所学的，在《矩阵论》中，还有广义特征值与特征向量的概念。求方程组

$$Ax = \lambda Bx$$

的非零解（其中 A、B 为同阶方阵），其中的 λ 值和向量 x 分别称为广义特征值和广义特征向量。在 MATLAB 中，这种特征值与特征向量同样可以利用 eig 命令求得，只是格式有所不同。

用 eig 命令求广义特征值和广义特征向量的调用格式见表 10-4。

表 10-4 用 eig 命令求广义特征值和广义特征向量的调用格式

调用格式	说明
e = eig(A,B)	返回由矩阵 A 和 B 的广义特征值组成的向量 e
[V,D] = eig(A,B)	返回由广义特征值组成的对角矩阵 D 和满矩阵 V，其列是对应的右特征向量，使得 A*V = B*V*D
[V,D,W]=eig(A,B)	在上一种调用格式的基础上，还返回满矩阵 W，其列是对应的左特征向量，使得 W'*A = D*W'*B
[…]=eig(A,B,algorithm)	algorithm 的默认值取决于 A 和 B 的属性，但通常为 qz，表示使用 QZ 算法，其中 A、B 为非对称或非埃尔米特矩阵。如果 A 为对称埃尔米特矩阵，并且 B 为 Hermitian 正定矩阵，则 algorithm 的默认值为 chol，使用 B 的楚列斯基分解计算广义特征值

实例——广义特征值和广义特征向量

源文件：yuanwenjian\ch10\tzz3.m

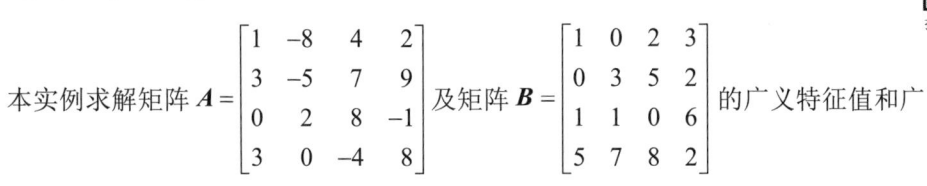

本实例求解矩阵 $A = \begin{bmatrix} 1 & -8 & 4 & 2 \\ 3 & -5 & 7 & 9 \\ 0 & 2 & 8 & -1 \\ 3 & 0 & -4 & 8 \end{bmatrix}$ 及矩阵 $B = \begin{bmatrix} 1 & 0 & 2 & 3 \\ 0 & 3 & 5 & 2 \\ 1 & 1 & 0 & 6 \\ 5 & 7 & 8 & 2 \end{bmatrix}$ 的广义特征值和广义特征向量。

解：MATLAB 程序如下。
```
>> A=[1 -8 4 2;3 -5 7 9;0 2 8 -1;3 0 -4 8];
>> B=[1 0 2 3;0 3 5 2;1 1 0 6;5 7 8 2];
```

```
>> [V,D]=eig(A,B)                    %广义特征值和广义特征向量
V =
    0.5936   -1.0000   -1.0000   -0.7083
    0.0379   -0.0205   -0.0579   -0.8560
    0.7317    0.0624    0.4825    1.0000
   -1.0000    0.2940    0.5103    0.5030   %右特征向量矩阵V
D =
   -1.2907         0         0         0
         0    0.2213         0         0
         0         0    1.6137         0
         0         0         0    3.9798   %对角矩阵D,对角元素为广义特征
```

10.1.3 部分特征值问题

在一些工程及物理问题中，通常只需求出矩阵 *A* 的按模最大的特征值（称为 *A* 的主特征值）和相应的特征向量，可以利用 eigs 命令来实现这些求部分特征值问题。

eigs 命令的调用格式见表 10-5。

表 10-5 eigs 命令的调用格式

调用格式	说明
d=eigs(A)	求矩阵 A 的 6 个模最大的特征值，并以向量 d 的形式存放
d = eigs(A,k)	返回矩阵 A 的 k 个模最大的特征值
d = eigs(A,k,sigma)	根据 sigma 的取值来求 A 的 k 个特征值，其中 sigma 的取值及相关说明见表 10-6
d = eigs(A,k,sigma,Name,Value)	使用一个或多个名称-值对组参数指定其他选项
d = eigs(A,k,sigma,opts)	使用结构体指定选项
d = eigs(A,B,…)	解算广义特征值问题 A*V = B*V*D
d = eigs(Afun,n,…)	指定函数句柄 Afun，而不是矩阵。第二个输入 n 可求出 Afun 中使用的矩阵 A 的大小
[V,D] = eigs(…)	返回包含主对角线上的特征值的对角矩阵 D 和各列中包含对应的特征向量的矩阵 V
[V,D,flag] = eigs(…)	返回对角矩阵 D 和矩阵 V，以及一个收敛标志。如果 flag 为 0，表示已收敛所有特征值

表 10-6 sigma 的取值及说明

sigma 的取值	说明
标量（实数或复数，包括 0）	求最接近数字 sigma 的特征值
largestabs 或 lm	默认值，求按模最大的特征值
smallestabs 或 sm	与 sigma = 0 相同，求按模最小的特征值
largestreal 或 lr、la	求最大实部特征值
smallestreal 或 sr、sa	求最小实部特征值
bothendsreal 或 be	求具有最大实部和最小实部的特征值
largestimag 或 li（A 为复数）	对非对称问题求最大虚部特征值
smallestimag 或 si（A 为复数）	对非对称问题求最小虚部特征值
bothendsimag 或 li（A 为实数）	对非对称问题求具有最大虚部和最小虚部的特征值

实例——按模最大与最小特征值

源文件：yuanwenjian\ch10\tzz4.m

本实例求矩阵 $A = \begin{bmatrix} 1 & 2 & -3 & 4 \\ 0 & -1 & 2 & 1 \\ -2 & 0 & 3 & 5 \\ 1 & 1 & 0 & 1 \end{bmatrix}$ 的按模最大与最小特征值。

解：MATLAB 程序如下。

```
>> A=[1 2 -3 4;0 -1 2 1;-2 0 3 5;1 1 0 1];
>> d_max=eigs(A,1)                %求按模最大特征值
d_max =
    3.9402
>> d_min=eigs(A,1,'sm')           %求按模最小特征值
d_min =
   -1.2260
```

同 eig 命令一样，eigs 命令也可用于求部分广义特征值，其调用格式见表 10-7。

表 10-7 用 eigs 命令求部分广义特征值的调用格式

调用格式	说明
d = eigs(A,B)	求矩阵的广义特征值问题，满足 AV=BVD，其中 D 为特征值对角矩阵，V 为特征向量矩阵，B 必须是对称正定或埃尔米特矩阵
d = eigs(A,B,k)	求 A、B 对应的 k 个最大广义特征值
d = eigs(A,B,k,sigma)	根据 sigma 的取值来求 k 个广义特征值，其中 sigma 的取值见表 10-6
d=eigs(A,B,k,sigma,Name,Value)	使用一个或多个名称-值对组参数指定其他选项

实例——最大与最小的两个广义特征值

源文件：yuanwenjian\ch10\tzz5.m

本实例求解矩阵 $A = \begin{bmatrix} 1 & 2 & -3 & 4 \\ 0 & -1 & 2 & 1 \\ -2 & 0 & 3 & 5 \\ 1 & 1 & 0 & 1 \end{bmatrix}$ 及 $B = \begin{bmatrix} 3 & 1 & 4 & 2 \\ 1 & 14 & -3 & 3 \\ 4 & -3 & 19 & 1 \\ 2 & 3 & 1 & 2 \end{bmatrix}$ 的最大与最小的两个广义特征值。

解：MATLAB 程序如下。

```
>> A=[1 2 -3 4;0 -1 2 1;-2 0 3 5;1 1 0 1];
>> B=[3 1 4 2;1 14 -3 3;4 -3 19 1;2 3 1 2];
>> d1=eigs(A,B,2)           %求 A、B 对应的两个模最大广义特征值
d =
   -8.1022
    1.2643
>> d2=eigs(A,B,2,'sm')      %求 A、B 对应的两个模最小广义特征值
```

```
d =
    -0.0965
     0.3744
```

10.2 矩阵对角化

矩阵对角化是《线性代数》中较为重要的内容，因为在实际应用中可以大大简化矩阵的各种运算，在解线性常微分方程组时，一个重要的方法就是矩阵对角化。为了表述更加清晰，将本节分为两部分：第一部分简单介绍矩阵对角化方面的理论知识；第二部分主要讲解如何利用 MATLAB 将一个矩阵对角化。

10.2.1 预备知识

对于矩阵 $A \in C^{n \times n}$，所谓的矩阵对角化，就是找一个非奇异矩阵 P，使得

$$P^{-1}AP = \begin{bmatrix} \lambda_1 & & \\ & \ldots & \\ & & \lambda_n \end{bmatrix}$$

其中，$\lambda_1, \cdots, \lambda_n$ 为 A 的 n 个特征值。并非每个矩阵都可以对角化，下面的 3 个定理给出矩阵对角化的条件。

定理 1：n 阶矩阵 A 可对角化的充要条件是 A 有 n 个线性无关的特征向量。

定理 2：矩阵 A 可对角化的充要条件是 A 的每一个特征值的几何重复度等于代数重复度。

定理 3：实对称矩阵 A 总可以对角化，且存在正交矩阵 P，使得

$$P^{\mathrm{T}}AP = \begin{bmatrix} \lambda_1 & & \\ & \ldots & \\ & & \lambda_n \end{bmatrix}$$

其中，$\lambda_1, \cdots, \lambda_n$ 为 A 的 n 个特征值。

在矩阵对角化之前，必须要判断这个矩阵是否可以对角化。MATLAB 中没有判断一个矩阵是否可以对角化的程序，可以根据上面的定理 1 来编写一个判断矩阵对角化的函数文件 isdiag1.m。

代码如下：

```
function y=isdiag1(A)
%该函数用于判断矩阵 A 是否可以对角化
%若返回值为 1，则说明 A 可以对角化；若返回值为 0，则说明 A 不可以对角化

[m,n]=size(A);                    %求矩阵 A 的阶数
if m~=n                           %若 A 不是方阵，则肯定不能对角化
    y=0;
    return;
else
    [V,D]=eig(A);
```

```
        if rank(V)==n                    %判断 A 的特征向量是否线性无关
            y=1;
            return;
        else
            y=0;
        end
    end
```

实例——矩阵对角化

源文件：yuanwenjian\ch10\dj1.m

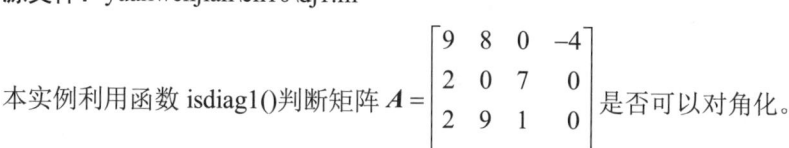

本实例利用函数 isdiag1()判断矩阵 $A = \begin{bmatrix} 9 & 8 & 0 & -4 \\ 2 & 0 & 7 & 0 \\ 2 & 9 & 1 & 0 \\ 0 & 1 & 3 & -1 \end{bmatrix}$ 是否可以对角化。

解：MATLAB 程序如下。

```
>> A=[9 8 0 -4;2 0 7 0;2 9 1 0;0 1 3 -1];
>> y=isdiag1(A)           %调用自定义函数 isdiag1()判断 A 是否可以对角化
y =
     1
```

由此可知此例中的矩阵可以对角化。

动手练一练——判断矩阵对角化

判断矩阵 $A = \begin{bmatrix} 5 & 6 & 4 & 2 \\ 3 & -5 & 8 & 9 \\ 7 & 2 & 8 & -1 \\ 3 & 0 & 8 & 8 \end{bmatrix}$ 是否可以对角化。

> 思路点拨：
> 源文件：yuanwenjian\ch10\dj2.m
> （1）直接生成矩阵。
> （2）利用函数 isdiag1()判断矩阵是否可以对角化。

10.2.2 具体操作

10.2.1 小节主要讲了对角化理论中的一些基本知识，并给出了判断一个矩阵是否可对角化的函数文件，本小节主要讲一下对角化的具体操作。

事实上，这种对角化可以通过 eig 命令来实现。对于一个矩阵 A，用[V,D]=eig(A)求出的特征值矩阵 D 及特征向量矩阵 V 满足以下关系

$$AV = DV = VD$$

若矩阵 A 可对角化，那么矩阵 V 一定是可逆的，因此可以在上式的两边分别左乘 V^{-1}，即有

$$V^{-1}AV = D$$

也就是说，若矩阵 A 可对角化，那么利用 eig 命令求出的矩阵 V 即为 10.2.1 小节中的矩阵 P。这种方法需要注意的是，求出的矩阵 P 的列向量长度均为 1，读者可以根据实际情况来相应地给这些列乘以一个非零数。下面给出将一个矩阵对角化的函数文件 reduce_diag.m。

```
function [P,D]=reduce_diag(A)
%该函数用于将矩阵 A 对角化
%输出变量为矩阵 P，满足 inv(P)*A*P=diag(lambda_1,...,l.lambda_n)
if ~isdiag(A)                    %判断矩阵 A 是否可以对角化
    error('该矩阵不能对角化!');
else
    disp('注意：将下面的矩阵 P 的任意列乘以任意非零数所得矩阵仍满足 inv(P)*P*A=D');
    [P,D]=eig(A);
end
```

10.3 若尔当标准形

若尔当（Jordan）标准形在工程计算，尤其是在控制理论中有着重要的作用，因此求一个矩阵的若尔当标准形就显得尤为重要。强大的 MATLAB 提供了求若尔当标准形的命令。

10.3.1 若尔当标准形介绍

称 n_i 阶矩阵

$$J_i = \begin{bmatrix} \lambda_i & 1 & & \\ & \lambda_i & \cdots & \\ & & \cdots & 1 \\ & & & \lambda_i \end{bmatrix}$$

为若尔当块。设 $J_1, J_2, \cdots, J_s$ 为若尔当块，称准对角矩阵

$$J = \begin{bmatrix} J_1 & & & \\ & J_2 & & \\ & & \ddots & \\ & & & J_s \end{bmatrix}$$

为若尔当标准形。所谓求矩阵 A 的若尔当标准形，即找非奇异矩阵 P（不唯一），使得 $P^{-1}AP = J$。例如，对于矩阵 $A = \begin{bmatrix} 17 & 0 & -25 \\ 0 & 1 & 0 \\ 9 & 0 & -13 \end{bmatrix}$，可以找到矩阵 $P = \begin{bmatrix} 0 & 5 & 2 \\ 1 & 0 & 0 \\ 0 & 3 & 1 \end{bmatrix}$，使得

$$P^{-1}AP = \begin{bmatrix} 1 & 0 & 0 \\ 0 & 2 & 1 \\ 0 & 0 & 2 \end{bmatrix}$$

若尔当标准形之所以在实际中有着重要的应用，因为它具有下面几个特点。
- 其对角元即为矩阵 A 的特征值。
- 对于给定特征值 λ_i，其对应若尔当块的个数等于 λ_i 的几何重复度。
- 对于给定特征值 λ_i，其所对应全体若尔当块的阶数之和等于 λ_i 的代数重复度。

10.3.2 jordan 命令

在 MATLAB 中可利用 jordan 命令将一个矩阵化为若尔当标准形，其调用格式见表 10-8。

表 10-8 jordan 命令的调用格式

调 用 格 式	说　　明
J = jordan(A)	求矩阵 A 的若尔当标准形，其中 A 为已知的符号或数值矩阵
[V,J] = jordan(A)	返回若尔当标准形矩阵 J 与相似变换矩阵 V，其中矩阵 V 的列向量为矩阵 A 的广义特征向量，它们满足 V\A*V=J

实例——若尔当标准形及变换矩阵

源文件：yuanwenjian\ch10\bh3.m

本实例求矩阵 $A = \begin{bmatrix} 1 & 2 & 3 \\ 4 & 5 & 6 \\ 7 & 8 & 9 \end{bmatrix}$ 的若尔当标准形及变换矩阵 P。

解：MATLAB 程序如下。

```
>> A=[1 2 3;4 5 6;7 8 9];
>> [P,J]=jordan(A)          %将矩阵 A 化为若尔当标准形，满足 P'*A*P=J
P =
    1.0000   -1.2833    0.2833
   -2.0000   -0.1417    0.6417
    1.0000    1.0000    1.0000   %相似变换矩阵 P
J =
         0         0         0
         0   -1.1168         0
         0         0   16.1168   %若尔当标准形矩阵 J
>> inv(P)*A*P                %验证变换矩阵 P
ans =
    0.0000    0.0000   -0.0000
    0.0000   -1.1168   -0.0000
         0    0.0000   16.1168
```

10.4 矩阵的反射与旋转变换

无论是在矩阵分析中，还是在各种工程实际应用中，矩阵变换都是重要的工具之一。本节将讲述如何利用 MATLAB 来实现最常用的两种矩阵变换：豪斯霍尔德（Householder）反射变换与吉文斯（Givens）旋转变换。

10.4.1 两种变换介绍

在正式学习这两种变换方法之前，先以二维情况介绍这两种变换方法。

如果二维正交矩阵 Q 的形式为

$$Q = \begin{bmatrix} \cos\theta & \sin\theta \\ -\sin\theta & \cos\theta \end{bmatrix}$$

则称为旋转变换。如果 $y = Q^T x$，则 y 是通过将向量 x 顺时针旋转 θ 度得到的。

如果二维矩阵 Q 的形式为

$$Q = \begin{bmatrix} \cos\theta & \sin\theta \\ \sin\theta & -\cos\theta \end{bmatrix}$$

则称为反射变换。如果 $y = Q^T x$，则 y 是将向量 x 针对由

$$S = \text{span}\left\{ \begin{bmatrix} \cos(\theta/2) \\ \sin(\theta/2) \end{bmatrix} \right\}$$

所定义的直线进行反射得到的。

如果 $x = \begin{bmatrix} 1 & \sqrt{3} \end{bmatrix}^T$，令

$$Q = \begin{bmatrix} \cos 60° & \sin 60° \\ -\sin 60° & \cos 60° \end{bmatrix} = \begin{bmatrix} 1/2 & \sqrt{3}/2 \\ -\sqrt{3}/2 & 1/2 \end{bmatrix}$$

则 $Qx = \begin{bmatrix} 2 & 0 \end{bmatrix}^T$，因此顺时针旋转 60° 使 x 的第二个分量化为 0；如果

$$Q = \begin{bmatrix} \cos 60° & \sin 60° \\ \sin 60° & -\cos 60° \end{bmatrix} = \begin{bmatrix} 1/2 & \sqrt{3}/2 \\ \sqrt{3}/2 & -1/2 \end{bmatrix}$$

则 $Qx = \begin{bmatrix} 2 & 0 \end{bmatrix}^T$，于是将向量 x 针对 30° 的直线进行反射，也使得其第二个分量化为 0。

10.4.2 豪斯霍尔德反射变换

豪斯霍尔德变换又称初等反射（elementary reflection），最初是由 A.C Aitken 于 1932 年作为一种规范矩阵提出来的。但这种变换成为数值代数的一种标准工具，还要归功于豪斯霍尔德于 1958 年发表的一篇关于非对称矩阵的对角化论文。

设 $v \in R^n$ 是非零向量，形如

$$P = I - \frac{2}{v^T v} v v^T$$

的 n 维矩阵 P 称为豪斯霍尔德矩阵，向量 v 称为豪斯霍尔德向量。如果用 P 去乘向量 x，就得到向量 x 关于超平面 span$\{v\}^\perp$ 的反射。可见豪斯霍尔德矩阵是对称正交的。

不难验证，要使 $Px = \pm \|x\|_2 \, e_1$，应当选取 $v = x \mp \|x\|_2 \, e_1$。下面给出一个可以避免上溢的求豪斯霍尔德向量的函数文件。

```
function [v,beta]=house(x)
%此函数用于计算满足v(1)=1的v和beta,使P=I-beta*v*v'是正交矩阵且P*x=norm(x)*e1

n=length(x);
if n==1
    error('请正确输入向量!');
else
    sigma=x(2:n)'*x(2:n);
    v=[1;x(2:n)];
    if sigma==0
        beta=0;
    else
        mu=sqrt(x(1)^2+sigma);
        if x(1)<=0
            v(1)=x(1)-mu;
        else
            v(1)=-sigma/(x(1)+mu);
        end
        beta=2*v(1)^2/(sigma+v(1)^2);
        v=v/v(1);
    end
end
```

实例——豪斯霍尔德矩阵

源文件：yuanwenjian\ch10\bh5.m

求一个可以将向量 $x = \begin{bmatrix} 2 & 3 & 4 \end{bmatrix}^T$ 化为 $\|x\|_2 \, e_1$ 的豪斯霍尔德向量，要求该向量第一个元素为 1，并求出相应的豪斯霍尔德矩阵进行验证。

解：MATLAB 程序如下。

```
>> x=[2 3 4]';                        %输入给定的列向量 x
>> [v,beta]=house(x)                  %求豪斯霍尔德向量 v
v =
    1.0000
   -0.8862
   -1.1816
beta =
    0.6286
>> P=eye(3)-beta*v*v'                 %求豪斯霍尔德矩阵
P =
    0.3714    0.5571    0.7428
    0.5571    0.5063   -0.6583
```

```
         0.7428    -0.6583     0.1223
>> a=norm(x)                          %求出 x 的 2-范数以便进行以下验证
a =
    5.3852
>> P*x                                %验证 P*x=norm(x)*e1
ans =
    5.3852
    0.0000
         0
```

10.4.3 吉文斯旋转变换

豪斯霍尔德变换对于大量引进零元是非常有用的，然而在许多工程计算中，要有选择地消去矩阵或向量的一些元素，而吉文斯旋转变换就是解决这种问题的工具。利用这种变换可以很容易地将一个向量的某个指定分量化为 0。因为在 MATLAB 中有相应的命令来实现这种操作，因此不再详述其具体变换过程。

MATLAB 中实现吉文斯变换的命令是 planerot，其调用格式如下：

```
[G,y]=planerot(x)
```

功能：返回吉文斯变换矩阵 *G*，以及列向量 *y*=*Gx* 且 *y*(2)=0，其中 *x* 为二维列向量。

实例——吉文斯变换

源文件：yuanwenjian\ch10\Givens.m、bh6.m

本实例利用吉文斯变换编写一个将任意列向量 *x* 化为∥*x*∥$_2$ *e*$_1$ 形式的函数，并利用这个函数将向量 *x* = [1 2 3 4 5 6]^T 化为∥*x*∥$_2$ *e*$_1$ 的形式，以此验证所编函数正确与否。

解：创建函数文件 Givens.m，MATLAB 程序如下。

```
function [P,y]=Givens(x)
%此函数用于将一个 n 维列向量化为 y=[norm(x) 0 … 0]'
%输出参数 P 为变换矩阵，即 y=P*x
n=length(x);
P=eye(n);
for i=n:-1:2
    [G,x(i-1:i)]=planerot(x(i-1:i));
    P(i-1:i,:)=G*P(i-1:i,:);
end
y=x;
```

下面利用这个函数将题中的 *x* 化为∥*x*∥$_2$ *e*$_1$ 的形式。

```
>> x=[1 2 3 4 5 6]';                  %输入列向量 x
>> a=norm(x)                          %求出 x 的 2-范数
a =
    9.5394
>> [P,y]=Givens(x)                    %调用自定义函数对 x 进行吉文斯变换
P =
    0.1048    0.2097    0.3145    0.4193    0.5241    0.6290
   -0.9945    0.0221    0.0331    0.0442    0.0552    0.0663
         0   -0.9775    0.0682    0.0909    0.1137    0.1364
```

```
             0         0   -0.9462    0.1475    0.1843    0.2212
             0         0         0   -0.8901    0.2918    0.3502
             0         0         0         0   -0.7682    0.6402    %变换矩阵 P
y =
    9.5394
         0
         0
         0
         0
         0                           %将指定的元素化为 0 之后的列向量 y
>> P*x                               %验证所编函数是否正确
ans =
    9.5394
    0.0000
    0.0000
    0.0000
         0
    0.0000
```

因为吉文斯变换可以将指定的向量元素化为 0，因此在实际应用中非常有用。下面来看一个吉文斯变换的应用示例。

10.5 综合实例——帕斯卡矩阵

源文件：yuanwenjian\ch10\pskjz.m、帕斯卡矩阵.fig

帕斯卡矩阵的第一行元素和第一列元素都为 1，其余位置处的元素是该元素的左边元素与上一行对应位置元素相加的结果。

元素 $A_{i,j} = A_{i,j-1} + A_{i-1,j}$，其中 $A_{i,j}$ 表示第 i 行第 j 列上的元素。

在 MATLAB 中，帕斯卡矩阵的生成函数为 pascal()，其调用格式见表 10-9。

表 10-9　函数 pascal() 的调用格式

调用格式	说明
P =pascal(n)	创建 n 阶帕斯卡矩阵。P 是一个对称正定矩阵，其整数项来自帕斯卡三角形
P =pascal(n,1)	返回下三角的楚列斯基分解的帕斯卡矩阵
P =pascal(n,2)	返回帕斯卡的转置和变更
P = pascal(…,classname)	使用上述语法中的任何输入参数组合返回 classname 指定类型（single 或 double）的矩阵

【操作步骤】

（1）创建帕斯卡矩阵。

```
>> A=pascal(5)           %创建 5 阶帕斯卡矩阵 A
A =
     1     1     1     1     1
     1     2     3     4     5
     1     3     6    10    15
     1     4    10    20    35
```

```
    1     5    15    35    70
>> plot(A)              %绘制A中各列元素对其行号的二维线图
```

在图形窗口中显示了绘制的矩阵，如图10-1所示。

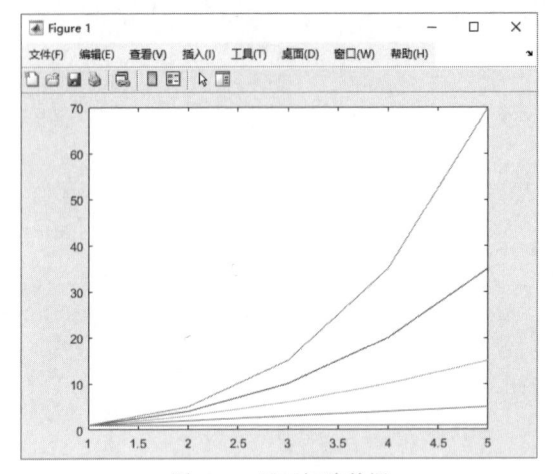

图10-1　显示矩阵数据

（2）求逆。

```
>> inv(A) %求矩阵A的逆矩阵
ans =
    5.0000  -10.0000   10.0000   -5.0000    1.0000
  -10.0000   30.0000  -35.0000   19.0000   -4.0000
   10.0000  -35.0000   46.0000  -27.0000    6.0000
   -5.0000   19.0000  -27.0000   17.0000   -4.0000
    1.0000   -4.0000    6.0000   -4.0000    1.0000
```

（3）求转置。

```
>> A'
ans =
    1    1    1    1    1
    1    2    3    4    5
    1    3    6   10   15
    1    4   10   20   35
    1    5   15   35   70
```

（4）求秩。

```
>> rank(A)
ans =
    5
```

（5）提取矩阵 A 的主上三角部分。

```
>> triu(A)
ans =
    1    1    1    1    1
    0    2    3    4    5
    0    0    6   10   15
    0    0    0   20   35
    0    0    0    0   70
```

(6) 提取矩阵 A 的第 3 条对角线上面的部分。

```
>> triu(A,3)
ans =
     0     0     0     1     1
     0     0     0     0     5
     0     0     0     0     0
     0     0     0     0     0
     0     0     0     0     0
```

(7) 提取矩阵 A 的主下三角部分。

```
>> tril(A)
ans =
     1     0     0     0     0
     1     2     0     0     0
     1     3     6     0     0
     1     4    10    20     0
     1     5    15    35    70
```

(8) 提取矩阵 A 的第 3 条对角线下面的部分。

```
>> tril(A,3)
ans =
     1     1     1     1     0
     1     2     3     4     5
     1     3     6    10    15
     1     4    10    20    35
     1     5    15    35    70
```

(9) 进行楚列斯基分解同样可以抽取对角线上的元素。

```
>> R=chol(A)
R =
     1     1     1     1     1
     0     1     2     3     4
     0     0     1     3     6
     0     0     0     1     4
     0     0     0     0     1
>> R'*R                              %验证 R'*R=A
ans =
     1     1     1     1     1
     1     2     3     4     5
     1     3     6    10    15
     1     4    10    20    35
     1     5    15    35    70
```

(10) 奇异值分解。

```
>> s = svd (A)
s =
   92.2904
    5.5175
    1.0000
    0.1812
    0.0108
```

(11) 三角分解。

进行 *LU* 分解，满足 *LU=PA*。其中 *L* 为单位下三角矩阵，*U* 为上三角矩阵，*P* 为置换矩阵。

```
>> [L,U,P] = lu(A)
L =
    1.0000         0         0         0         0
    1.0000    1.0000         0         0         0
    1.0000    0.5000    1.0000         0         0
    1.0000    0.7500    0.7500    1.0000         0
    1.0000    0.2500    0.7500   -1.0000    1.0000
U =
    1.0000    1.0000    1.0000    1.0000    1.0000
         0    4.0000   14.0000   34.0000   69.0000
         0         0   -2.0000   -8.0000  -20.5000
         0         0         0   -0.5000   -2.3750
         0         0         0         0   -0.2500
P =
     1     0     0     0     0
     0     0     0     0     1
     0     0     1     0     0
     0     0     0     1     0
     0     1     0     0     0
```

(12) *QR* 分解。

若 *A* 为 *m×n* 矩阵，*Q* 和 *R* 满足 *A=QR*，则 *Q* 为 *m×m* 矩阵，*R* 为 *m×n* 矩阵。*Q* 为正交矩阵，*R* 为上三角矩阵。

```
>> [Q,R] = qr(A)
Q =
   -0.4472   -0.6325    0.5345   -0.3162   -0.1195
   -0.4472   -0.3162   -0.2673    0.6325    0.4781
   -0.4472    0.0000   -0.5345    0.0000   -0.7171
   -0.4472    0.3162   -0.2673   -0.6325    0.4781
   -0.4472    0.6325    0.5345    0.3162   -0.1195
R =
   -2.2361   -6.7082  -15.6525  -31.3050  -56.3489
         0    3.1623   11.0680   26.5631   53.1263
         0         0    1.8708    7.4833   19.2428
         0         0         0    0.6325    2.8460
         0         0         0         0   -0.1195
```

(13) 矩阵的特征值、特征向量运算。

```
>> eig(A)
ans =

    0.0108
    0.1812
    1.0000
    5.5175
   92.2904
```

(14）矩阵 A 的若尔当标准形运算。

```
>> jordan(A)
ans =

    1.0000         0         0         0         0
         0    0.1812         0         0         0
         0         0    5.5175         0         0
         0         0         0    0.0108         0
         0         0         0         0   92.2904
```

10.6 课后习题

1. 在 MATLAB 中，（　）命令用于求解矩阵的特征值和特征向量。
   A. eig　　　　　　　B. eigs　　　　　　　C. eigvals　　　　　　D. specvals
2. 在 MATLAB 中，（　）命令用于将矩阵对角化。
   A. diag　　　　　　B. diagonalize　　　　C. eig　　　　　　　D. jordan
3. MATLAB 中的若尔当标准形可以通过（　）命令获得。
   A. jordan　　　　　B. jform　　　　　　　C. jordanForm　　　　D. jordanStandardForm
4. 在 MATLAB 中，豪斯霍尔德反射变换通常用于（　）。
   A. 计算特征值　　　B. 增强数值稳定性　　C. 解线性方程组　　　D. 矩阵分解
5. 在 MATLAB 中，吉文斯旋转变换主要用于（　）。
   A. 矩阵分解　　　　B. 计算逆矩阵　　　　C. 消除矩阵元素　　　D. 矩阵相似变换
6. 如何在 MATLAB 中求解一个矩阵的特征值和特征向量？
7. 使用 MATLAB 求解矩阵 A =[4, -2; 1, 1]的特征值和特征向量。
8. 应用豪斯霍尔德反射变换将矩阵 A = [1, 2; 3, 4]变为上三角矩阵。
9. 应用吉文斯旋转变换将矩阵 A = [1, 2, 3; 3, 2, 1; 2, 3, 1]的第 1 列下方的元素变为 0。

第 11 章 符 号 运 算

内容简介

在数学、物理学及力学等各种学科和工程应用中，经常会遇到符号运算的问题。在 MATLAB 中，符号运算是为了得到更高精度的数值解，但数值的运算更容易让读者理解，因此在特定的情况下，分别使用符号或数值表达式进行不同的运算。

内容要点

- 符号与数值
- 符号矩阵
- 综合实例——符号矩阵
- 课后习题

11.1 符号与数值

符号运算是 MATLAB 数值计算的扩展，在运算过程中以符号表达式或符号矩阵为运算对象，实现了符号计算和数值计算的相互结合，使应用更灵活。

11.1.1 符号与数值间的转换

符号表达式与数值表达式的相互转换主要是通过函数 eval()和函数 subs()实现的。其中，函数 eval()用于将符号表达式转换成数值表达式，而函数 subs()用于将数值表达式转换成符号表达式。函数 eval()和函数 subs()的调用格式见表 11-1。

表 11-1 函数 eval()和函数 subs()的调用格式

调用格式	说 明
eval(expression)	计算 expression 中的 MATLAB 代码。expression 是指含有有效的 MATLAB 表达式的字符串，如果需要在表达式中包含数值，则需要使用函数 int2str()、num2str()或者 sprintf()进行转换
[output1,…,outputN] = eval(expression)	在指定的变量中返回 expression 的输出
subs(s)	直接计算符号表达式与数值表达式的结果
subs(s,new)	输入 new 变量
subs(s,old,new)	将 old 变量替换为 new 变量，直接计算符号表达式与数值表达式的结果

实例——数值与符号转换

源文件：yuanwenjian\ch11\szfh.m

本实例演示数值表达式与符号表达式的相互转换。

解：MATLAB 程序如下。

```
>> p=3.4;              %输入实数
>> q=subs(p)           %将数值 p 转换为符号表达式 q
q =
   17/5
>> m=eval(q)           %将符号表达式 q 转换为数值表达式 m
m =
    3.4000
```

11.1.2 符号表达式与数值表达式的精度设置

符号表达式与数值表达式分别调用函数 digits()和函数 vpa()来进行精度设置。其中，vpa 是算术精度，利用可变精度浮点运算来计算符号表达式的数值解。精度设置函数的调用格式见表 11-2。

表 11-2 精度设置函数的调用格式

调用格式	说　　明
digits(D)	设置有效数字个数为 D 的近似解精度
d1 = digits	返回 vpa 当前使用的精度
d1 = digits(d)	设置新的精度 d，并返回旧精度
xVpa=vpa(x)	利用可变精度浮点运算（vpa）计算符号表达式 x 的每个元素，计算结果至少保留 32 位有效数字
xVpa=vpa(x,d)	符号表达式 x 是在函数 digits()设置的有效数字个数为 d 的近似解精度下的数值解

实例——魔方矩阵的数值解

源文件：yuanwenjian\ch11\szj1.m

本实例求解魔方矩阵的数值解。

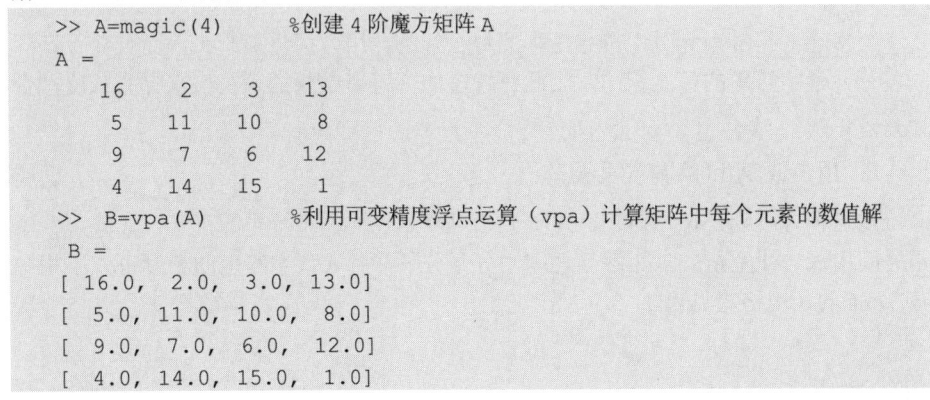

解：MATLAB 程序如下。

```
>> A=magic(4)          %创建 4 阶魔方矩阵 A
A =
    16     2     3    13
     5    11    10     8
     9     7     6    12
     4    14    15     1
>> B=vpa(A)            %利用可变精度浮点运算（vpa）计算矩阵中每个元素的数值解
 B =
[ 16.0,  2.0,  3.0, 13.0]
[  5.0, 11.0, 10.0,  8.0]
[  9.0,  7.0,  6.0, 12.0]
[  4.0, 14.0, 15.0,  1.0]
```

实例——稀疏矩阵的数值解

源文件：yuanwenjian\ch11\szj2.m

本实例求解稀疏矩阵的数值解。

解：MATLAB 程序如下。

```
>> A = eye(3)                    %定义3阶单位矩阵
A =
     1     0     0
     0     1     0
     0     0     1
>> B=sparse(A)                   %将矩阵A转换为稀疏格式
B =
   (1,1)        1
   (2,2)        1
   (3,3)        1
>> C=vpa(B)                      %利用可变精度浮点运算计算矩阵B中每个元素的数值解
C =
[ 1.0,    0,     0]
[   0,  1.0,     0]
[   0,    0,   1.0]
```

11.2 符号矩阵

符号矩阵和符号向量中的元素都是符号表达式，符号表达式是由符号变量与数值组成的。

11.2.1 符号矩阵的创建

符号矩阵中的元素是任何不带等号的符号表达式，各符号表达式的长度可以不同。符号矩阵中以空格或逗号分隔的元素指定的是不同列的元素，而以分号分隔的元素指定的则是不同行的元素。

生成符号矩阵有以下 3 种方法。

1. 直接输入

直接输入符号矩阵时，符号矩阵的每一行都要用方括号括起来，而且要保证同一列的各行元素字符串的长度相同，因此在较短的字符串中要插入空格来补齐长度，否则程序将会报错。

2. 用函数 sym()创建符号矩阵

用这种方法创建符号矩阵，矩阵元素可以是任何不带等号的符号表达式，各矩阵元素之间用逗号或空格分隔，各行之间用分号分隔，各元素字符串的长度可以不相等。函数 sym()的调用格式见表 11-3。

表 11-3 函数 sym()的调用格式

调 用 格 式	说 明
x=sym('x')	创建符号变量 x
A=sym('a', [n1 … nM])	创建一个 n1,…,nM 符号数组，充满自动生成的元素
A=sym('a', n)	创建一个由 n 个自动生成的元素组成的符号数组
sym(…, set)	通过 set 设置符号变量或数组的额外属性，如 real、positive、integer、rational 等
sym(…,'clear')	创建一个没有额外属性的纯形式上的符号变量或数组
sym(num)	将 num 指定的数字或数字矩阵转换为符号数字或符号矩阵
sym(num,flag)	使用 flag 指定的方法将浮点数转换为符号数，可设置为 r（有理模式，默认）、d（十进制模式）、e（估计误差模式）、f（浮点到有理模式）
sym(strnum)	将 strnum 指定的字符向量或字符串转换为精确符号数
symexpr = sym(h)	从与函数句柄 h 相关联的匿名 MATLAB 函数创建符号表达式或矩阵

实例——创建符号矩阵

源文件：yuanwenjian\ch11\cjfhjz.m

本实例创建符号矩阵。

解：MATLAB 程序如下。

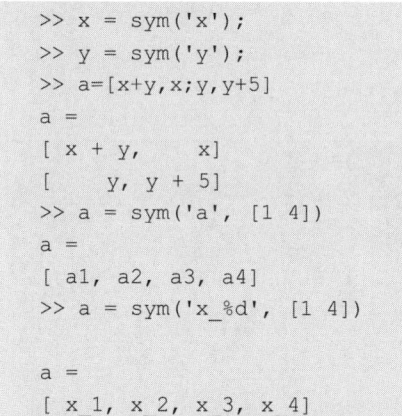

```
>> x = sym('x');                    %创建变量 x、y
>> y = sym('y');
>> a=[x+y,x;y,y+5]                  %创建符号矩阵
a =
[ x + y,     x]
[     y, y + 5]
>> a = sym('a', [1 4])              %用自动生成的元素创建符号向量
a =
[ a1, a2, a3, a4]
>> a = sym('x_%d', [1 4])           %用自动生成的元素创建符号向量，生成的元
                                    %素的名称使用格式字符串作为第一个参数
a =
[ x_1, x_2, x_3, x_4]
>> a(1)
ans =
x_1                                 %使用标准访问元素的索引方法
>> a(2:3)
ans =
[ x_2, x_3]
```

创建符号表达式，首先创建符号变量，然后使用变量进行操作。表 11-4 中列出了符号表达式常见的正确格式与错误格式。

表 11-4 符号表达式常见的正确格式与错误格式

正 确 格 式	错 误 格 式
syms x; x + 1	sym('x + 1')

续表

正 确 格 式	错 误 格 式
exp(sym(pi))	sym('exp(pi)')
syms f(var1,…,varN)	f(var1,…,varN) = sym('f(var1,…,varN)')

3. 将数值矩阵转换为符号矩阵

在 MATLAB 中，数值矩阵不能直接参与符号运算，所以必须先转换为符号矩阵。

实例——符号矩阵赋值

源文件：yuanwenjian\ch11\fhjzfz.m

本实例为自定义的符号矩阵赋值。

解：MATLAB 程序如下。

```
>> syms x                  %定义符号变量 x
>> f=x+sin(x)              %定义符号表达式 f
f =
 x + sin(x)
>> subs(f,x,6)             %将符号表达式 f 中的所有 x 赋值为 6
ans =
sin(6) + 6
```

动手练一练——符号矩阵运算

创建 $y^2 - x^3 - 2x^2 + \sin x$ 符号矩阵并赋值。

> **思路点拨**：
> **源文件**：yuanwenjian\ch11\fhjuys.m
> （1）直接生成表达式。
> （2）为表达式赋值。

11.2.2 符号矩阵的其他运算

与数值矩阵一样，符号矩阵可以进行转置、求逆等运算，但符号矩阵的函数与数值矩阵的函数不同。本小节将一一进行介绍。

1. 符号矩阵的转置运算

符号矩阵的转置运算可以通过符号 ".'" 或函数 transpose() 来实现，其调用格式如下：

```
B = A.'
B = transpose(A)
```

实例——符号矩阵的转置

源文件：yuanwenjian\ch11\zz.m

本实例求解符号矩阵的转置。

解：MATLAB 程序如下。

```
>> A = sym('A',[3 4])          %定义符号矩阵A，使用索引值定义矩阵元素下角标
A =
[ A1_1, A1_2, A1_3, A1_4]
[ A2_1, A2_2, A2_3, A2_4]
[ A3_1, A3_2, A3_3, A3_4]
>> A.'                         %求转置矩阵
ans =
[ A1_1, A2_1, A3_1]
[ A1_2, A2_2, A3_2]
[ A1_3, A2_3, A3_3]
[ A1_4, A2_4, A3_4]
>> transpose(A)                %使用函数求转置矩阵
ans =
[ A1_1, A2_1, A3_1]
[ A1_2, A2_2, A3_2]
[ A1_3, A2_3, A3_3]
[ A1_4, A2_4, A3_4]
```

2．符号矩阵的行列式运算

符号矩阵的行列式运算可以通过函数 det() 来实现，其中矩阵必须使用方阵，调用格式如下。

```
d = det(A)
```

实例——符号矩阵的行列式

源文件：yuanwenjian\ch11\hls.m

本实例进行符号矩阵的行列式运算。

解：MATLAB 程序如下。

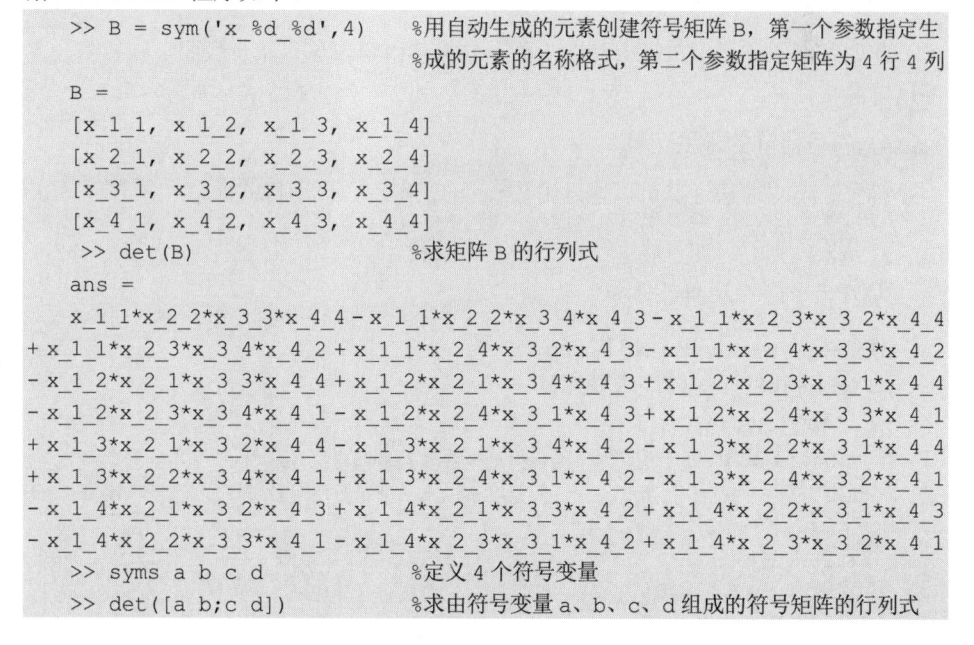

```
>> B = sym('x_%d_%d',4)        %用自动生成的元素创建符号矩阵B，第一个参数指定生
                               %成的元素的名称格式，第二个参数指定矩阵为4行4列
B =
[x_1_1, x_1_2, x_1_3, x_1_4]
[x_2_1, x_2_2, x_2_3, x_2_4]
[x_3_1, x_3_2, x_3_3, x_3_4]
[x_4_1, x_4_2, x_4_3, x_4_4]
>> det(B)                      %求矩阵B的行列式
ans =
x_1_1*x_2_2*x_3_3*x_4_4 - x_1_1*x_2_2*x_3_4*x_4_3 - x_1_1*x_2_3*x_3_2*x_4_4
+ x_1_1*x_2_3*x_3_4*x_4_2 + x_1_1*x_2_4*x_3_2*x_4_3 - x_1_1*x_2_4*x_3_3*x_4_2
- x_1_2*x_2_1*x_3_3*x_4_4 + x_1_2*x_2_1*x_3_4*x_4_3 + x_1_2*x_2_3*x_3_1*x_4_4
- x_1_2*x_2_3*x_3_4*x_4_1 - x_1_2*x_2_4*x_3_1*x_4_3 + x_1_2*x_2_4*x_3_3*x_4_1
+ x_1_3*x_2_1*x_3_2*x_4_4 - x_1_3*x_2_1*x_3_4*x_4_2 - x_1_3*x_2_2*x_3_1*x_4_4
+ x_1_3*x_2_2*x_3_4*x_4_1 + x_1_3*x_2_4*x_3_1*x_4_2 - x_1_3*x_2_4*x_3_2*x_4_1
- x_1_4*x_2_1*x_3_2*x_4_3 + x_1_4*x_2_1*x_3_3*x_4_2 + x_1_4*x_2_2*x_3_1*x_4_3
- x_1_4*x_2_2*x_3_3*x_4_1 - x_1_4*x_2_3*x_3_1*x_4_2 + x_1_4*x_2_3*x_3_2*x_4_1
>> syms a b c d                %定义4个符号变量
>> det([a b;c d])              %求由符号变量a、b、c、d组成的符号矩阵的行列式
```

```
ans =
a*d - b*c
```

3. 符号矩阵的逆运算

符号矩阵的逆运算可以通过函数 inv() 来实现,其中矩阵必须使用方阵,调用格式如下:
```
inv(A)
```

实例——符号矩阵的逆运算

源文件:yuanwenjian\ch11\nys.m
本实例进行符号矩阵的逆运算。

解:MATLAB 程序如下。

```
>> B = sym('x_%d_%d',4);    %用自动生成的元素创建符号矩阵B,第一个参数使用格
                            %式字符串指定生成的元素的名称,第二个参数指定矩阵
                            %为4行4列
>> inv(B)                   %求逆矩阵
ans =
 [(x_2_2*x_3_3*x_4_4 - x_2_2*x_3_4*x_4_3 - x_2_3*x_3_2*x_4_4 + x_2_3*
x_3_4*x_4_2 + x_2_4*x_3_2*x_4_3 - x_2_4*x_3_3*x_4_2)/ (x_1_1*x_2_2*x_3_3*
x_4_4 - x_1_1*x_2_2*x_3_4*x_4_3 - x_1_1*x_2_3*x_3_2 *x_4_4 + x_1_1*x_2_3*
x_3_4*x_4_2 + x_1_1*x_2_4*x_3_2*x_4_3 - x_1_1*x_2_4 *x_3_3*x_4_2 -x_1_2*
x_2_1*x_3_3*x_4_4 + x_1_2*x_2_1*x_3_4*x_4_3 + x_1_2* x_2_3*x_3_1*x_4_4 -
x_1_2*x_2_3*x_3_4*x_4_1 - x_1_2*x_2_4*x_3_1*x_4_3 + x_1_2*x_2_4*x_3_3*x_4_1
+ x_1_3*x_2_1*x_3_2*x_4_4 - x_1_3*x_2_1*x_3_4*x_4_2 - x_1_3*x_2_2*x_3_1*
x_4_4 + x_1_3*x_2_2*x_3_4*x_4_1 + x_1_3*x_2_4*x_3_1*x_4_2 - x_1_3*x_2_4*
x_3_2*x_4_1 - x_1_4*x_2_1*x_3_2*x_4_3 + x_1_4*x_2_1*x_3_3*x_4_2 + x_1_4*
x_2_2*x_3_1*x_4_3 - x_1_4*x_2_2*x_3_3*x_4_1 - x_1_4*x_2_3*x_3_1*x_4_2 +
x_1_4*x_2_3*x_3_2*x_4_1), -(x_1_2*x_3_3*x_4_4 -
...
```

此处省略了在 MATLAB 程序中显示的很多内容,这里由于版面限制省略,完整程序请看源文件。

4. 符号矩阵的求秩运算

符号矩阵的求秩运算可以通过函数 rank() 来实现,调用格式如下:
```
rank(A)
```

实例——符号矩阵的求秩

源文件:yuanwenjian\ch11\qz.m
本实例进行符号矩阵的求秩运算。

解:MATLAB 程序如下。

```
>> A = sym('A',[4 4])   %用自动生成的元素创建符号矩阵A,第一个参数指定生成的
                        %元素名称,第二个参数使用索引值定义矩阵元素下角标
A =
[A1_1, A1_2, A1_3, A1_4]
[A2_1, A2_2, A2_3, A2_4]
```

```
[A3_1, A3_2, A3_3, A3_4]
[A4_1, A4_2, A4_3, A4_4]
>> rank(A)                %求矩阵 A 的秩
ans =
     4
```

5．符号矩阵的常用函数运算

- 符号矩阵的特征值、特征向量运算：可以通过函数 eig()实现。
- 符号矩阵的奇异值运算：可以通过函数 svd()实现。
- 符号矩阵的若尔当标准形运算：可以通过函数 jordan()实现。

11.2.3 符号多项式的简化

符号工具箱中还提供了符号矩阵因式分解、展开、合并、简化及通分等符号操作函数。

1．因式分解

符号矩阵因式分解通过函数 factor()来实现，其调用格式见表 11-5。

表 11-5 函数 factor()的调用格式

调 用 格 式	说 明
F = factor(x)	在行向量 F 中返回 x 的所有不可约因子。如果 x 是整数，factor 返回 x 的素数因子分解。如果 x 是符号表达式，factor 返回 x 的因子子表达式
F = factor (x,vars)	返回因子 F 的数组，其中 vars 表示指定的变量
F = factor(…,Name,Value)	用由包含一个或多个的名称-值对组参数指定附加选项

如果输入参数 x 为一个符号矩阵，此函数将因式分解此矩阵的各个元素。

实例——符号矩阵因式分解

源文件：yuanwenjian\ch11\ysfj2.m

本实例求解 x^9-1+x^8 因式分解。

解：MATLAB 程序如下。

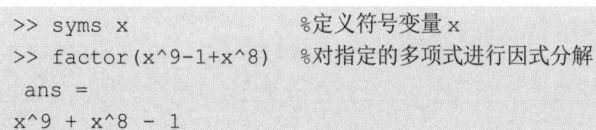

```
>> syms x                 %定义符号变量 x
>> factor(x^9-1+x^8)      %对指定的多项式进行因式分解
 ans =
x^9 + x^8 - 1
```

如果输入参数包含的所有元素为整数，则计算最佳因式分解式。为了分解大于 2^{25} 的整数，可使用 factor(sym('N'))。

```
>> factor(sym('12345678901234567890'))
 ans =
[2, 3, 3, 5, 101, 3541, 3607, 3803, 27961]
```

2．符号矩阵的展开

符号多项式的展开可以通过函数 expand()来实现，其调用格式见表 11-6。

表 11-6 函数 expand()的调用格式

调 用 格 式	说　　明
expand(S)	对符号矩阵的各元素的符号表达式进行展开
expand(S,Name,Value)	使用由一个或多个名称-值对组参数设置展开选项

对符号矩阵的各元素的符号表达式进行展开。此函数经常用于展开多项式的表达式，也常用于三角函数、指数函数、对数函数的展开。

实例——幂函数的展开

源文件：yuanwenjian\ch11\zk.m

本实例练习幂函数多项式 $y=(x+3)^4$ 的展开。

解：MATLAB 程序如下。

```
>> syms x y                %定义符号变量 x 和 y
>> expand((x+3)^4)         %展开幂函数多项式
 ans =
   x^4+12*x^3+54*x^2+108*x+81
>> expand(cos(x+y))        %展开三角函数
ans =
cos(x)*cos(y)-sin(x)*sin(y)
```

3. 符号简化

符号简化可以通过函数 simplify()来实现，其调用格式见表 11-7。

表 11-7 函数 simplify()的调用格式

调 用 格 式	说　　明
S=simplify(expr)	执行 expr 的代数简化。expr 可以是矩阵或符号变量组成的函数多项式
S=simplify(expr,Name,Value)	使用名称-值对组参数设置选项。可设置的选项包括以下几个： All：等效结果的选项，可选值为 false（默认）、true。 Criterion：简化标准，可选值为 default（默认）、preferReal。 IgnoreAnalyticConstraints：简化规则，可选值为 false（默认）、true。 Seconds：简化过程的时间限制，可选值为 Inf（默认）、positive number。 Steps：简化步骤的数量，可选值为 1（默认）、positive number

例如，下面的程序对表达式 $\sin^2 x+\cos^2 x$ 进行代数简化。

```
>> syms x
>> simplify(sin(x)^2+cos(x)^2)
ans =
1
```

4. 分式通分

求解符号表达式的分子和分母可以通过函数 numden()来实现，其调用格式如下：

```
[N,D]=numden(A)
```

把 A 的各元素转换为分子和分母都是整系数的最佳多项式型。

实例——提取表达式的分子和分母

源文件：yuanwenjian\ch11\tq.m

本实例求解符号表达式 $y = \dfrac{x}{y} - \dfrac{y}{x} + x^2$ 的分子和分母。

解：MATLAB 程序如下。

```
>> syms x y                          %定义符号变量x和y
>> [n,d]=numden(x/y-y/x+x.^2)        %提取表达式的分子n和分母d
n =
x^3*y + x^2 - y^2
d =
x*y
```

5. 符号表达式的"秦九韶型"重写

符号表达式的"秦九韶型"重写可以通过函数 horner() 来实现，其调用格式见表 11-8。

表 11-8　函数 horner() 的调用格式

调　用　格　式	说　　　　明
horner(p)	返回多项式 p 的 Horner 形式，将符号多项式转换成嵌套形式的表达式
horner(p,var)	使用 var 指定的变量显示多项式的"秦九韶型"

实例——秦九韶型

源文件：yuanwenjian\ch11\qjsx.m

本实例求解符号表达式 $y = x^4 - 3x^2 + 1$ 的"秦九韶型"。

解：MATLAB 程序如下。

```
>> syms x                            %定义符号变量x
>> horner(x^4-3*x^2+1)               %将符号多项式转换成嵌套形式的表达式
 ans =
x^2*(x^2 - 3) + 1
```

动手练一练——多项式运算

求多项式 $y^2 - x^3 - 2x^2 + \sin x$ 的分子、分母，以及展开与因式分解。

思路点拨：

　　源文件：yuanwenjian\ch11\dxsys.m

　　（1）直接生成表达式。

　　（2）求解展开式。

　　（3）求解分子、分母。

　　（4）求解因式分解。

11.3 综合实例——符号矩阵

源文件：yuanwenjian\ch11\fhjz.m

矩阵的应用不单是数值的计算，还包括转换成符号矩阵并进行符号运算，这样可以解决更多的工程应用问题。

【操作步骤】

1. 生成符号矩阵

符号矩阵中的元素都是符号表达式，符号表达式是由符号变量与数值组成的。本节通过将表达式 $\cos(x) + \sin(x)$ 与帕斯卡矩阵进行转换，生成符号矩阵。

```
>> A=pascal(5)                      %创建 5 阶帕斯卡矩阵
A =
     1     1     1     1     1
     1     2     3     4     5
     1     3     6    10    15
     1     4    10    20    35
     1     5    15    35    70
>> syms x                           %定义符号变量 x
>> a = @(x)(sin(x) + cos(x));       %定义函数句柄 a
>> f = sym(a);                      %将函数句柄 a 转换为符号矩阵 f
>> f = cos(x) + sin(x);             %符号矩阵重新赋值
>> h = @(x)(x*A);                   %定义函数句柄 h
>> C = sym(h)                       %将函数句柄 h 转换为符号矩阵 C
C =
[x,   x,    x,    x,    x]
[x, 2*x,  3*x,  4*x,  5*x]
[x, 3*x,  6*x, 10*x, 15*x]
[x, 4*x, 10*x, 20*x, 35*x]
[x, 5*x, 15*x, 35*x, 70*x]
```

2. 符号矩阵的基本运算

将帕斯卡矩阵转换成符号矩阵后，进行基本运算。

（1）求逆运算。

```
>> inv(C)
ans =
[  5/x, -10/x,  10/x,  -5/x,  1/x]
[-10/x,  30/x, -35/x,  19/x, -4/x]
[ 10/x, -35/x,  46/x, -27/x,  6/x]
[ -5/x,  19/x, -27/x,  17/x, -4/x]
[  1/x,  -4/x,   6/x,  -4/x,  1/x]
```

（2）求转置。

```
>> transpose(C)
ans =
[x,   x,    x,    x,    x]
[x, 2*x,  3*x,  4*x,  5*x]
```

```
[x, 3*x,  6*x, 10*x, 15*x]
[x, 4*x, 10*x, 20*x, 35*x]
[x, 5*x, 15*x, 35*x, 70*x]
```

（3）求秩运算。

```
>> rank(C)
ans =
     5
```

（4）求行列式。

```
>> det(C)
ans =
x^5
```

（5）提取分子、分母。

```
>> [n,d]=numden(C)
n =
[x,   x,   x,   x,    x]
[x, 2*x, 3*x, 4*x,  5*x]
[x, 3*x, 6*x, 10*x, 15*x]
[x, 4*x, 10*x, 20*x, 35*x]
[x, 5*x, 15*x, 35*x, 70*x]
d =
[ 1, 1, 1, 1, 1]
[ 1, 1, 1, 1, 1]
[ 1, 1, 1, 1, 1]
[ 1, 1, 1, 1, 1]
[ 1, 1, 1, 1, 1]
```

（6）矩阵的赋值。

```
>> subs(C,x,6)              %将符号矩阵C中的所有x赋值为6
ans =
[ 6,  6,  6,   6,   6]
[ 6, 12, 18,  24,  30]
[ 6, 18, 36,  60,  90]
[ 6, 24, 60, 120, 210]
[ 6, 30, 90, 210, 420]
```

3. 符号矩阵的其他运算

（1）符号矩阵的特征值、特征向量运算。

```
>> eig(C)
ans =
x
    (49*x)/2 - (2^(1/2)*((1225*3^(1/2)*x + 2136*(x^2)^(1/2))*(x^2)^
(1/2))^(1/2))/2 + (25*3^(1/2)*(x^2)^(1/2))/2
    (49*x)/2 + (2^(1/2)*((1225*3^(1/2)*x + 2136*(x^2)^(1/2))*(x^2)^
(1/2))^(1/2))/2 + (25*3^(1/2)*(x^2)^(1/2))/2
    (49*x)/2 - (2^(1/2)*(-(1225*3^(1/2)*x - 2136*(x^2)^(1/2))*(x^2)^(1/2))^
(1/2))/2 - (25*3^(1/2)*(x^2)^(1/2))/2
    (49*x)/2 + (2^(1/2)*(-(1225*3^(1/2)*x - 2136*(x^2)^(1/2))*(x^2)^
(1/2))^(1/2))/2 - (25*3^(1/2)*(x^2)^(1/2))/2
```

（2）符号矩阵的奇异值运算。

```
>> svd(C)
ans =
                        (x*conj(x))^(1/2)
    (1225*3^(1/2)*(x^2*conj(x)^2)^(1/2) + 2137*x*conj(x) + (x*conj(x)
*(5235650*3 ^ (1/2)*(x^2*conj(x)^2)^(1/2) + 9068643*x*conj(x)))
^(1/2))^(1/2)
    (2137*x*conj(x) - 1225*3^(1/2)*(x^2*conj(x)^2)^(1/2) + (-x*conj(x)
*(5235650*3^ (1/2)*(x^2*conj(x)^2)^(1/2) - 9068643*x*conj(x)))
^(1/2))^(1/2)
    (1225*3^(1/2)*(x^2*conj(x)^2)^(1/2) + 2137*x*conj(x) - (x*conj(x)
*(5235650*3^ (1/2)*(x^2*conj(x)^2)^(1/2) + 9068643*x*conj(x)))
^(1/2))^(1/2)
    (2137*x*conj(x) - 1225*3^(1/2)*(x^2*conj(x)^2)^(1/2) - (-x*conj(x)
*(5235650*3^ (1/2)*(x^2*conj(x)^2)^(1/2) - 9068643*x*conj(x)))^(1/2))^(1/2)
```

（3）符号矩阵的若尔当标准形运算。

```
>> jordan(C)
ans =
[x,0, 0, 0, 0]
 [0, (49*x)/2-(2^(1/2)*((1225*3^(1/2)*x + 2136*(x^2)^(1/2)*(x^2)^
(1/2))^(1/2))/2 + (25*3^(1/2)*(x^2)^(1/2))/2, 0, 0, 0]
 [0, 0, (49*x)/2 + (2^(1/2)*((1225*3^(1/2)*x + 2136*(x^2)^
(1/2)*(x^2)^(1/2))^ (1/2))/2 + (25*3^(1/2)*(x^2)^(1/2))/2, 0, 0]
 [0, 0, 0, (49*x)/2 - (2^(1/2)*(-(1225*3^(1/2)*x - 2136*(x^2)^
(1/2)*(x^2)^(1/2)) ^ (1/2))/2 - (25*3^(1/2)*(x^2)^(1/2))/2, 0]
 [0, 0, 0, 0, (49*x)/2 + (2^(1/2)*(-(1225*3^(1/2)*x -
2136*(x^2)^(1/2))*(x^2)^ (1/2))^(1/2))/2 - (25*3^(1/2)*(x^2)^(1/2))/2]
```

11.4 课后习题

1. 在 MATLAB 中，（ ）命令用于将数值转换为符号表达式。
   A. syms　　　　　　B. numeric　　　　　C. double　　　　　D. vpa
2. 在 MATLAB 中，函数（ ）用于设置符号表达式的精度。
   A. digits()　　　　　B. precision()　　　　C. accuracy()　　　　D. format()
3. 创建一个 2×2 的符号矩阵的命令是（ ）。
   A. syms('A')　　　　B. syms('A', [2, 2])　　C. A = sym([1, 2; 3, 4])　　D. symbolic('A', [2, 2])
4. 在 MATLAB 中，（ ）命令用于执行符号矩阵的加法运算。
   A. +　　　　　　　B. add　　　　　　　C. plus　　　　　　D. sum
5. 在 MATLAB 中，符号多项式简化可以通过（ ）命令实现。
   A. simplify　　　　　B. reduce　　　　　C. simple　　　　　D. factor
6. 创建一个 2×2 的符号矩阵并初始化其元素为符号变量 a、b、c、d。
7. 将数值 3.14 转换为符号表达式，并保留至少 20 位小数。
8. 创建一个 3×3 的符号矩阵，其对角线元素为符号变量 x、y、z，其余元素为 0。
9. 简化以下符号多项式。

（1） $f(x) = x^3 + 6x^2 + 11x - 6$。

（2） $f(x) = x^2 + 2x + 1$。

第 12 章　数列与极限

内容简介

数列、级数与极限是数学的基本概念，是数学对象与计算方法较为简单的数学计算。高等数学是以此为基础，由微积分学、较深入的代数学、几何学及交叉内容所形成的一门科学。本章主要讲解其中的数列、极限、级数等相关知识。

内容要点

- 数列
- 极限和导数
- 级数求和
- 综合实例——极限函数图形
- 课后习题

12.1　数　　列

数列是指按一定次序排列的一列数，数列的一般形式可以写为 $a_1, a_2, a_3, \cdots, a_n, a_{n+1}, \cdots$，简记为 $\{a_n\}$。数列中的每一个数称为这个数列的项，数列中的项必须是数，它可以是实数，也可以是复数。

> **注意：**
> $\{a_n\}$ 本身是集合的表示方法，但两者有本质的区别。集合中的元素是无序的，而数列中的项必须按一定顺序排列。

排在第 1 位的数称为这个数列的第 1 项（通常也称为首项），记作 a_1，排在第 2 位的数称为这个数列的第 2 项，记作 a_2，排在第 n 位的数称为这个数列的第 n 项，记作 a_n。

数列是按照一定顺序排列的，通过不同学者的研究，根据不同的排列顺序，数列有很多分类。

1. 根据数列的个数分类

- 项数有限的数列为"有穷数列"。
- 项数无限的数列为"无穷数列"。

2. 根据数列的每一项值符号分类

> 数列的各项都是正数的数列为正项数列。
> 数列的各项都是负数的数列为负项数列。

3. 根据数列的每一项值变化分类

> 各项相等的数列称为常数列，如1,1,1,1,1,1,1,1。
> 从第2项起，每一项都大于它的前一项的数列称为递增数列，如1,2,3,4,5,6,7。
> 从第2项起，每一项都小于它的前一项的数列称为递减数列，如8,7,6,5,4,3,2,1。
> 从第2项起，有些项大于它的前一项，有些项小于它的前一项的数列称为摆动数列。
> 各项呈周期性变化的数列称为周期数列（如三角函数）。

有些数列的变化不能简单地叙述，需要通过一些复杂的公式来表达项值之间的关系，有些则不能。可以表达项值之间关系的数列通过通项公式来表达具体的规律，不能表达项值关系的数列则通过名称来表示其中的规律。下面介绍几种特殊的数据列。

> 三角形点阵数列：1,3,6,10,15,21,28,36,45,55,66,78,91,…
> 正方形数列：1,4,9,16,25,36,49,64,81,100,121,144,169,…
> $a_n = 1/n$：1,1/2,1/3,1/4,1/5,1/6,1/7,1/8,…
> $a_n = (-1)^n$：-1,1,-1,1,-1,1,-1,1,…
> $a_n = (10^n)-1$：9,99,999,9999,99999,…

12.1.1 数列求和

在实际工程问题中，需要求解一些类似数据的和，根据其中的规律，将这些数据转换成数列，再进行计算求解。

对于数列$\{S_n\}$，数列累和S可以表示为$\sum S_i$，其中i为当前项，n为数列中元素的个数，即项数。$\sum S_i = S_1 + S_2 + S_3 + \cdots + S_n$，对于数列1,2,3,4,5，$S = 1+2+3+4+5=15$。

在MATLAB中，直接提供了求数列中所有元素和的函数，根据需要计算的元素不同有以下4个不同的求和函数。

1. 累计求和函数 sum()

> S = sum(A)。

（1）若A是向量，则S返回所有元素的和，结果是一个数值。

```
>> A=[1:10]
A =
     1     2     3     4     5     6     7     8     9    10
>> S=sum(A)
S =
    55
```

（2）若A是矩阵，则S返回每一列所有元素的和，结果组成行向量，数值的个数等于列数。

```
>> A = [1 3 2; 9 2 6; 5 1 7]
A =
     1     3     2
     9     2     6
     5     1     7
>> S = sum(A)
```

```
    S = 
        15     6     15
```

（3）若 A 是 n 维阵列，相当于 n 个矩阵，则 S 返回 n 个矩阵的累计和。

```
>> A = ones(4,2,5)
A(:,:,1) =
    1     1
    1     1
    1     1
    1     1
A(:,:,2) =
    1     1
    1     1
    1     1
    1     1
A(:,:,3) =
    1     1
    1     1
    1     1
    1     1
A(:,:,4) =
    1     1
    1     1
    1     1
    1     1
A(:,:,5) =
    1     1
    1     1
    1     1
    1     1
>> S=sum(A)
S(:,:,1) =
    4     4
S(:,:,2) =
    4     4
S(:,:,3) =
    4     4
S(:,:,4) =
    4     4
S(:,:,5) =
    4     4
```

➢ S = sum(A,dim)：返回不同情况的矩阵和。

（1）对于向量的求和运算，只能有两种情况：求和、不求和。若 dim=1，则不求和，求和结果等于原数列；若 dim=2，则求和，求和结果等于数列所有元素之和。

```
>> a=[2:6]
a =
    2     3     4     5     6
>> s = sum(a,1)
```

```
    s =
         2    3    4    5    6
    >> s = sum(a,2)
    s =
        20
```

（2）对于矩阵的求和运算，也有两种情况：对行求和、对列求和。若 dim=1，则对列求和，结果组成行向量；若 dim=2，则对行求和，结果显示为列向量。

```
>> A = [1 3 2; 9 2 6; 5 1 7]
A =
     1    3    2
     9    2    6
     5    1    7
>> S = sum(A,1)
S =
    15    6   15
>> S = sum(A,2)
S =
     6
    17
    13
```

- S = sum(A,vecdim)：根据向量 vecdim 中指定的维度对 A 的元素求和。
- S = sum(A,'all')：计算 A 的所有元素的总和，是所有行与维度的和，结果是单个数值。
- S = sum(…,outtype)：可以设置特殊格式的累计和值，输出类型 outtype 包括 default、double 和 native 3 种。
- S = sum(…,nanflag)：若向量或矩阵中包含 NaN，在此格式下，nanflag 可以设置是否计算 NaN，nanflag 参数设置为 includenan 或 includemissing 表示计算，设置为 omitnan 或 omitmissing 表示忽略。

```
>> A = [2 -0.5 3 -2.95 NaN 34 NaN 10];
>> S = sum(A,'omitnan')
S =
   45.5500
>> S = sum(A,'includenan')
S =
   NaN
```

2. 忽略 NaN 累计求和函数 nansum()

- S = nansum(A)：累计和中不包括 NaN。

```
>> A = [2 -0.5 3 -2.95 NaN 34 NaN 10];
>> y = nansum(A)
y =
   45.5500
```

- S = nansum(A,dim)：忽略 NaN 后是否累计和。

对于包含 NaN 的数列忽略 NaN 后进行求和运算，只能有两种情况：求和、不求和。若 dim=1，则显示忽略 NaN 后的数列；若 dim=2，则显示忽略 NaN 后的数列求和结果。

```
>> A = [2 -0.5 3 -2.95 NaN 34 NaN 10]
```

```
A =
    2.0000   -0.5000    3.0000   -2.9500      NaN   34.0000      NaN   10.0000
>> S = nansum(A,1)
S =
    2.0000   -0.5000    3.0000   -2.9500        0   34.0000        0   10.0000
>> S = nansum(A,2)
S =
   45.5500
```

> **注意**：
> nansum(A)函数与 sum(…,omitnan)函数可以通用，前者步骤更为简洁。

- S = nansum(A,'all')：移除 NaN 值后计算所有元素的累计和，结果为单个数值。
- S= nansum(A,vecdim)：计算 vecdim 指定的维度内所有元素的累计和，其中不包括 NaN。

3．求此元素位置之前的元素和函数 cumsum()

一般的求和函数 sum()求解的是当前项及该项之前的元素和，函数 cumsum()求解的是新定义的累计和，即每个位置的新元素值不包括当前项的元素之和。

函数 cumsum()的调用格式如下。

- B = cumsum(A)：返回不包括当前项的元素和。
- B = cumsum(A,dim)：返回不同情况的元素和。元素和的求取包括两种情况：求元素和、不求元素和，即当 dim=1 时，不求和，结果为原数列；当 dim=2 时，求和。

```
>> A=cumsum(1:5,1)
A =
     1     2     3     4     5
>> A=cumsum(1:5,2)
A =
     1     3     6    10    15
```

- B = cumsum(…,direction)：返回翻转方向后的元素和，翻转的方向包括两种：forward 或 reverse。

```
>> A=cumsum(1:5,'forward')
A =
     1     3     6    10    15
>>  B=cumsum(1:5,'reverse')
B =
    15    14    12     9     5
```

- B = cumsum(…,nanflag)：anflag 值控制是否移除 NaN 值，为 includenan 或 includemissing 时，表示在计算中包括所有 NaN 值；为 omitnan 或 omitmissing 时，则表示移除 NaN 值。

4．求梯形累计和函数 cumtrapz()

- Q = cumtrapz(Y)：通过梯形法按单位间距计算 Y 的近似累计积分。如果 Y 是向量，则 cumtrapz(Y)是 Y 的累计积分；如果 Y 是矩阵，则 cumtrapz(Y)是每一列的累计积分；如果 Y 是多维数组，则对大小不等于 1 的第一个维度求积分。

```
>> A=[1:5]
A =
     1     2     3     4     5
```

```
>> Z = cumtrapz(A)
Z =
         0    1.5000    4.0000    7.5000   12.0000
>> Z = cumtrapz(A,B)
Z =
         0   14.5000   27.5000   38.0000   45.0000
```

- Q = cumtrapz(X,Y)：根据 X 指定的坐标或标量间距对 Y 进行积分。

```
>> A=int64(1:10)
A =
  1×10 int64 行向量
   1   2   3   4   5   6   7   8   9   10
>> Z = cumtrapz(A,1./A)
Z =
  1×10 int64 行向量
   0   2   3   3   3   3   3   3   3   3
```

- Q = cumtrapz(…,dim)：沿维度 dim 求积分。当 dim=1 时，按列进行积分；当 dim=2 时，按行进行积分。

```
>> A=magic(4)
A =
    16     2     3    13
     5    11    10     8
     9     7     6    12
     4    14    15     1
>> B= cumtrapz(A,1)
B =
         0         0         0         0
   10.5000    6.5000    6.5000   10.5000
   17.5000   15.5000   14.5000   20.5000
   24.0000   26.0000   25.0000   27.0000
>> B= cumtrapz(A,2)
B =
         0    9.0000   11.5000   19.5000
         0    8.0000   18.5000   27.5000
         0    8.0000   14.5000   23.5000
         0    9.0000   23.5000   31.5000
>> B= cumtrapz(A,3)
B =
     0     0     0     0
     0     0     0     0
     0     0     0     0
     0     0     0     0
```

实例——三角形点阵数列求和

源文件：yuanwenjian\ch12\slqh1.m

本实例求解三角形点阵数列在不同情况下的求和运算。

三角形点阵数列如下：1,3,6,10,15,21,28,36,45,55,66,78,…，将该数列每 4 组为 1 行排

列进行计算。

解：MATLAB 程序如下。

```
>> A = [1,3,6,10;15,21,28,36;45,55,66,78]    %三角形点阵数列，列数为4
A =
     1     3     6    10
    15    21    28    36
    45    55    66    78
>> S=sum(A,1)                                 %求矩阵各列的和
S =
    61    79   100   124
>> S=sum(A,2)                                 %求矩阵各行的和
S =
    20
   100
   244
>> S=sum(A,3)                                 %不求矩阵的和，直接输出矩阵A
S =
     1     3     6    10
    15    21    28    36
    45    55    66    78
>> S=sum(A,4)
S =
     1     3     6    10
    15    21    28    36
    45    55    66    78
>> S=sum(A,5)
S =
     1     3     6    10
    15    21    28    36
    45    55    66    78
```

12.1.2 数列求积

1. 元素连续相乘函数

➤ B = prod(A)：将矩阵 A 不同维的元素的乘积返回到矩阵 B。

（1）若 A 为向量，返回的是其所有元素的积。

```
>> prod(1:4)
ans =
    24
```

（2）若 A 为矩阵，返回的是按列向量的所有元素的积，然后组成一行向量。若 A 为 0×0 空矩阵，则返回 1。

```
>> [1 2 3;4 5 6]
ans =
     1     2     3
     4     5     6
>> prod([1 2 3;4 5 6])
ans =
```

```
        4    10    18
```

- B = prod(A,dim)：若 A 为向量，当 dim=1 时，不求元素的积，返回输入值；当 dim=2 时，求元素的积。若 A 为矩阵，当 dim=1 时，按列求乘积；当 dim=2 时，按行求乘积。

```
>> prod(1:4,1)
ans =
     1     2     3     4
>> prod(1:4,2)
ans =
    24
```

- B = prod(A,'all')：计算 A 的所有元素的乘积。
- B = prod(A,vecdim)：计算 vecdim 指定的维度内所有元素的乘积，其中不包括 NaN。
- B = prod(…,outtype)：设置输出的积类型，一般包括 3 种，即 double、native 和 default。

```
>> A = single([12 15 16; 13 16 19; 14 17 20])
A = 
  3×3 single 矩阵
    12    15    16
    13    16    19
    14    17    20
>> B = prod(A,2,'double')
B =
        2880
        3952
        4760
```

2. 求累计积函数

求当前元素与所有前面元素的积函数 cumprod() 的调用格式见表 12-1。

表 12-1　函数 cumprod() 的调用格式

调用格式	说　明
B = cumprod (A)	从 A 中的第一个大小不等于 1 的数组维度开始返回 A 的累计乘积。 如果 A 是向量，则 cumsum(A) 返回包含 A 元素累计乘积的向量。 如果 A 是矩阵，则 cumsum(A) 返回包含 A 每列的累计乘积的矩阵。 如果 A 为多维数组，则 cumsum(A) 沿第一个非单一维运算
B = cumprod (A,dim)	返回不同情况的元素乘积。即当 dim=1 时，按列求乘积；当 dim=2 时，按行求乘积；当 dim≥3 时，返回 A
B = cumprod (…,direction)	返回翻转方向后的元素乘积，翻转的方向包括两种：forward（默认值）或 reverse。forward 表示从活动维度的 1 到 end 进行运算；reverse 表示从活动维度的 end 到 1 进行运算
B = cumprod (…,nanflag)	nanflag 值控制是否移除 NaN 值，includenan 或 includemissing 在计算中包括所有 NaN 值，omitnan 或 omitmissing 则移除 NaN 值

例如，下面的命令计算从 1 到 5 的线性间隔值行向量的累计积。

```
>> B = cumprod(1:5)
B =
     1     2     6    24   120
```

3. 阶乘函数

若数列是递增数列，同时递增量为 1，如数列 1,2,3,4,5,6,7,…,n，则求该特殊数列中元素积的方法称为阶乘，即阶乘是累计积的特例。

使用"!"来表示阶乘。n 的阶乘就表示为"$n!$"。例如，6 的阶乘记作 6!，即 $1×2×3×4×5×6=720$。

MATLAB 中阶乘函数是 factorial()，其调用格式见表 12-2。

表 12-2　函数 factorial() 的调用格式

调 用 格 式	说　　明
f = factorial(n)	返回所有小于或等于 n 的正整数的乘积，其中 n 为非负整数值

```
>> factorial(6)
ans =
   720
```

阶乘函数不但可以计算整数，还可以计算向量、矩阵等。

```
>> factorial(magic(3))
ans =
       40320           1         720
           6         120        5040
          24      362880           2
>> factorial(1:10)
ans =
  1 至 5 列
           1           2           6          24         120
  6 至 10 列
         720        5040       40320      362880     3628800
B = cumprod(1:10)
B =
  1 至 5 列
           1           2           6          24         120
  6 至 10 列
         720        5040       40320      362880     3628800
```

> 注意：
> 对比相同的向量与矩阵的累计积与阶乘结果，发现向量运算结果相同、矩阵结果不同。

4．伽玛函数

伽玛函数（Gamma Function）又称欧拉第二积分，是阶乘函数在实数与复数上扩展的一类函数。一般情况下，阶乘是定义在正整数和 0（大于等于 0）范围里的，小数没有阶乘，这里将函数 gamma() 定义为非整数的阶乘，如 0.5!。

函数 gamma() 作为阶乘的延拓，是定义在复数范围内的亚纯函数，通常写成 $\Gamma(x)$。

在实数域上伽玛函数定义为 $\Gamma(x) = \int_0^{+\infty} t^{x-1} e^{-t} dt$。

在复数域上伽玛函数定义为 $\Gamma(z) = \int_0^{+\infty} t^{z-1} e^{-t} dt$。

同时，函数 gamma() 也适用于正整数，即当 x 是正整数 n 时，函数 gamma() 的值是 $n-1$

的阶乘。也就是说，当输入变量 n 为正整数时，存在下面的关系。

```
factorial(n)=n*gamma(n)
```

例如：

```
>> factorial(6)
ans =
   720
>> gamma(6)
ans =
   120
>> 6*gamma(6)
ans =
   720
```

注意：

这里介绍与伽玛函数相似的不完全伽玛函数 gammainc()，其中：

$$gammainc(x,a) = \frac{1}{\Gamma(a)} \int_0^x t^{a-1} e^{-t} dt$$

具体调用方法读者自行练习，这里不再赘述。

实例——随机矩阵的和与积

源文件：yuanwenjian\ch12\hyj.m

本实例练习矩阵的和与积运算。

解：MATLAB 程序如下。

```
>> A = floor(rand(6,7) * 100)    %随机矩阵，每个元素四舍五入到小于或等于该元素
                                 %的最接近整数
A =
    76    70    11    75    54    81    61
    79    75    49    25    13    24    47
    18    27    95    50    14    92    35
    48    67    34    69    25    34    83
    44    65    58    89    84    19    58
    64    16    22    95    25    25    54
>> A(1:4,1)=95; A(5:6,1)=76; A(2:4,2)=7; A(3,3)=73   %替换矩阵元素组成新矩阵
A =
    95    70    11    75    54    81    61
    95     7    49    25    13    24    47
    95     7    73    50    14    92    35
    95     7    34    69    25    34    83
    76    65    58    89    84    19    58
    76    16    22    95    25    25    54
>> sum(A)                                            %求矩阵列向和
ans =
   532   172   247   403   215   275   338
>> sum(A,2)                                          %求矩阵行向和
ans =
```

```
        447
        260
        366
        347
        449
        313
>> cumtrapz(A)                                          %A 每一列的累计和
ans =
         0         0         0         0         0         0         0
   95.0000   38.5000   30.0000   50.0000   33.5000   52.5000   54.0000
  190.0000   45.5000   91.0000   87.5000   47.0000  110.5000   95.0000
  285.0000   52.5000  144.5000  147.0000   66.5000  173.5000  154.0000
  370.5000   88.5000  190.5000  226.0000  121.0000  200.0000  224.5000
  446.5000  129.0000  230.5000  318.0000  175.5000  222.0000  280.5000
>> cumprod(A)                                            %A 每一列的累计积
ans =
  1.0e+11 *
    0.0000    0.0000    0.0000    0.0000    0.0000    0.0000    0.0000
    0.0000    0.0000    0.0000    0.0000    0.0000    0.0000    0.0000
    0.0000    0.0000    0.0000    0.0000    0.0000    0.0000    0.0000
    0.0008    0.0000    0.0001    0.0000    0.0000    0.0001    0
    0.0619    0.0000    0.0010    0.0004    0.0004    0.0005    0
    4.7046    0.0000    0.0784    0.0262    0.0363    0.0199    0
```

12.2 极限和导数

在工程计算中，经常会研究某一函数随自变量的变化趋势与相应的变化率，也就是要研究函数的极限与导数问题。本节主要讲述如何用 MATLAB 来解决这些问题。

12.2.1 极限

极限是数学分析最基本的概念与出发点，在工程实际中，其计算往往比较烦琐，而运用 MATLAB 提供的 limit 命令则可以很轻松地解决这些问题。

limit 命令的调用格式见表 12-3。

表 12-3 limit 命令的调用格式

调 用 格 式	说 明
limit (f,x,a)或 limit (f,a)	求解 $\lim_{x \to a} f(x)$
limit (f)	求解 $\lim_{x \to 0} f(x)$
limit (f,x,a,'right')	求解 $\lim_{x \to a+} f(x)$
limit (f,x,a,'left')	求解 $\lim_{x \to a-} f(x)$

实例——函数 1 求极限

源文件：yuanwenjian\ch12\hsjx1.m

本实例计算 $\lim\limits_{x \to 0} \dfrac{\sin x}{x}$。

解：MATLAB 程序如下。

```
>> clear
>> syms x;                  %定义符号变量
>> f=sin(x)/x;              %定义符号表达式 f
>> limit(f)                 %求 x 趋近于 0 时，表达式 f 的极限值
  ans =
       1
```

实例——函数 2 求极限

源文件：yuanwenjian\ch12\hsjx2.m

本实例计算 $\lim\limits_{n \to \infty} \left(1 + \dfrac{1}{n}\right)^n$。

解：MATLAB 程序如下。

```
>> clear
>> syms n                   %定义符号变量
>> limit((1+1/n)^n,inf)     %计算当 n 趋近于正无穷时，符号表达式的极限值
 ans =
      exp(1)
```

动手练一练——计算极限值

计算下面表达式中的极限。

(1) $\lim\limits_{x \to 0+} \dfrac{\ln(1+x)}{x(1+x)}$。

(2) $\lim\limits_{x \to 1} \dfrac{\sqrt{3x+1}-2}{x-1}$。

(3) $\lim\limits_{n \to \infty} \sqrt{n}\left(\sqrt{n+2}-\sqrt{n-1}\right)$。

(4) $\lim\limits_{(x,y) \to (0,0)} \dfrac{e^x + e^y}{x^2 - y^2}$。

> **思路点拨：**
>
> 源文件：yuanwenjian\ch12\jxz.m
>
> (1) 利用 syms 定义变量。
>
> (2) 编写极限函数。
>
> (3) 调用极限函数 limit()。

12.2.2 导数

导数是数学分析的基础内容之一，在工程实际中用于描述各种各样的变化率。可以根据导数的定义，利用 12.2.1 小节的 limit 命令来求解已知函数的导数，同时 MATLAB 也提供了专门的函数求导命令 diff。

diff 命令的调用格式见表 12-4。

表 12-4 diff 命令的调用格式

调 用 格 式	说　　明
Y=diff(X)	计算沿大小不等于 1 的第一个数组维度的 X 相邻元素之间的差分
Y=diff(X,n)	通过递归应用 diff(X)运算符 n 次来计算 n 阶导数
Y=diff(X,n,dim)	求沿 dim 指定的维度计算的第 n 个差分

实例——求函数 1 阶导数

源文件：yuanwenjian\ch12\hsds1.m

本实例计算 $y = 2^x + \sqrt{x}\ln x$ 的导数。

解：MATLAB 程序如下。

```
>> clear
>> syms x                          %定义符号变量 x
>> f=2^x+x^(1/2)*log(x);           %定义符号表达式 f
>> diff(f)                         %求表达式 f 的导数
ans =
log(x)/(2*x^(1/2)) + 2^x*log(2) + 1/x^(1/2)
```

实例——求函数 3 阶导数

源文件：yuanwenjian\ch12\hsds3.m

本实例计算 $y = \dfrac{1-\cos x}{3x^2}$ 的 1 阶、2 阶和 3 阶导数。

解：MATLAB 程序如下。

```
>> clear
>> syms x;                         %定义符号变量 x
>> f=(1-cos(x))/(3*x^2);           %定义符号表达式 f
>> diff(f,1)                       %计算表达式 f 的 1 阶导数
ans =
sin(x)/(3*x^2) + (2*(cos(x) - 1))/(3*x^3)
>> diff(f,2)                       %计算表达式 f 的 2 阶导数
ans =
cos(x)/(3*x^2) - (4*sin(x))/(3*x^3) - (2*(cos(x) - 1))/x^4
>> diff(f,3)                       %计算表达式 f 的 3 阶导数
ans =
 (6*sin(x))/x^4 - sin(x)/(3*x^2) - (2*cos(x))/x^3 + (8*(cos(x) - 1))/x^5
```

实例——求函数导数

源文件：yuanwenjian\ch12\hsds5.m

计算 $f=\ln[e^{2(x+y^2)}+(x^2+y)+\sin(1+x^2)]$ 对 x、y 的 1 阶、2 阶偏导数。

解：MATLAB 程序如下。

```
>> clear
>> syms x y                                          %定义符号变量x、y
>> f=log(exp(2*(x+y^2))+(x^2+y)+sin(1+x^2));         %定义符号表达式f
>> fx=diff(f,x)                                      %计算f对x的1阶导数
fx =
    (2*x+2*exp(2*y^2+2*x)+2*x*cos(x^2+1))/(y+sin(x^2+1)+exp(2*y^2+2*x)
>> fy=diff(f,y)                                      %计算f对y的1阶导数
fy =
    (4*y*exp(2*y^2+2*x)+1)/(y+sin(x^2+1)+exp(2*y^2+2*x)+x^2)
>> fxy=diff(fx,y)                                    %对x求导后,再对y求导
fxy =
    (8*y*exp(2*y^2+2*x))/(y+sin(x^2+1)+exp(2*y^2+2*x)+x^2)-((4*y*exp(2*
y^2+2*x)+1)*(2*x+2*exp(2*y^2+2*x)+2*x*cos(x^2+1)))/(y+sin(x^2+1)+exp(2
*y^2+2*x)+x^2)^2
>> fyx=diff(fy,x)                                    %对y求导后,再对x求导
fyx =
    (8*y*exp(2*y^2+2*x))/(y+sin(x^2+1)+exp(2*y^2+2*x)+x^2)-((4*y*exp(2*
y^2+2*x)+1)*(2*x+2*exp(2*y^2+2*x)+2*x*cos(x^2+1)))/(y+sin(x^2+1)+exp(2
*y^2+2*x)+x^2)^2
>> fxx=diff(fx,x)                                    %再次对x求导
fxx =
    (2*cos(x^2+1)+4*exp(2*y^2+2*x)-4*x^2*sin(x^2+1)+2)/(y+sin(x^2+1)+ex
p(2*y^2+2*x)+x^2)-(2*x+2*exp(2*y^2+2*x)+2*x*cos(x^2+1))^2/(y+sin(x^2+1
)+exp(2*y^2+2*x)+x^2)^2
>> fyy=diff(fy,y)                                    %再次对y求导
fyy =
    (4*exp(2*y^2+2*x)+16*y^2*exp(2*y^2+2*x))/(y+sin(x^2+1)+exp(2*y^2+2*
x)+x^2)-(4*y*exp(2*y^2+2*x)+1)^2/(y+sin(x^2+1)+exp(2*y^2+2*x)+x^2)^2
>> fxx=diff(f,x,2)                                   %直接求对x的2阶导数
fxx =
    (2*cos(x^2+1)+4*exp(2*y^2+2*x)-4*x^2*sin(x^2+1)+2)/(y+sin(x^2+1)+ex
p(2*y^2+2*x)+x^2)-(2*x+2*exp(2*y^2+2*x)+2*x*cos(x^2+1))^2/(y+sin(x^2+1
)+exp(2*y^2+2*x)+x^2)^2
>> fyy=diff(f,y,2)                                   %直接求对y的2阶导数
fyy =
    (4*exp(2*y^2+2*x)+16*y^2*exp(2*y^2+2*x))/(y+sin(x^2+1)+exp(2*y^2+2*
x)+x^2)-(4*y*exp(2*y^2+2*x)+1)^2/(y+sin(x^2+1)+exp(2*y^2+2*x)+x^2)^2
```

动手练一练——求多阶偏导数

计算 $f=\ln\left[e^{x(x+y^2)}+(\sqrt{x^2+4}+y^2)+\tan(1+x+x^2)\right]$ 对 x、y 的 1 阶、2 阶偏导数。

思路点拨：

源文件：yuanwenjian\ch12\djpd.m

（1）利用 sym 或 syms 定义变量。
（2）输入表达式。
（3）调用函数 diff() 分别对 x、y 求解 1 阶导数。
（4）使用两种方法求 2 阶偏导数。
（5）直接对 f 求 2 阶偏导数。

12.3 级数求和

级数是数学分析的重要内容，无论对于数学理论本身还是在科学技术的应用中都是一个有力工具。MATLAB 拥有强大的级数求和命令，在本节中，将详细介绍如何用它来处理工程计算中的各种级数求和问题。

将数列 $\{a_n\}$ 的各项依次以"+"连接起来所组成的式子称为级数。其中：

➤ 2,8,125,79,-16 是数列。
➤ 2+8+125+79+(-16) 是级数。

12.3.1 有限项级数求和

MATLAB 提供的主要的求级数命令为 symsum，其调用格式见表 12-5。

表 12-5 symsum 命令的调用格式

调 用 格 式	说　　　明
F＝symsum (f,k)	返回级数 f 关于指数 k 的有限项和
F＝symsum (f,k,a,b)	返回级数 f 关于指数 k 从 a 到 b 的有限项和

实例——等比数列与等差数列求和

源文件：yuanwenjian\ch12\slqh3.m
本实例求级数 $s = a^n + bn$ 的前 6 项之和（n 从 0 开始）。
解：MATLAB 程序如下。

```
>> syms a b n              %定义符号变量
>> s=a^n+b*n;              %定义级数表达式 s
>> symsum(s,n,0,5)         %计算级数 s 关于指数 n 从 0 到 5，共 6 项的有限项和
ans =
a^5 + a^4 + a^3 + a^2 + a + 15*b + 1
```

说明：

这是我们最熟悉的级数之一，即一个等比数列与等差数列相加构成的数列，它的前 $n-1$ 项和为 $\dfrac{1-a^n}{1-a} + \dfrac{n(n-1)b}{2}$。

12.3.2 无穷级数求和

MATLAB 提供的 symsum 命令还可以求无穷级数，这时只需将命令参数中的求和区间端点改成无穷即可，具体做法可参见下面的例子。

实例——无穷数列求和

源文件：yuanwenjian\ch12\slqh6.m

本实例求级数 $\sum_{n=1}^{+\infty}\dfrac{1}{n}$ 与 $\sum_{n=1}^{+\infty}\dfrac{1}{n^3}$。

解：MATLAB 程序如下。

```
>> syms n                        %定义符号变量 n
>> s1=1/n;                       %定义无穷级数表达式 s1
>> v1=symsum(s1,n,1,inf)         %计算级数 s1 关于指数 n 从 1 到+∞的和
v1 =
Inf
>> s2=1/n^3;                     %定义无穷级数表达式 s2
>> v2=symsum(s2,n,1,inf)         %计算级数 s1 关于指数 n 从 1 到+∞的和
v2 =
zeta(3)
>> vpa(v2)                       %控制 v2 的精度
ans =
1.2020569031595942853997381615114
```

注意：

（1）从数学分析的级数理论来看，可以知道第一个级数是发散的，因此用 MATLAB 求出的值为 Inf。

（2）zeta(3)表示函数 zeta()在 3 处的值，其中函数 zeta()的定义为

$$\zeta(w)=\sum_{k=1}^{\infty}\dfrac{1}{k^w}$$

zeta(3)的值为 1.2021。

小技巧：

在工程应用中，有时还需要借助 abs 命令来判断某个级数是否绝对收敛。

需要说明的一点是，MATLAB 并不是对所有的级数都能够计算出结果，当求不出级数和时，它只会给出求和形式。

动手练一练——级数求和

当 $x>0$ 时，求 $\sum_{k=0}^{+\infty}\dfrac{2}{2k+1}\left(\dfrac{x-1}{x+1}\right)^{2k+1}$。

第 12 章 数列与极限

思路点拨：

源文件：yuanwenjian\ch12\jsqh.m

（1）定义变量。

（2）输入级数表达式。

（3）使用函数 symsum() 求和。

12.4 综合实例——极限函数图形

源文件：yuanwenjian\ch12\jxhstx.m、极限函数图形.fig

本节通过采用近似极限的方法显示 $\lim\limits_{x \to 0} \dfrac{\sin t}{t}$ 函数在 $t=0$ 处的图形，连续连接两侧图形。

```
>> t=-4*pi:pi/10:4*pi;                                        %定义自变量
>> y=sin(t)./t;                                               %输入表达式
>> tt=t+(t==0)*eps; %当自变量 t 等于 0 时，将值加上一个极小的数 eps，避免除数为 0
>> yy=sin(tt)./tt;   %使用修改后的自变量 tt 定义函数表达式 yy
>> subplot(1,2,1),plot(t,y),axis([-9,9,-0.5,1.2]),   %在第一个子图中绘制
%函数 y 的图形，然后调整坐标轴范围
>> xlabel('t'),ylabel('y'),title('普通图形')          %添加标题
>> subplot(1,2,2),plot(tt,yy),axis([-9,9,-0.5,1.2]) %绘制 yy 的图形，调
%整坐标范围
>> xlabel('tt'),ylabel('yy'),title('修改图形')   %添加坐标轴标注和图形标题
```

运行结果如图 12-1 所示。

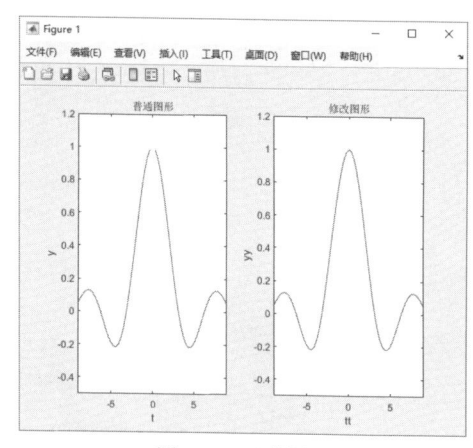

图 12-1 函数图形

12.5 课后习题

1. 在 MATLAB 中，（　　）命令用于计算数列的和。
   A. sum   B. cumsum   C. trapz   D. integral
2. 在 MATLAB 中，（　　）命令用于计算符号表达式的导数。
   A. diff   B. gradient   C. derivative   D. del

- 255 -

3. 在 MATLAB 中，（　　）命令用于计算有限项级数的和。

　　A. sum　　　　　　B. symsum　　　　　C. seriessum　　　　D. finitesum

4. 在 MATLAB 中，使用（　　）命令可以实现无穷级数求和。

　　A. infsum　　　　　B. symsum　　　　　C. seriessum　　　　D. quadgauss

5. 在 MATLAB 中，（　　）命令可以用于计算极限。

　　A. limit　　　　　　B. lim　　　　　　　C. boundary　　　　　D. inflim

6. 计算以下数列的和：[1, 2, 3, 4, 5]。

7. 计算以下符号表达式的导数。

　（1）$y = x^3 + 2x^2 + 3x + 8$。

　（2）$y = x^2 \ln x \cos x$。

　（3）$s = \dfrac{1+\sin t}{1+\cos t}$。

　（4）$y = \arctan(e^x)$。

8. 计算以下有限项级数的和：$\sum\limits_{k=1}^{10} k^2$。

9. 计算以下极限的值。

　（1）$\lim\limits_{x \to 0} \dfrac{\cos x - 1}{x}$。

　（2）$\lim\limits_{x \to 1} \dfrac{x^2 + x}{x^2 + 1}$。

　（3）$\lim\limits_{x \to 1} \dfrac{x^2 - 2x + 1}{x^2 - 1}$。

　（4）$\lim\limits_{x \to \infty} \left(2 - \dfrac{1}{x} + \dfrac{1}{x^2}\right)$。

第 13 章 积 分

内容简介

本章主要介绍使用 MATLAB 解决工程计算中常见积分问题的技巧和方法。积分、多重积分以及积分变换都是工程计算中最基本的数学分析手段,因此熟练掌握本章内容是应用 MATLAB 的基础。

内容要点

- 积分简介
- 多重积分
- 泰勒展开
- 傅里叶展开
- 积分变换
- 综合实例——时域信号的频谱分析
- 课后习题

13.1 积分简介

与微分不同,积分主要用于研究函数的整体性态,因此在工程中的作用是不言而喻的。理论上可以用牛顿-莱布尼茨公式求解对已知函数的积分,但在工程中这并不可取,因为实际应用中遇到的大多数函数都不能找到其积分函数,有些函数的表达式非常复杂,用牛顿-莱布尼茨公式求解会相当复杂。因此,在工程中大多数情况下都使用 MATLAB 提供的积分运算函数来计算,在少数情况下也可以通过 MATLAB 编程实现。

13.1.1 定积分与广义积分

定积分是工程中用得最多的积分运算,利用 MATLAB 提供的 int 命令可以很容易地求已知函数在已知区间的积分值。

int 命令求定积分的调用格式见表 13-1。

表 13-1 int 命令求定积分的调用格式

调用格式	说 明
int (f,a,b)	计算函数 f 在区间[a,b]上的定积分
int (f,x,a,b)	计算函数 f 关于 x 在区间[a,b]上的定积分

续表

调 用 格 式	说　明
int(…,Name,Value)	使用名称-值对组参数指定选项设置定积分。设置的选项包括下面几种。 IgnoreAnalyticConstraints：将纯代数简化应用于被积函数的指示符，取值包括 false（默认）、true。 IgnoreSpecialCases：忽略特殊情况，取值包括 false（默认）、true。 PrincipalValue：返回主体值，取值包括 false（默认）、true。 Hold：未评估集成，取值包括 false（默认）、true

实例——函数 1 求积分

源文件：yuanwenjian\ch13\hsjf1.m

本实例求 $\int_0^1 \frac{\sin x}{x} dx$。

解：MATLAB 程序如下。

```
>> syms x;                      %定义符号变量
>> v=int(sin(x)/x,0,1)          %计算函数在[0,1]上的定积分
v =
sinint(1)
>> vpa(v)                       %控制数值的输出精度
ans =
0.94608307036718301494135331382318
```

说明：

　　本实例中的被积函数在[0,1]上显然是连续的，因此它在[0,1]上肯定是可积的，但若按数学分析中的方法确实无法积分，这就更体现了 MATLAB 的实用性。

实例——函数 2 求积分

源文件：yuanwenjian\ch13\hsjf5.m

本实例求 $\int_{-\infty}^{+\infty} \frac{1}{x^2+2x+3} dx$。

解：MATLAB 程序如下。

```
>> syms x;                      %定义符号变量
>> f=1/(x^2+2*x+3);             %定义函数表达式 f
>> v=int(f,-inf,inf)            %计算函数 f 在[-∞,∞]上的积分
v =
(pi*2^(1/2))/2
>> vpa(v)                       %控制数值的输出精度
ans =
2.2214414690791831235079404950303
```

动手练一练——表达式定积分

分别计算下列表达式的积分。

- 258 -

（1）$\int_{-\infty}^{+\infty}(4-3x^2)^2 \mathrm{d}x$。

（2）$\int_{-\infty}^{+\infty}\dfrac{x}{x+y}dx$。

（3）$\int_{-\infty}^{+\infty}\dfrac{x}{x+y}\mathrm{d}y$。

（4）$\int_{-\infty}^{+\infty}\dfrac{x^2}{x+2}\mathrm{d}x$。

思路点拨：

源文件：yuanwenjian\ch13\bdjf.m
（1）定义变量。
（2）输入表达式。
（3）求定积分。

13.1.2 不定积分

在实际的工程计算中，有时也会用到求不定积分的问题。利用 int 命令同样可以求不定积分，其调用格式见表 13-2。

表 13-2 int 命令的调用格式

调 用 格 式	说　　　明
int (f)	计算函数 f 的不定积分
int (f,x)	计算函数 f 关于变量 x 的不定积分

实例——函数 1 求不定积分

源文件：yuanwenjian\ch13\hsbdjf1.m
本实例求 sin($xy+z+1$) 对 x 的不定积分。

解：MATLAB 程序如下。

```
>> syms x y z                %定义符号变量
>> f=sin(x*y+z+1);           %定义符号表达式
>> int(f)                    %计算函数 f 的不定积分，默认为对变量 x 的不定积分
ans =
 -cos(z + x*y + 1)/y
```

实例——函数 2 求不定积分

源文件：yuanwenjian\ch13\hsbdjf5.m
本实例求 $\int (y\sin x + x\cos y + x)\mathrm{d}x$。

解：MATLAB 程序如下。

```
>> syms x y                                    %定义符号变量
```

```
>> v= int(y*sin(x)+x*cos(y)+x,x)         %计算函数对变量 x 的不定积分
v =
x^2*(cos(y)/2+1/2)-y*cos(x)
```

动手练一练——表达式不定积分

求 $\int \dfrac{\sin x + \cos y}{x} \mathrm{d}x$。

思路点拨：

源文件：yuanwenjian\ch13\bbdjf.m

（1）定义变量。
（2）输入表达式。
（3）求不定积分。

13.2 多重积分

多重积分与一重积分在本质上是相通的，但是多重积分的积分区域比较复杂。可以利用前面讲解的 int 命令结合对积分区域的分析进行多重积分计算，也可以利用 MATLAB 自带的多重积分命令进行计算。

13.2.1 二重积分

MATLAB 专门用于进行二重积分数值计算的命令是 integral2。这是一个在矩形范围内计算二重积分的命令。

integral2 命令的调用格式见表 13-3。

表 13-3 integral2 命令的调用格式

调 用 格 式	说　明
q= integral2(fun,xmin,xmax,ymin,ymax)	在 xmin≤x≤xmax，ymin≤y≤ymax 的矩形内计算 fun(x,y)的二重积分，此时默认的求解积分的数值方法为 quad，默认的公差为 10^{-6}
q=integral2 (fun,xmin,xmax,ymin,ymax,Name,Value)	在指定范围的矩形内计算 fun(x,y)的二重积分，并使用名称-值对组参数设置二重积分选项

实例——函数 1 求二重积分

源文件：yuanwenjian\ch13\ecjf1.m

本实例计算 $\int_0^\pi \int_\pi^{2\pi} (y\sin x + x\cos y)\mathrm{d}x\mathrm{d}y$。

解：MATLAB 程序如下。

```
>> clear                                  %清除工作区的变量
>> fun = @(x,y)(y.*sin(x)+x.*cos(y));     %定义函数名柄 fun
>> integral2(fun,pi,2*pi,0,pi)            %在指定区间计算函数的二重积分
```

```
ans =
   -9.8696
```

如果使用 int 命令进行二重积分计算，则需要先确定积分区域以及积分的上下限，然后再进行积分计算。

实例——函数 2 求二重积分

源文件：yuanwenjian\ch13\ecjf2.m、函数 2 求二重积分.fig

本实例计算 $\iint\limits_{D} x \mathrm{d}x \mathrm{d}y$，其中 D 是由直线 $y=2x$，$y=0.5x$，$y=3-x$ 所围成的平面区域。

解：MATLAB 程序如下。

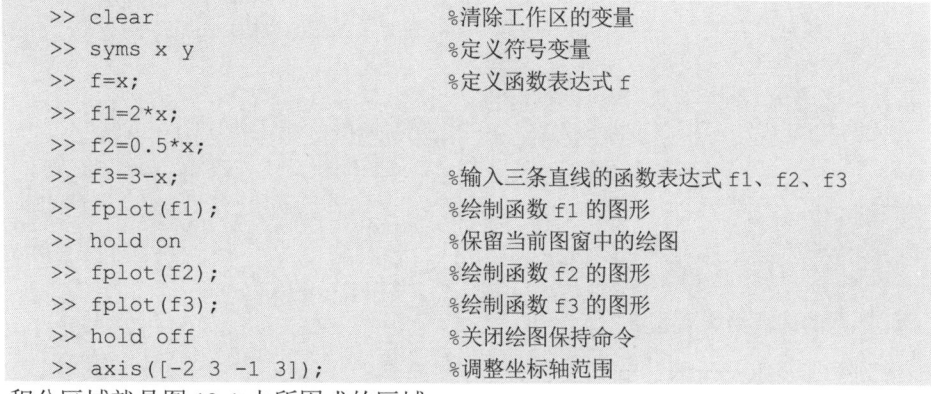

```
>> clear                    %清除工作区的变量
>> syms x y                 %定义符号变量
>> f=x;                     %定义函数表达式 f
>> f1=2*x;
>> f2=0.5*x;
>> f3=3-x;                  %输入三条直线的函数表达式 f1、f2、f3
>> fplot(f1);               %绘制函数 f1 的图形
>> hold on                  %保留当前图窗中的绘图
>> fplot(f2);               %绘制函数 f2 的图形
>> fplot(f3);               %绘制函数 f3 的图形
>> hold off                 %关闭绘图保持命令
>> axis([-2 3 -1 3]);       %调整坐标轴范围
```

积分区域就是图 13-1 中所围成的区域。

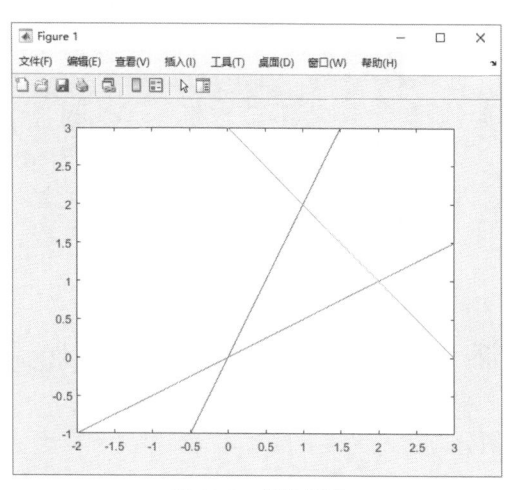

图 13-1 积分区域

下面确定积分限。

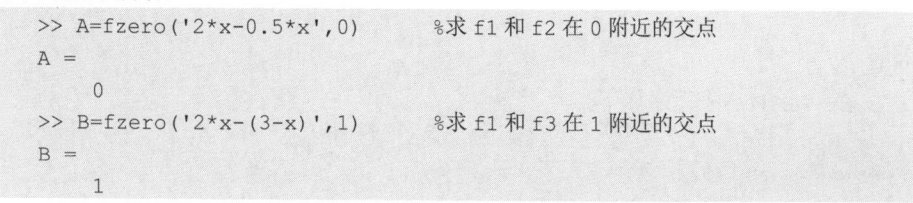

```
>> A=fzero('2*x-0.5*x',0)   %求 f1 和 f2 在 0 附近的交点
A =
     0
>> B=fzero('2*x-(3-x)',1)   %求 f1 和 f3 在 1 附近的交点
B =
     1
```

```
>> C=fzero('3-x-0.5*x',2)         %求f3和f2在2附近的交点
C =
    2
```

即 $A=0$，$B=1$，$C=2$，找到积分限。下面进行积分计算。

根据图13-1可以将积分区域分成两个部分，计算过程如下。

```
>> ff1=int(f,y,0.5*x,2*x)         %在第一个积分区域对y进行积分
ff1 =
(3*x^2)/2
>> ff11=int(ff1,x,0,1)            %在区间[0,1]对x进行积分
ff11 =
1/2
>> ff2=int(f,y,0.5*x,3-x)         %在第二个积分区域对y进行积分
ff2 =
-(3*x*(x-2))/2
>> ff22=int(ff2,x,1,2)            %在区间[1,2]对x进行积分
ff22 =
1
>> ff11+ff22                      %积分求和
ans =
3/2
```

本题的计算结果就是3/2。

动手练一练——表达式二重积分

求 $\int_0^1 \int_0^1 (\sin x + e^{y+x}) dx dy$ 。

思路点拨：

源文件：yuanwenjian\ch13\becjf.m

（1）定义函数句柄。

（2）求二重积分。

13.2.2 三重积分

计算三重积分的过程和计算二重积分是一样的，但是由于三重积分的积分区域更加复杂，所以计算三重积分的过程更加烦琐。

实例——椭球体积分

源文件：yuanwenjian\ch13\tqtjf.m、三维积分区域.fig、x轴侧视图.fig、y轴侧视图.fig

本实例计算 $\iiint_V (x^2 + y^2 + z^2) dx dy dz$，其中 V 是由椭球体 $x^2 + \dfrac{y^2}{4} + \dfrac{z^2}{9} = 1$ 围成的内部区域。

解：MATLAB程序如下。

```
>> clear                          %清除工作区的变量
>> x=-1:2/50:1;
```

```
>> y=-2:4/50:2;              %定义椭球体函数 x、y 的取值范围和取值点
>> z=-3;
for i=1:51
        for j=1:51
                z(j,i)=(9*(1-x(i)^2-y(j)^2/4))^0.5;
                %根据椭球体函数计算 z 轴坐标值,如果 z 轴坐标值不是实数,则赋值为 nan
                if imag(z(j,i))<0
                        z(j,i)=nan;
                end
                if imag(z(j,i))>0;
                        z(j,i)=nan;
                end
        end
end
>> mesh(x,y,z)               %绘制由坐标矩阵 x、y、z 指定的三维网格曲面图
>> hold on                   %保留当前图窗的绘图,调整坐标方向,绘制椭球体的曲面
>> mesh(x,y,-z)
>> mesh(x,-y,z)
>> mesh(x,-y,-z)
>> mesh(-x,y,z)
>> mesh(-x,y,-z)
>> mesh(-x,-y,-z)
>> mesh(-x,-y,z)
```

积分区域如图 13-2 所示。

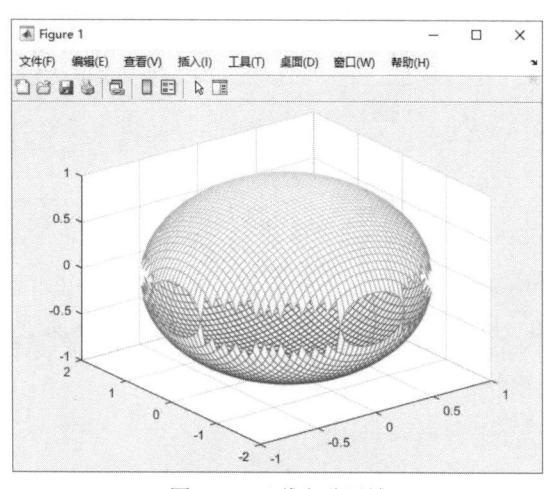

图 13-2 三维积分区域

下面确定积分限。

```
>>view(0,90)                 %显示沿 x 轴侧视图
>>title('沿 x 轴侧视')
>>view(90,0)                 %显示沿 y 轴侧视图
>>title('沿 y 轴侧视')
```

积分限如图 13-3 和图 13-4 所示。

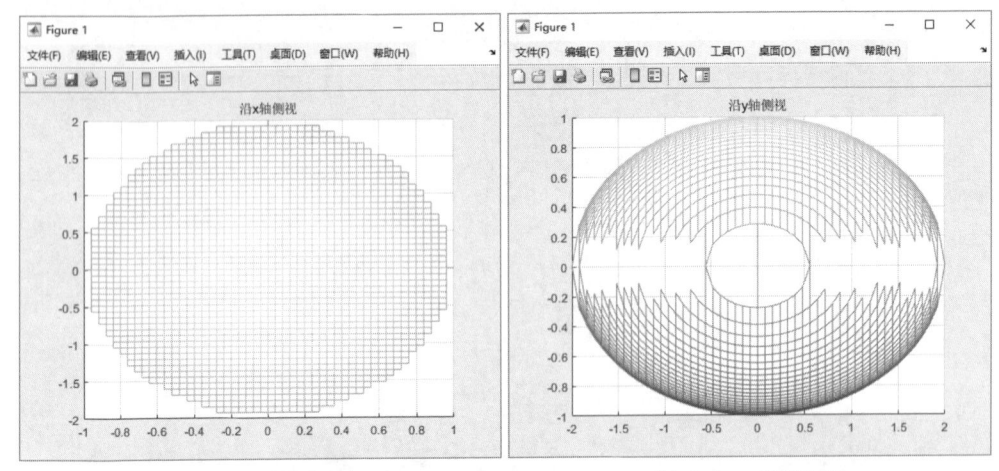

图 13-3　x 轴侧视图　　　　　　　　　图 13-4　y 轴侧视图

由图 13-3 和图 13-4 以及椭球面的性质，可以得到：

```
>> syms x y z                       %定义符号变量
>> f=x^2+y^2+z^2;                   %定义函数表达式 f
>> a1=-sqrt(1-(x^2));
>> a2=sqrt(1-(x^2));                %设置对 y 积分的区间下限和上限
>> b1=-3*sqrt(1-x^2-(y/2)^2);
>> b2=3*sqrt(1-x^2-(y/2)^2);        %设置对 z 积分的区间下限和上限
>> fdz=int(f,z,b1,b2);              %在指定区间求 f 对 z 的定积分
>> fdzdy=int(fdz,y,a1,a2);          %在指定区间求对 y 的定积分
>> fdzdydx=int(fdzdy,x,-1,1);       %在指定区间求对 x 的定积分
>> simplify(fdzdydx)                %对积分结果进行代数简化
ans =
(112*pi)/15 + 10*3^(1/2)
```

13.3　泰　勒　展　开

用简单函数逼近（近似表示）复杂函数是数学中的一种基本思想方法，也是工程中常常要用到的技术手段。本节主要介绍如何用 MATLAB 来实现泰勒（Taylor）展开的操作。

13.3.1　泰勒定理

为了更好地说明下面的内容，让读者更易理解本小节内容，先介绍著名的泰勒定理。

若函数 $f(x)$ 在 x_0 处 $n+1$ 阶可微，则 $f(x) = \sum_{k=0}^{n} \frac{f^{(k)}(x_0)}{k!}(x-x_0)^k + R_n(x)$。式中，$R_n(x)$ 称为 $f(x)$ 的余项，常用的余项公式如下所示。

➤ 皮亚诺（Peano）型余项：$R_n(x) = o((x-x_0)^n)$。

➤ 拉格朗日（Lagrange）型余项：$R_n(x) = \frac{f^{(n+1)}(\xi)}{(n+1)!}(x-x_0)^{n+1}$，其中 ξ 介于 x 与 x_0 之间。

特别地，当 $x_0 = 0$ 时的带拉格朗日型余项的泰勒公式

$$f(x) = f(0) + f'(0)x + \frac{f''(0)}{2!}x^2 + \cdots + \frac{f^{(n)}(0)}{n!}x^n + \frac{f^{(n+1)}(\xi)}{(n+1)!}x^{n+1} \quad (0 < \xi < x)$$

称为麦克劳林（Maclaurin）公式。

13.3.2 MATLAB 实现方法

麦克劳林公式实际上是将函数 $f(x)$ 表示成 x^n（n 从 0 到无穷大）的和的形式。在 MATLAB 中，可以用 taylor 命令来实现这种泰勒展开。taylor 命令的调用格式见表 13-4。

表 13-4 taylor 命令的调用格式

调用格式	说明
taylor(f)	关于系统默认变量 x 求 $\sum_{n=0}^{5} \frac{f^{(n)}(0)}{n!} x^n$
taylor(f,m)	关于系统默认变量 x 求 $\sum_{n=0}^{m} \frac{f^{(n)}(0)}{n!} x^n$，这里的 m 要求为一个正整数
taylor(f,a)	关于系统默认变量 x 求 $\sum_{n=0}^{5} (x-a)^n \frac{f^{(n)}(a)}{n!} x^n$，这里的 a 要求为一个实数
taylor(f,m,a)	关于系统默认变量 x 求 $\sum_{n=0}^{m} (x-a)^n \frac{f^{(n)}(a)}{n!} x^n$，这里的 m 要求为一个正整数，a 要求为一个实数
taylor(f,y)	关于函数 $f(x,y)$ 求 $\sum_{n=0}^{5} \frac{y^n}{n!} \frac{\partial^n}{\partial y^n} f(x, y = 0)$
taylor(f,y,m)	关于函数 $f(x,y)$ 求 $\sum_{n=0}^{m} \frac{y^n}{n!} \frac{\partial^n}{\partial y^n} f(x, y = 0)$，这里的 m 要求为一个正整数
taylor(f,y,a)	关于函数 $f(x,y)$ 求 $\sum_{n=0}^{5} \frac{(y-a)^n}{n!} \frac{\partial^n}{\partial y^n} f(x, y = a)$，这里的 a 要求为一个实数
taylor(f,m,y,a)	关于函数 $f(x,y)$ 求 $\sum_{n=0}^{m} \frac{(y-a)^n}{n!} \frac{\partial^n}{\partial y^n} f(x, y = a)$，这里的 m 要求为一个正整数，a 要求为一个实数
taylor(…,Name,Value)	用由一个或多个名称-值对组参数指定属性

实例——6 阶麦克劳林型近似展开

源文件：yuanwenjian\ch13\mkll6.m

本实例求 e^{-x} 的 6 阶麦克劳林型近似展开。

解：MATLAB 程序如下。

```
>> syms x                %定义符号变量 x
>> f=exp(-x);            %创建以 x 为自变量的符号表达式 f
>> f6=taylor(f)          %求函数 f 的麦克劳林型近似展开，默认为 6 阶展开
f6 =
- x^5/120 + x^4/24 - x^3/6 + x^2/2 - x + 1
```

13.4 傅里叶展开

MATLAB 中不存在现成的傅里叶（Fourier）级数展开命令，可以根据傅里叶级数的定义编写一个函数文件来完成这个计算。

傅里叶级数的定义如下：

设函数 $f(x)$ 在区间 $[0,2\pi]$ 上绝对可积，且令

$$\begin{cases} a_n = \dfrac{1}{\pi} \int_0^{2\pi} f(x)\cos nx \, \mathrm{d}x & (n=0,1,2,\cdots) \\ b_n = \dfrac{1}{\pi} \int_0^{2\pi} f(x)\sin nx \, \mathrm{d}x & (n=1,2,\cdots) \end{cases}$$

以 a_n、b_n 为系数作三角级数

$$\frac{a_0}{2} + \sum_{n=1}^{\infty}(a_n \cos nx + b_n \sin nx)$$

称为 $f(x)$ 的傅里叶级数，a_n、b_n 称为 $f(x)$ 的傅里叶系数。

根据以上定义，编写计算区间 $[0,2\pi]$ 上傅里叶系数的 Fourierzpi.m 文件，内容如下：

```
function [a0,an,bn]=Fourierzpi(f)
syms x n
a0=int(f,0,2*pi)/pi;
an=int(f*cos(n*x),0,2*pi)/pi;
bn=int(f*sin(n*x),0,2*pi)/pi;
```

实例——平方函数傅里叶系数

源文件：yuanwenjian\ch13\pffly.m

本实例计算 $f(x) = x^2$ 在区间 $[0,2\pi]$ 上的傅里叶系数。

解：MATLAB 程序如下。

```
>> clear                          %清除工作区的变量
>> syms x                         %定义符号变量 x
>> f=x^2;                         %定义平方函数表达式 f
>> [a0,an,bn]=Fourierzpi(f)       %计算 f 在区间[0,2π]上的傅里叶系数 an 和 bn,
                                  %以及常量 a0
a0 =
8/3*pi^2
an =
(4*n^2*pi^2*sin(2*pi*n) - 2*sin(2*pi*n) + 4*n*pi*cos(2*pi*n))/(n^3*pi)
bn =
(2*(2*n^2*pi^2*(2*sin(pi*n)^2 - 1) - 2*sin(pi*n)^2 + 2*n*pi*
sin(2*pi*n)))/(n^3*pi)
```

动手练一练——表达式傅里叶系数

求 $\dfrac{\sin x + e^x}{x^2}$ 在区间$[-\pi,\pi]$上的傅里叶系数。

> **思路点拨：**
> 源文件：yuanwenjian\ch13\bfly.m
> （1）定义变量。
> （2）输入表达式。
> （3）调用傅里叶系数函数。

13.5　积　分　变　换

积分变换是一个非常重要的工程计算手段，它通过含参变量积分将一个已知函数变为另一个函数，使函数的求解更为简单。最重要的积分变换有傅里叶变换、拉普拉斯变换等。本节将结合工程实例介绍如何用 MATLAB 求解傅里叶变换和拉普拉斯变换问题。

13.5.1　傅里叶变换

傅里叶变换是将函数表示成一组具有不同幅值的正弦函数的和或者积分，在物理学、数论、信号处理、概率论等领域都有着广泛的应用。MATLAB 提供的傅里叶变换命令是 fourier。fourier 命令的调用格式见表 13-5。

表 13-5　fourier 命令的调用格式

调用格式	说　明
fourier (f)	返回 f 对默认自变量 x 的符号傅里叶变换，默认的返回形式是 $f(w)$，即 $f=f(x) \Rightarrow F=F(w)$；如果 $f=f(w)$，则返回 $F=F(t)$，即求 $F(w)=\int_{-\infty}^{\infty} f(x)\mathrm{e}^{-iwx}\mathrm{d}x$
fourier (f,v)	返回的傅里叶变换以 v 替代 w 为默认变换变量，即求 $F(v)=\int_{-\infty}^{\infty} f(x)\mathrm{e}^{-ivx}\mathrm{d}x$
fourier (f,u,v)	返回的傅里叶变换以 v 代替 w，自变量以 u 替代 x，即求 $F(v)=\int_{-\infty}^{\infty} f(u)\mathrm{e}^{-ivu}\mathrm{d}u$

实例——傅里叶变换 1

源文件：yuanwenjian\ch13\flybh1.m

本实例计算 $f(x)=\mathrm{e}^{-x^2}$ 的傅里叶变换。

解：MATLAB 程序如下。

```
>> clear
>> syms x            %定义符号变量 x
>> f = exp(-x^2);    %定义函数表达式 f
>> fourier(f)        %返回函数 f 对默认自变量 x 的傅里叶变换，结果是以转换变量 w 为
                     %自变量的函数
ans =
pi^(1/2)*exp(-w^2/4)
```

实例——傅里叶变换 2

源文件：yuanwenjian\ch13\flybh2.m

本实例计算 $f(w) = e^{-|w+1|}$ 的傅里叶变换。

解：MATLAB 程序如下。

```
>> clear
>> syms w                %定义符号变量w
>> f = exp(-abs(w+1));%定义函数表达式f
>> fourier(f)            %计算函数f对自变量w的傅里叶变换。返回以转换变量v为
                         %自变量的函数
ans =
- exp(v*1i)/(- 1 + v*1i) + exp(v*1i)/(1 + v*1i)
```

13.5.2 傅里叶逆变换

MATLAB 提供的傅里叶逆变换命令是 ifourier。ifourier 命令的调用格式见表 13-6。

表 13-6 ifourier 命令的调用格式

调用格式	说　明
ifourier (F)	f 返回对默认自变量 w 的傅里叶逆变换，默认变换变量为 x，默认的返回形式是 $f(w)$，即 $F = F(w)$ $\Rightarrow f = f(x)$；如果 $F = F(x)$，则返回 $f = f(t)$，即求 $f(w) = \frac{1}{2\pi}\int_{-\infty}^{\infty} F(x)e^{iwx}dw$
ifourier (F,u)	返回的傅里叶逆变换以 u 代替 x 作为默认变换变量，即求 $L(z) = \int_{-\infty}^{\infty} F(w)e^{-zw}dw$
ifourier (F,v,u)	返回以 v 代替 w，u 代替 x 的傅里叶逆变换，即求 $f(v) = \frac{1}{2\pi}\int_{-\infty}^{\infty} F(u)e^{iuv}dv$

实例——傅里叶逆变换 1

源文件：yuanwenjian\ch13\flyn1.m

本实例计算 $f(w) = e^{-\frac{w^2}{4a^2}}$ 的傅里叶逆变换。

解：MATLAB 程序如下。

```
>> clear
>> syms a w real         %定义符号变量a、w
>> f=exp(-w^2/(4*a^2));  %符号表达式f
>> F = ifourier(f)       %函数f对默认自变量w的傅里叶逆变换，返回以转换
                         %变量x为自变量的函数
F =
exp(-a^2*x^2)/(2*pi^(1/2)*(1/(4*a^2))^(1/2))
```

实例——傅里叶逆变换 2

源文件：yuanwenjian\ch13\flyn2.m

本实例计算 $g(w) = e^{-|x|}$ 的傅里叶逆变换。

解：MATLAB 程序如下。

```
>> clear
>> syms x real          %定义符号变量
>> g= exp(-abs(x));     %定义函数表达式 g
>> ifourier(g)          %计算函数 g 的傅里叶逆变换，返回以转换变量 t 为自变量的函数
ans =
1/(pi*(t^2 + 1))
```

13.5.3 快速傅里叶变换

快速傅里叶变换（Fast Fourier Transform，FFT）是离散傅里叶变换的快速算法，它是根据离散傅里叶变换的奇、偶、虚、实等特性，对离散傅里叶变换的算法进行改进获得的。

MATLAB 提供了多种快速傅里叶变换的命令，其调用格式见表 13-7。

表 13-7 快速傅里叶变换命令的调用格式

命令	意义	调用格式
fft	一维快速傅里叶变换	Y=fft(X)，计算对向量 X 的快速傅里叶变换。如果 X 是矩阵，fft 返回对每一列的快速傅里叶变换
		Y=fft(X,n)，计算向量 X 的 n 点 FFT。当 X 的长度小于 n 时，系统将在 X 的尾部补 0，以构成 n 点数据；当 X 的长度大于 n 时，系统进行截尾
		Y=fft(X,n,dim)，计算对指定的第 dim 维的快速傅里叶变换
fft2	二维快速傅里叶变换	Y=fft2(X)，计算对 X 的二维快速傅里叶变换。结果 Y 与 X 的维数相同
		Y=fft2(X,m,n)，计算结果为 m×n 阶，系统将视情况对 X 进行截尾或者以 0 来补齐
fftshift	将快速傅里叶变换（fft、fft2）的 DC（直流）分量移到谱中心	Y=fftshift(X)，将 DC 分量转移至谱中心
		Y=fftshift(X,dim)，将 DC 分量转移至 dim 维谱中心，若 dim 为 1，则上下转移；若 dim 为 2，则左右转移
ifft	一维逆快速傅里叶变换	Y=ifft(X)，计算 X 的逆快速傅里叶变换
		Y=ifft(X,n)，计算向量 X 的 n 点逆 FFT
		Y=ifft(…,symflag)，计算对指定 X 的对称性的逆 FFT
		Y=ifft(X,n,dim)，计算对 dim 维的逆 FFT
ifft2	二维逆快速傅里叶变换	Y=ifft2(X)，计算 X 的二维逆快速傅里叶变换
		Y=ifft2(X,m,n)，计算向量 X 的 m×n 维逆快速傅里叶变换
		Y=ifft2(…,symflag)，计算对指定 X 的对称性的二维逆快速傅里叶变换
ifftn	多维逆快速傅里叶变换	Y=ifftn(X)，计算 X 的 n 维逆快速傅里叶变换
		Y=ifftn(X,sz)，系统将视情况对 X 进行截尾或者以 0 来补齐
		Y=ifftn(…,symflag)，计算对指定 X 的对称性的 n 维逆快速傅里叶变换
ifftshift	逆 fft 平移	Y=ifftshift(X)，同时转移行与列
		Y=ifftshift(X,dim)，若 dim 为 1，则行转移；若 dim 为 2，则列转移

实例——快速卷积

源文件：yuanwenjian\ch13\ksjj.m

本实例利用快速傅里叶变换实现快速卷积。

解：MATLAB 程序如下。

```
>> clear
>> A=magic(4);              %生成 4×4 的魔方矩阵
>> B=ones(3);               %生成 3×3 的全 1 矩阵
>> A(6,6)=0;                %将 A 用 0 补全为（4+3-1）×（4+3-1）维
>> B(6,6)=0;                %将 B 用 0 补全为（4+3-1）×（4+3-1）维
>> C=ifft2(fft2(A).*fft2(B)) %对 A、B 进行二维快速傅里叶变换，并将结果相乘，
                            %对乘积进行二维逆快速傅里叶变换，得到卷积
C =
   16.0000   18.0000   21.0000   18.0000   16.0000   13.0000
   21.0000   34.0000   47.0000   47.0000   34.0000   21.0000
   30.0000   50.0000   69.0000   72.0000   52.0000   33.0000
   34.0000   68.0000  102.0000  102.0000   68.0000   34.0000
   18.0000   50.0000   81.0000   84.0000   52.0000   21.0000
   13.0000   34.0000   55.0000   55.0000   34.0000   13.0000
    4.0000   18.0000   33.0000   30.0000   16.0000    1.0000
```

下面是利用 MATLAB 自带的卷积计算命令 conv2 进行的验算。

```
>> A=magic(4);              %创建 4 阶魔方矩阵 A
>> B=ones(3);               %创建 3 阶全 1 矩阵 B
>> D=conv2(A,B)             %计算矩阵 A 和 B 的二维卷积
D =
   16   18   21   18   16   13
   21   34   47   47   34   21
   30   50   69   72   52   33
   18   50   81   84   52   21
   13   34   55   55   34   13
    4   18   33   30   16    1
```

13.5.4 拉普拉斯变换

拉普拉斯变换是工程数学中常用的一种积分变换，又名拉氏变换，该变换是一个线性变换，可将一个引数为实数 $t(t \geqslant 0)$ 的函数转换为一个引数为复数 s 的函数。

MATLAB 提供的拉普拉斯变换命令是 laplace，其调用格式见表 13-8。

表 13-8 laplace 命令的调用格式

调用格式	说　　明
laplace (F)	计算默认自变量 t 的符号拉普拉斯变换，默认的转换变量为 s，默认的返回形式为 $L(s)$，即 $F = F(t)$ $\Rightarrow L = L(s)$；如果 $F = F(s)$，则返回 $L = L(t)$，即求 $L(s) = \int_0^\infty F(t)\mathrm{e}^{-st}\mathrm{d}t$
laplace (F,z)	计算结果以 z 替换 s 为新的转换变量，即求 $L(z) = \int_0^\infty F(t)\mathrm{e}^{-tz}\mathrm{d}t$
laplace (F,w,z)	以 z 代替 s 作为转换变量，以 w 代替 t 作为自变量，并进行拉普拉斯变换，即求 $L(z) = \int_0^\infty F(w)\mathrm{e}^{-zw}\mathrm{d}w$

实例——拉普拉斯变换 1

源文件：yuanwenjian\ch13\lpls1.m

本实例计算 $f(t) = t^4$ 的拉普拉斯变换。

解：MATLAB 程序如下。

```
>> clear
>> syms t        %定义符号变量 t
>> f=t^4;        %定义以 t 为自变量的函数表达式 f
>> laplace(f)    %计算函数 f 的拉普拉斯变换，返回以转换变量 s 为自变量的函数
ans =
24/s^5
```

实例——拉普拉斯变换 2

源文件：yuanwenjian\ch13\lpls2.m

本实例计算 $g(s) = x^2 - x$ 的拉普拉斯变换。

解：MATLAB 程序如下。

```
>> clear
>> syms x z              %定义符号变量 x 和 z
>> g=x^2-x;              %定义函数表达式 g
>> laplace(g,z)          %以 z 为转换变量，计算函数 g 的拉普拉斯变换
ans =
2/z^3 - 1/z^2
```

13.5.5 拉普拉斯逆变换

MATLAB 提供的拉普拉斯（ilaplace）逆变换命令是 ilaplace，其调用格式见表 13-9。

表 13-9　ilaplace 命令的调用格式

调用格式	说　明
ilaplace (L)	计算对默认自变量 s 的拉普拉斯逆变换，默认转换变量为 t，默认的返回形式是 $F(t)$，即 $L = L(s) \Rightarrow F = F(t)$；如果 $L = L(t)$，则返回 $F = F(x)$，即求 $F(t) = \frac{1}{2\pi i}\int_{c-i\infty}^{c+i\infty} L(s)e^{st}ds$
ilaplace (L,y)	计算结果以 y 代替 t 作为新的转换变量，即求 $F(y) = \frac{1}{2\pi i}\int_{c-i\infty}^{c+i\infty} L(s)e^{sy}ds$
ilaplace (L,x,y)	计算转换变量以 y 代替 t，以自变量 x 代替 s 的拉普拉斯逆变换，即求 $F(y) = \frac{1}{2\pi i}\int_{c-iw}^{c+iw} L(x)e^{xy}dx$

实例——拉普拉斯逆变换 1

源文件：yuanwenjian\ch13\lplsn1.m

本实例计算 $f(t) = \dfrac{1}{s^2}$ 的拉普拉斯逆变换。

解：MATLAB 程序如下。

```
>> clear
>> syms s        %定义符号变量 s
```

```
>> f=1/(s^2);              %定义函数表达式 f
>> ilaplace(f)             %以 s 为自变量,t 为转换变量,返回函数 f 的拉普拉斯逆变换
ans =
t
```

实例——拉普拉斯逆变换 2

源文件：yuanwenjian\ch13\lplsn2.m

本实例计算 $g(a) = \dfrac{1}{(t-a)^2}$ 的拉普拉斯逆变换。

解：MATLAB 程序如下。

```
>> clear
>> syms a t               %定义符号变量 a 和 t
>> g=1/(t-a)^2;           %定义函数表达式 g
>> ilaplace(g)            %用转换变量 x 返回函数 g 的拉普拉斯逆变换
ans =
x*exp(a*x)
```

13.6 综合实例——时域信号的频谱分析

源文件：yuanwenjian\ch13\syxh.m

傅里叶变换经常被用于计算存在噪声的时域信号的频谱。假设数据采样频率为 1000Hz，一个信号包含两个正弦波，频率为 50Hz、120Hz，振幅为 0.7、1，噪声为零平均值的随机噪声。试采用快速傅里叶变换方法分析其频谱。

解：MATLAB 程序如下。

```
>> clear
>> Fs = 1000;                          %采样频率
>> T = 1/Fs;                           %采样时间
>> L = 1000;                           %信号长度
>> t = (0:L-1)*T;                      %时间向量
>> x = 0.7*sin(2*pi*50*t) + sin(2*pi*120*t);    %正弦信号表达式
>> y = x + 2*randn(size(t));           %加噪声正弦信号
>> plot(Fs*t(1:50),y(1:50))            %绘制添加了随机噪声的信号波
>> title('零平均值噪声信号');
>> xlabel('time (milliseconds)')       %标注 x 轴
>> NFFT = 2^nextpow2(L);               %传递给 fft 的信号长度
>> Y = fft(y,NFFT)/L;                  %对信号进行快速傅里叶变换,将时域信号转化为频谱
>> f = Fs/2*linspace(0,1,NFFT/2);      %快速傅里叶变换后的频率
>> plot(f,2*abs(Y(1:NFFT/2)))          %绘制单边振幅频谱
>> title('y(t)单边振幅频谱')
>> xlabel('Frequency (Hz)')
>> ylabel('|Y(f)|')
```

计算结果的图形如图 13-5 和图 13-6 所示。

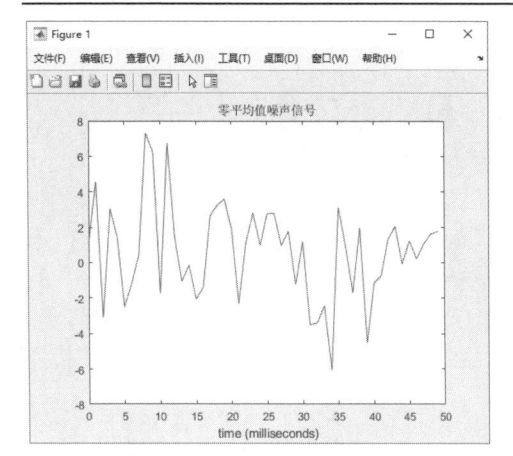

图 13-5　零平均值噪声信号　　　　　　图 13-6　y(t)单边振幅频谱

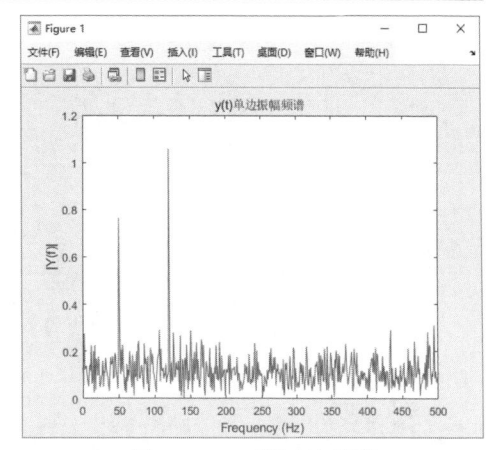

13.7　课后习题

1. 在 MATLAB 中，（　）命令用于计算定积分。
   A. integrate　　　　B. int　　　　　　C. quad　　　　　　D. trapz
2. 在 MATLAB 中，（　）命令用于计算不定积分。
   A. diff　　　　　　B. integral　　　　C. indefiniteIntegral　D. antiderivative
3. 在 MATLAB 中，（　）命令用于计算二重积分。
   A. doubleint　　　　B. dblquad　　　　C. integral2　　　　D. integralxy
4. 在 MATLAB 中，（　）命令用于计算三重积分。
   A. tripleint　　　　B. triplequad　　　C. integral3　　　　D. integralxyz
5. 在 MATLAB 中，（　）命令用于计算傅里叶变换。
   A. fft　　　　　　　B. fourier　　　　C. fourierTransform　D. fastFourierTransform
6. 计算以下函数的定积分。

   (1) $\int_{-1}^{0} \dfrac{3x^4+3x^2+1}{x^2+1} \, dx$ 。

   (2) $\int_{0}^{\frac{\pi}{4}} \tan^2 \theta \, d\theta$ 。

   (3) $\int_{4}^{9} \sqrt{x}(1+\sqrt{x}) \, dx$ 。

7. 计算以下函数的不定积分。

   (1) $\int e^{5t} \, dt$ 。

   (2) $\int \dfrac{x}{\sqrt{2-3x^2}} \, dx$ 。

8. 计算函数的二重积分 $\iint \dfrac{1}{(\sqrt{x+y})(1+x+y)^2} \, dxdy$ 。

9. 计算函数 $\iiint\limits_{\Omega} \dfrac{10}{x^2+y^2+z^2+a} \, dxdydz$ 的三重积分，其中 Ω 是由 $\infty \leqslant x \leqslant 0$、$-100 \leqslant y \leqslant 0$、$-100 \leqslant z \leqslant 0$ 所围成的闭区域。

10. 计算函数 $f(x)=\arcsin(1-2x)$ 的傅里叶变换。

第 14 章 方程求解

内容简介

本章介绍线性方程求解、非线性方程及非线性方程组的优化解。通过对实例的分析，具体介绍 MATLAB 优化工具箱函数的应用。

内容要点

- 方程组简介
- 线性方程组求解
- 方程与方程组的优化解
- 综合实例——带雅可比矩阵的非线性方程组求解
- 课后习题

14.1 方程组简介

方程是表示两个数学式之间相等关系的一种含有未知数的等式。方程中的未知数称为"元"，根据元的个数和幂次不同，方程具有多种形式，如一元一次方程、二元一次方程等。

在实际应用中，通常将两个或两个以上的方程组合在一起研究，使其中的未知数同时满足每一个方程，这样的组合称为方程组，也称"联立方程"。

1. 一元方程

（1）一元一次方程 $ax+b=c$ 直接使用四则运算进行计算，$x=\dfrac{c-b}{a}$。

（2）设一元二次方程 $ax^2+bx+c=0\,(a,b,c\in R, a\neq 0)$ 的两根 x_1、x_2 有如下关系。

$$x_1+x_2=-\frac{b}{a} \tag{14-1}$$

$$x_1 x_2=\frac{c}{a} \tag{14-2}$$

由一元二次方程求根公式知：$x_{1,2}=\dfrac{-b\pm\sqrt{b^2-4ac}}{2a}$。

（3）一元三次方程的解法只能用归纳思维得到，即根据一元一次方程、一元二次方程及特殊的高次方程的求根公式归纳出一元三次方程的求根公式。

归纳出形如 $x^3+px+q=0$ 的一元三次方程的求根公式为 $x=\sqrt[3]{A}+\sqrt[3]{B}$ 型，即一元三次方程求根公式的形式。

2．二元一次方程

将方程组中一个方程的一个未知数用含有另一个未知数的代数式表示，代入另一个方程中，消去一个未知数，得到一个一元一次方程，最后求得方程组的解。这种解方程组的方法称为代入消元法。具体步骤如下：

（1）选取一个系数较简单的二元一次方程进行变形，用含有一个未知数的代数式表示另一个未知数。

（2）将变形后的方程代入另一个方程，消去一个未知数，得到一个一元一次方程（在代入时，要注意不能代入原方程，只能代入另一个没有变形的方程中，以达到消元的目的）。

（3）解这个一元一次方程，求出未知数的值。

（4）将求得的未知数的值代入式（14-1）或式（14-2）中变形后的方程中，求出另一个未知数的值。

（5）用"{"联立两个未知数的值，就是方程组的解。

（6）检验求得的结果是否正确（代入原方程组中检验方程是否满足左边等于右边）。

14.2 线性方程组求解

能同时满足方程组中每个方程的未知数的值，称为方程组的"解"，求出它所有解的过程称为"解方程组"。在《线性代数》中，求解线性方程组是一个基本内容，在实际应用中，许多工程问题都可以化为线性方程组的求解问题。本节将讲述如何用 MATLAB 来解各种线性方程组。为了使读者能够更好地掌握本节内容，本节首先简单介绍一下线性方程组的基础知识，然后讲述利用 MATLAB 求解线性方程组的几种方法。

14.2.1 利用矩阵除法求解

在自然科学和工程技术中，很多问题的解决常常归结为解线性代数方程组。例如，电学中的网络问题，船体数学放样中建立三次样条函数问题，用最小二乘法求实验数据的曲线拟合问题，解非线性方程组问题，用差分法或有限元方法求解常微分方程、偏微分方程边值问题等，最终都是求解线性代数方程组。

线性方程组的一般形式为

$$a_{11}x_1 + a_{12}x_2 + \cdots + a_{1n}x_n = b_1$$
$$a_{21}x_1 + a_{22}x_2 + \cdots + a_{2n}x_n = b_2$$
$$\vdots$$
$$a_{n1}x_1 + a_{n2}x_2 + \cdots + a_{nn}x_n = b_n$$

或者表示为矩阵形式 $Ax = b$。其中，A 为矩阵；x 和 b 为向量。

实例——方程组求解 1

源文件：yuanwenjian\ch14\fczqj1.m

本实例求解下列方程组

$$\begin{cases} x_1 + x_2 + x_3 = 6 \\ 4x_2 - x_3 = 5 \\ 2x_1 - 2x_2 + x_3 = 1 \end{cases}$$

将上述形式化成矩阵形式

$$\begin{bmatrix} 1 & 1 & 1 \\ 0 & 4 & -1 \\ 2 & -2 & 1 \end{bmatrix} \begin{bmatrix} x_1 \\ x_2 \\ x_3 \end{bmatrix} = \begin{bmatrix} 6 \\ 5 \\ 1 \end{bmatrix}$$

在命令行窗口中输入系数向量并调用求解命令得到解。

解：MATLAB 程序如下。

```
>> A=[1 1 1
     0 4 -1
     2 -2 1];         %方程组的系数矩阵A，0不能省略
>> b=[6;5;1];         %方程组的右端项
>> x=A\b              %利用矩阵除法求解方程组
x =
     1
     2
     3
```

也就是说，方程组的解为 $x = [1,2,3]$，代入方程组验证也可以满足。

14.2.2 判断线性方程组解

对于线性方程组 $Ax = b$，其中，$A \in R^{m \times n}$，$b \in R^m$。若 $m=n$，称为恰定方程组；若 $m>n$，称为超定方程组；若 $m<n$，称为欠定方程组。若 $b = 0$，则相应的方程组称为齐次线性方程组，否则称为非齐次线性方程组。

对于齐次线性方程组解的个数有下面的定理。

定理 1： 设方程组系数矩阵 A 的秩为 r，则

（1）若 $r=n$，则齐次线性方程组有唯一解。

（2）若 $r<n$，则齐次线性方程组有无穷解。

对于非齐次线性方程组解的存在性有下面的定理。

定理 2： 设方程组系数矩阵 A 的秩为 r，增广矩阵 $[A\ b]$ 的秩为 s，则

（1）若 $r=s=n$，则非齐次线性方程组有唯一解。

（2）若 $r=s<n$，则非齐次线性方程组有无穷解。

（3）若 $r \neq s$，则非齐次线性方程组无解。

关于齐次线性方程组与非齐次线性方程组之间的关系有下面的定理。

定理 3： 非齐次线性方程组的通解等于其一个特解与对应齐次方程组的通解之和。

若线性方程组有无穷多解，则需要找到一个基础解系 $\eta_1, \eta_2, \cdots, \eta_r$，以此来表示相应齐次方程组的通解 $k_1\eta_1 + k_2\eta_2 + \cdots + k_r\eta_r (k_r \in R)$。然后可以通过求矩阵 A 的核空间矩阵得到这个基础解系，在 MATLAB 中，可以用 null 命令得到 A 的核空间矩阵。null 命令的调用格式见表 14-1。

表 14-1　null 命令的调用格式

调 用 格 式	说　　　明
Z= null(A)	返回矩阵 A 的核空间矩阵 Z，即其列向量为方程组 Ax=0 的一个基础解系，Z 还满足 Z'Z = I
Z= null(A,'rational')	Z 的列向量是方程 Ax=0 的有理基，与上面的命令不同的是，Z 不满足 $Z^T Z = I$

实例——方程组求解 2

源文件：yuanwenjian\ch14\fczqj2.m

本实例求方程组 $\begin{cases} x_1 + 2x_2 + 2x_3 + x_4 = 0 \\ 2x_1 + x_2 - 2x_3 - 2x_4 = 0 \\ x_1 - x_2 - 4x_3 - 3x_4 = 0 \end{cases}$ 的通解。

解：MATLAB 程序如下。

```
>> clear
>> A=[1 2 2 1;2 1 -2 -2;1 -1 -4 -3];     %输入系数矩阵 A
>> format rat                             %指定以有理形式输出
>> Z=null(A,'rational')                   %求方程组的基础解系
Z =
     2           5/3
    -2          -4/3
     1           0
     0           1
>> format                                 %恢复默认的数据显示格式
```

所以该方程组的通解为

$$\boldsymbol{x} = k_1 \begin{bmatrix} 2 \\ -2 \\ 1 \\ 0 \end{bmatrix} + k_2 \begin{bmatrix} 5/3 \\ -4/3 \\ 0 \\ 1 \end{bmatrix} \quad (k_1, k_2 \in R)$$

在本小节的最后，给出一个判断线性方程组 $\boldsymbol{Ax} = \boldsymbol{b}$ 解的存在性的函数 isexist.m。

```
function y=isexist(A,b)
%该函数用于判断线性方程组 Ax=b 的解的存在性
%若方程组无解，则返回 0；若有唯一解，则返回 1；若有无穷多解，则返回 Inf
[m,n]=size(A);
[mb,nb]=size(b);
if m~=mb
    error('输入有误!');
    return;
end
r=rank(A);
s=rank([A,b]);
if r==s&r==n
    y=1;
elseif r==s&r<n
    y=Inf;
```

```
    else
        y=0;
    end
```

14.2.3 利用矩阵的逆（伪逆）与除法求解

对于线性方程组 $Ax = b$，若其为恰定方程组且 A 是非奇异的，则求 x 最直接的方法便是利用矩阵的逆，即 $x = A^{-1}b$；若不是恰定方程组，则可以利用伪逆来求其一个特解。

实例——方程组求解3

源文件：yuanwenjian\ch14\fczqj3.m

本实例求线性方程组 $\begin{cases} x_1 + 2x_2 + 2x_3 = 1 \\ x_2 - 2x_3 - 2x_4 = 2 \\ x_1 + 3x_2 - 2x_4 = 3 \end{cases}$ 的通解。

解：MATLAB 程序如下。

```
>> clear                            %清除工作区的变量
>> format rat                       %指定数据以有理形式输出
>> A=[1 2 2 0;0 1 -2 -2;1 3 0 -2];
>> b=[1 2 3]';                      %系数矩阵 A 和右端项 b
>> x0=pinv(A)*b                     %利用伪逆求方程组的一个特解
x0 =
    13/77
    46/77
    -2/11
    -40/77
>> Z=null(A,'rational')             %求相应齐次方程组的基础解系
Z =
    -6          -4
     2           2
     1           0
     0           1
>> format                           %恢复默认的数据显示格式
```

因此原方程组的通解为

$$x = \begin{bmatrix} 13/77 \\ 46/77 \\ -2/11 \\ -40/77 \end{bmatrix} + k_1 \begin{bmatrix} -6 \\ 2 \\ 1 \\ 0 \end{bmatrix} + k_2 \begin{bmatrix} -4 \\ 2 \\ 0 \\ 1 \end{bmatrix} \quad (k_1, k_2 \in R)$$

若系数矩阵 A 非奇异，还可以利用矩阵除法来求解方程组的解，即 $x = A\backslash b$。虽然这种方法与上面的方法都采用高斯（Gauss）消去法，但该方法不对矩阵 A 求逆，因此可以提高计算精度且节省计算时间。

实例——比较求逆法与除法

源文件：yuanwenjian\ch14\bjsf.m、compare.m

本实例编写一个 M 文件，用于比较上面两种方法求解线性方程组在时间与精度上的区别。

解：MATLAB 程序如下。

创建 M 文件 compare.m，MATLAB 程序如下。

```
%该 M 文件用于演示求逆法与除法求解线性方程组在时间与精度上的区别
A=1000*rand(1000,1000);              %随机生成一个 1000 维的系数矩阵
x=ones(1000,1);
b=A*x;
disp('利用矩阵的逆求解所用时间及误差为：');
tic                                   %启动秒表计时器
y=inv(A)*b;                           %使用求逆法求解方程
t1=toc                                %记录所用时间
error1=norm(y-x)                      %利用 2-范数刻画结果与精确解的误差
disp('利用除法求解所用时间及误差为：')
tic                                   %启动秒表计时器
y=A\b;                                %利用矩阵除法求解方程
t2=toc                                %记录所用时间
error2=norm(y-x)                      %利用 2-范数刻画结果与精确解的误差
```

该 M 文件的运行结果如下：

```
>> compare
利用矩阵的逆求解所用时间及误差为
t1 =
    0.2719
error1 =
    1.3925e-09
利用除法求解所用时间及误差为
t2 =
    0.0106
error2 =
    4.8598e-10
```

由这个例子可以看出，利用除法来解线性方程组所用时间仅约为求逆法的 1/25，其精度也要比求逆法高出一个数量级左右，因此在实际应用中应尽量避免使用求逆法。

> **提示**：
> 本实例调用 M 文件 compare.m 中的系数矩阵 *A* 是由随机矩阵生成的，每次生成的矩阵不同，因此求出的时间与误差不同，允许读者运行该程序得出与书中不同的结果。本书中其余的章节调用随机矩阵函数 rand()，每次得到的矩阵是不同的，同时也与书中不同。

> **小技巧：**
> 　　如果线性方程组 $Ax = b$ 的系数矩阵 A 奇异且该方程组有解，那么也可以利用伪逆来求其一个特解，即 x=pinv(A)*b。

14.2.4　利用行阶梯形求解

　　利用行阶梯形求解只适用于恰定方程组，且系数矩阵非奇异，否则这种方法只能简化方程组的形式，若要求解，还需进一步编程实现，因此本小节内容假设系数矩阵都是非奇异的。

　　将一个矩阵化为行阶梯形的命令是 rref，其调用格式见表 14-2。

表 14-2　rref 命令的调用格式

调用格式	说　　明
R=rref(A)	利用 Gauss-Jordan 消去法和部分主元消去法得到矩阵 A 的简化行阶梯形矩阵 R
R=rref(A,tol)	在上一种调用格式的基础上，tol 指定算法可忽略列的主元容差
[R,p]=rref(A)	在第一种调用格式的基础上，还返回非零主元列 p

　　上面命令中的向量 p 满足下列条件。

　　（1）length(p)是矩阵 A 的秩的估计值。
　　（2）x(p)为线性方程组 $Ax = b$ 的主元变量。
　　（3）A(:,p)为矩阵 A 所在空间的基。
　　（4）R(1:r,p)是 $r×r$ 单位矩阵，其中 r=length(p)。

　　当系数矩阵非奇异时，可以利用这个命令将增广矩阵[A b]化为行阶梯形，那么矩阵 R 的最后一列即为方程组的解。

实例——方程组求解 4

源文件：yuanwenjian\ch14\fczqj4.m

本实例求方程组
$$\begin{cases} 5x_1 + 6x_2 & = 1 \\ x_1 + 5x_2 + 6x_3 & = 2 \\ x_2 + 5x_3 + 6x_4 & = 3 \\ x_3 + 5x_4 + 6x_5 & = 4 \\ x_4 + 5x_5 & = 5 \end{cases}$$
的解。

解：MATLAB 程序如下。

```
>> clear
>> format                                    %恢复数据输出默认格式
>> A=[5 6 0 0 0;1 5 6 0 0;0 1 5 6 0;0 0 1 5 6;0 0 0 1 5];
>> b=[1 2 3 4 5]';                           %系数矩阵 A 和右端项 b
>> r=rank(A)                                 %求 A 的秩，看其是否非奇异
r =
     5
>> B=[A,b];                                  %B 为增广矩阵
```

```
>> R=rref(B)                              %将增广矩阵化为阶梯形
R =
    1.0000         0         0         0         0    5.4782
         0    1.0000         0         0         0   -4.3985
         0         0    1.0000         0         0    3.0857
         0         0         0    1.0000         0   -1.3383
         0         0         0         0    1.0000    1.2677
>> x=R(:,6)                               %R 的最后一列即为解
x =
    5.4782
   -4.3985
    3.0857
   -1.3383
    1.2677
>> A*x                                    %验证解的正确性
ans =
    1.0000
    2.0000
    3.0000
    4.0000
    5.0000
```

14.2.5 利用矩阵分解法求解

利用矩阵分解法来求解线性方程组，可以节省内存和计算时间，因此它也是在工程计算中最常用的技术。本小节将讲述如何利用 LU 分解法、QR 分解法与楚列斯基（Cholesky）分解法来求解线性方程组。

1. LU 分解法

LU 分解法的思路是先将系数矩阵 A 进行 LU 分解，得到 $LU=PA$，然后解 $Ly=Pb$，最后再解 $Ux=y$ 得到原方程组的解。因为矩阵 L、U 的特殊结构，所以可以很容易地求出上面两个方程组。下面给出一个利用 LU 分解法求解线性方程组 $Ax=b$ 的函数文件 solvebyLU.m。

```
function x=solvebyLU(A,b)
%该函数利用 LU 分解法求线性方程组 Ax=b 的解
flag=isexist(A,b);              %调用函数 isexist()判断方程组解的情况
if flag==0
    disp('该方程组无解!');
    x=[];
    return;
else
    r=rank(A);
    [m,n]=size(A);
    [L,U,P]=lu(A);
    b=P*b;
    
    %解 Ly=b
```

```
        y(1)=b(1);
        if m>1
            for i=2:m
                y(i)=b(i)-L(i,1:i-1)*y(1:i-1)';
            end
        end
        y=y';

        %解 Ux=y 得原方程组的一个特解
        x0(r)=y(r)/U(r,r);
        if r>1
            for i=r-1:-1:1
                x0(i)=(y(i)-U(i,i+1:r)*x0(i+1:r)')/U(i,i);
            end
        end
        x0=x0';

        if flag==1                      %若方程组有唯一解
            x=x0;
            return;
        else                            %若方程组有无穷多解
            format rat;
            Z=null(A,'rational');       %求出对应齐次方程组的基础解系
            [mZ,nZ]=size(Z);
            x0(r+1:n)=0;
            for i=1:nZ
                t=sym(char([107 48+i]));
                k(i)=t;                 %取 k=[k1,k2,…]
            end
            x=x0;
            for i=1:nZ
                x=x+k(i)*Z(:,i);        %将方程组的通解表示为特解加对应齐次通解形式
            end
        end
    end
    format                              %恢复数据显示格式
```

将该文件复制到当前文件夹路径下，方便读者运行书中实例时调用。

实例——*LU* 分解法求方程组

源文件：yuanwenjian\ch14\lufcfj.m

本实例利用 *LU* 分解法求方程组 $\begin{cases} x_1 + x_2 - 3x_3 - x_4 = 1 \\ 3x_1 - x_2 - 3x_3 + 4x_4 = 4 \\ x_1 + 5x_2 - 9x_3 - 8x_4 = 0 \end{cases}$ 的通解。

解：MATLAB 程序如下。

```
>> clear
>> A=[1 1 -3 -1;3 -1 -3 4;1 5 -9 -8];
```

```
>> b=[1 4 0]';                    %方程组的系数矩阵A和右端项b
>> x=solvebyLU(A,b)               %调用自定义函数求解线性方程组的解
x =
(3*k1)/2 - (3*k2)/4 + 5/4
(3*k1)/2 + (7*k2)/4 - 1/4
                        k1
                        k2
```

2. QR 分解法

利用 QR 分解法解方程组的思路与前面的 LU 分解法是一样的，也是先将系数矩阵 A 进行 QR 分解 $A = QR$，然后解 $Qy = b$，最后解 $Rx = y$ 得到原方程组的解。对于这种方法，需要注意 Q 是正交矩阵，因此 $Qy = b$ 的解即 $y = Q'b$。下面给出一个利用 QR 分解法求解线性方程组 $Ax = b$ 的函数文件 solvebyQR.m。

```
function x=solvebyQR(A,b)
%该函数利用QR分解法求线性方程组Ax=b的解
flag=isexist(A,b);                %调用函数isexist()判断方程组解的情况
if flag==0
    disp('该方程组无解!');
    x=[];
    return;
else
    r=rank(A);
    [m,n]=size(A);
    [Q,R]=qr(A);
    b=Q'*b;

    %解Rx=b得原方程组的一个特解
    x0(r)=b(r)/R(r,r);
    if r>1
        for i=r-1:-1:1
            x0(i)=(b(i)-R(i,i+1:r)*x0(i+1:r)')/R(i,i);
        end
    end
    x0=x0';

    if flag==1                    %若方程组有唯一解
        x=x0;
        return;
    else                          %若方程组有无穷多解
        format rat;
        Z=null(A,'rational');     %求出对应齐次方程组的基础解系
        [mZ,nZ]=size(Z);
        x0(r+1:n)=0;
        for i=1:nZ
            t=sym(char([107 48+i]));
            k(i)=t;                %取k=[k1,…,kr]
        end
```

```
            x=x0;
            for i=1:nZ
                x=x+k(i)*Z(:,i);        %将方程组的通解表示为特解加对应齐次通解形式
            end
        end
    end
    format                              %恢复数据显示格式
```

将该文件复制到当前文件夹路径下，方便读者运行书中实例时调用。

实例——QR 分解法求方程组

源文件：yuanwenjian\ch14\qrfjfc.m

本实例利用 QR 分解法求方程组 $\begin{cases} x_1 - 2x_2 + 3x_3 + x_4 = 1 \\ 3x_1 - x_2 + x_3 - 3x_4 = 2 \\ 2x_1 + x_2 + 2x_3 - 2x_4 = 3 \end{cases}$ 的通解。

解：MATLAB 程序如下。

```
>> A=[1 -2 3 1;3 -1 1 -3;2 1 2 -2];
>> b=[1 2 3]';                        %系数矩阵 A 和右端项 b
>> x=solvebyQR(A,b)                   %调用自定义函数求解线性方程组的解
x =
 (13*k1)/10 + 7/10
    (2*k1)/5 + 3/5
        1/2 - k1/2
                k1
```

3. 楚列斯基分解法

与前面两种矩阵分解法不同的是，楚列斯基分解法只适用于系数矩阵 A 是对称正定的情况。

解方程思路是先将矩阵 A 进行楚列斯基分解 $A = R'R$，然后解 $R'y = b$，最后再解 $Rx = y$ 得到原方程组的解。下面给出一个利用楚列斯基分解法求解线性方程组 $Ax = b$ 的函数 solvebyCHOL.m。

```
function x=solvebyCHOL(A,b)
%该函数利用楚列斯基分解法求线性方程组 Ax=b 的解
lambda=eig(A);
if lambda>eps&isequal(A,A')
    [n,n]=size(A);
    R=chol(A);
    %解 R'y=b
    y(1)=b(1)/R(1,1);
    if n>1
        for i=2:n
            y(i)=(b(i)-R(1:i-1,i)'*y(1:i-1)')/R(i,i);
        end
    end
    %解 Rx=y
    x(n)=y(n)/R(n,n);
```

```
        if n>1
            for i=n-1:-1:1
                x(i)=(y(i)-R(i,i+1:n)*x(i+1:n)')/R(i,i);
            end
        end
        x=x';
    else
        x=[];
        disp('该方法只适用于对称正定的系数矩阵!');
    end
```

将该文件复制到当前文件夹路径下,方便读者运行书中实例时调用。

实例——楚列斯基分解法求方程组

源文件: yuanwenjian\ch14\clsjfc.m

本实例利用楚列斯基分解法求 $\begin{cases} 3x_1 + 3x_2 - 3x_3 = 1 \\ 3x_1 + 5x_2 - 2x_3 = 2 \\ -3x_1 - 2x_2 + 5x_3 = 3 \end{cases}$ 的解。

解: MATLAB 程序如下。

```
>> A=[3 3 -3;3 5 -2;-3 -2 5];
>> b=[1 2 3]';                       %系数矩阵 A 和右端项 b
>> x=solvebyCHOL(A,b)                %调用自定义函数求解线性方程组的解
x =
    3.3333
   -0.6667
    2.3333
>> A*x                               %验证解的正确性
ans =
    1.0000
    2.0000
    3.0000
```

在本小节的最后再给出一个函数文件 solvelineq.m。对于这个函数,读者可以通过输入参数来选择用前面的哪种矩阵分解法求解线性方程组。

```
function x=solvelineq(A,b,flag)
%该函数是矩阵分解法汇总,通过 flag 的取值来调用不同的矩阵分解
%若 flag='LU',则调用 LU 分解法
%若 flag='QR',则调用 QR 分解法
%若 flag='CHOL',则调用楚列斯基分解法
if strcmp(flag,'LU')
    x=solvebyLU(A,b);
elseif strcmp(flag,'QR')
    x=solvebyQR(A,b);
elseif strcmp(flag,'CHOL')
    x=solvebyCHOL(A,b);
else
    error('flag 的值只能为 LU,QR,CHOL!');
end
```

将该文件复制到当前文件夹路径下，方便读者运行书中实例时调用。

14.2.6 非负最小二乘解

在实际问题中，用户往往会要求线性方程组的解是非负的，若此时方程组没有精确解，则希望找到一个能够尽量满足方程的非负解。对于这种情况，可以利用 MATLAB 中求非负最小二乘解的命令 lsqnonneg 来实现。该命令实际上是解二次规划问题

$$\min_{x} \ \|Cx-d\|_2^2 \quad \text{s.t.} \quad x_i \geq 0, i=1,2,\cdots,n \tag{14-3}$$

来得到线性方程组 $Ax = b$ 的非负最小二乘解，其调用格式见表 14-3。

表 14-3 lsqnonneg 命令的调用格式

调用格式	说 明
x=lsqnonneg(C,d)	返回在 x≥0 的约束下，使得 norm(C*x–d) 最小的向量 x
x=lsqnonneg(C,d,options)	使用结构体 options 中指定的优化选项求最小值。使用 optimset 可设置这些选项
x=lsqnonneg(problem)	求结构体 problem 的最小值
[x,resnorm,residual]=lsqnonneg(…)	对于上述任何语法，还返回残差的 2-范数平方值 norm(C*x–d)^2 以及残差 d–C*x
[x,resnorm,residual,exitflag,output]=lsqnonneg(…)	在上一种调用格式的基础上，还返回描述 lsqnonneg 终止算法的条件值 exitflag，以及优化摘要信息的结构体 output
[x,resnorm,residual,exitflag,output,lambda]=lsqnonneg(…)	在上一种调用格式的基础上，还返回解 x 处的拉格朗日乘数向量 lambda

实例——最小二乘解求解方程组

源文件：yuanwenjian\ch14\zxec.m

本实例求方程组 $\begin{cases} x_2 - x_3 + 2x_4 = 1 \\ x_1 - x_3 + x_4 = 0 \\ -2x_1 + x_2 + x_4 = 1 \end{cases}$ 的最小二乘解。

解：MATLAB 程序如下。

```
>> A=[0 1 -1 2;1 0 -1 1;-2 1 0 1];
>> b=[1 0 1]';                          %系数矩阵 A 和右端项 b
>> x=lsqnonneg(A,b)                     %求线性方程组的最小二乘解
x =
        0
   1.0000
        0
   0.0000
>> A*x                                  %验证解的正确性
ans =
   1.0000
   0.0000
```

```
    1.0000
```

14.3 方程与方程组的优化解

在数学、物理中的许多问题可以归结为解非线性方程 $F(x) = 0$，方程的解称为根或零点。

非线性方程的求解问题可以看作单变量的极小化问题，通过不断地缩小搜索区间来逼近问题的真解。

在 MATLAB 中，非线性方程求解所用的函数为 fzero()，使用的算法为二分法、secant 法和逆二次插值法的组合。

非线性方程组的数学模型为

$$F(x) = 0$$

式中，x 为向量，$F(x)$ 一般为多个非线性函数组成的向量值函数。即

$$F(x) = \begin{bmatrix} f_1(x) \\ f_2(x) \\ \vdots \\ f_n(x) \end{bmatrix}$$

14.3.1 非线性方程基本函数

1. 调用格式 1

```
x = fzero(fun,x0)
```

功能：如果 x0 为标量，函数找到 x0 附近函数 fun(x)的零点。函数 fzero()返回的 x 为函数 fun(x)改变符号处邻域内的点，或者是 NaN（如果搜索失败）。当函数发现 Inf、NaN 或者复数时，搜索终止。如果 x0 是一个长度为 2 的向量，函数 fzero()假设 x0 为一个区间，其中函数 fun(x)在区间的两个端点处异号，即 fun(x0(1))的符号和 fun(x0(2))的符号相反；否则，出现错误。

```
>> X = fzero(@sin,3)
X =
    3.1416
>> X = fzero(@(x)sin(3*x),2)
X =
2.0944
```

2. 调用格式 2

```
x = fzero(fun,x0,options)
```

功能：解上述问题，同时将默认优化参数改为 options 指定值。options 的可用值为 Display、TolX、FunValCheck、PlotFcns 和 OutputFcn。

3. 调用格式 3

```
x= fzero(problem)
```

功能：返回 problem 指定的求根问题的解。求根问题 problem 指定为含有 objective、x0、solver 和 options 等所有字段的结构体。

4. 调用格式 4

```
[x,fval,exitflag,output] = fzero(...)
```

功能：返回 exitflag 值，描述函数计算的退出条件，以及包含有关求解过程信息的输出结构体。其中，exitflag 取值和相应的含义见表 14-4。

表 14-4　exitflag 取值和相应的含义

exitflag 取值	含　义
1	函数收敛到解 x
−1	算法由输出函数或绘图函数终止
−3	搜索过程中遇到函数值为 NaN 或 Inf
−4	搜索过程中遇到复数函数值
−5	算法可能收敛到一个奇异点
−6	fzero 未检测到变号

实例——函数零点值

源文件：yuanwenjian\ch14\hsldz.m

本实例求解含参数函数 cos(a*x) 在 a=2 时的解。

解：MATLAB 程序如下。

```
>> myfun=@(x,a)cos(a*x);           %定义函数句柄
>> a = 2;                          %初始化参数 a
>> fun=@(x)myfun(x,a);             %代入参数
>> [x,fval,exitflag]=fzero(fun,0.1)   %调用函数求解
x =
    0.7854
fval =
  6.1232e-17
exitflag =
    1
```

实例——一元二次方程根求解

源文件：yuanwenjian\ch14\yyecqg.m

本实例求方程 $x^2-x-1=0$ 的正根。

解：MATLAB 程序如下。

```
>> fun=@(x)x^2-x-1;        %定义函数句柄 fun
>> x=fzero(fun,1)          %求函数在初始点 1 附近的根
x =
    1.6180
```

x=1.6180 为方程的一个正根。

实例——函数零点求解

源文件：yuanwenjian\ch14\hsldqj.m
本实例找出下面函数的零点。

$$f(x) = e^x + 10x - 2$$

解：MATLAB 程序如下。

```
>> fun=@(x)exp(x)+10*x-2;          %定义函数句柄 fun
>> x0=1;                            %设置初始值
>> [x,fval,exitflag]= fzero(fun,x0) %求函数在初始值附近的解
x =
    0.0905
fval =
    0
exitflag =
    1
```

在 x=0.0905 时，函数值等于 0。

实例——一元三次方程函数零点求解

源文件：yuanwenjian\ch14\yysc.m、funsc.m
本实例找出下面函数的零点。

$$f(x) = x^3 - 3x - 1$$

解：MATLAB 程序如下。

```
>> fun=@(x)x^3-3*x-1;                        %定义函数句柄 fun
>> [x,fval,exitflag,output]=fzero(fun,2)     %求函数在初始值 2 附近，函数值为 0 的解
x =
    1.8794
fval =
    -8.8818e-16
exitflag =
    1
output =
  包含以下字段的 struct:
    intervaliterations: 4
            iterations: 6
             funcCount: 14
             algorithm: 'bisection, interpolation'
               message: '在区间 [1.84, 2.11314] 中发现 0'
```

经过 6 次迭代，函数在 x=1.8794 处最接近 0，此时的函数值为 fval =-8.8818e-16。这是一个很接近 0 的数，在应用中可看作 0。

14.3.2 非线性方程组基本函数

在 MATLAB 中，用函数 fsolve()来求解非线性方程组。具体的调用格式如下。

1. 调用格式 1

    ```
    x=fsolve(fun,x0)
    ```

    功能：给定初始点 x0，求方程组 fun(x)=0 的解。

2. 调用格式 2

    ```
    x=fsolve(fun,x0,options)
    ```

    功能：解上述问题，同时将默认优化参数改为 options 指定值。例如，下面的代码通过设置优化参数，不显示优化求解的迭代计算过程。

    ```
    >> x = fsolve(@(x) sin(3*x),[1 4],optimset('Display','off'));
    ```

3. 调用格式 3

    ```
    x=fsolve(problem)
    ```

    功能：返回 problem 指定的求根问题的解。求根问题 problem 指定为含有 objective、x0、solver 和 options 等所有字段的结构体。

4. 调用格式 4

    ```
    [x,fval]=fsolve(...)
    ```

    功能：返回在解 x 处的目标函数值。

5. 调用格式 5

    ```
    [x,fval,exitflag,output]=fsolve(...)
    ```

    功能：返回在解 x 处的目标函数值和描述函数计算的退出条件 exitflag，另外，返回包含 output 结构的输出。

    exitflag 取值和相应的含义见表 14-5。

表 14-5 exitflag 取值和相应的含义

exitflag 取值	含 义
1	函数 fsolve() 收敛到解 x 处，此时 1 阶最优性很小
2	x 的变化小于容差，或 x 处的雅可比（Jacobian）矩阵未定义，方程已解
3	残差的变化小于指定容差，方程已解
4	重要搜索方向小于指定容差，方程已解
0	超出最大迭代次数或允许的函数计算的最大次数
-1	算法由输出函数或绘图函数终止
-2	算法好像收敛到不是解的点，方程未得解
-3	信赖域半径太小，方程未得解

6. 调用格式 6

    ```
    [x,fval,exitflag,output,jacobian]=fsolve(...)
    ```

    功能：返回函数 fun() 在解 x 处的雅可比矩阵。

实例——方程求解

源文件：yuanwenjian\ch14\fcqj.m

本实例求解方程 cos(x)+x=0。

解：MATLAB 程序如下。

```
>> fsolve('cos(x)+x',0)          %求方程在初始值 0 附近的解
方程已解。

fsolve 已完成，因为按照函数容差的值衡量，
函数值向量接近于 0，并且按照梯度的值衡量，
问题似乎为正则问题。
<停止条件详细信息>
ans =
   -0.7391
```

实例——非线性方程组求解

源文件： yuanwenjian\ch14\fxxfczqj1.m

本实例求解下列方程组。

$$\begin{cases} 2x_1 - x_2 = e^{-x_1} \\ -3x_1 + 6x_2 = e^{-x_2} \end{cases}$$

首先，将上述方程组化成标准形式

$$F(x) = \begin{cases} 2x_1 - x_2 - e^{-x_1} \\ -3x_1 + 6x_2 - e^{-x_2} \end{cases}$$

解：MATLAB 程序如下。

```
>> F=@(x) [2*x(1)-x(2)-exp(-x(1));
   -3*x(1)+6*x(2)-exp(-x(2))];           %定义函数
>> x0=[-5;-4];                            %给定初始数据
>> options=optimset('Display','iter');   %设置优化参数，显示每次优化迭代信息
>> [X,FVAL,EXITFLAG,OUTPUT,JACOB]=fsolve(F,x0,options)   %调用函数求解
                                    Norm of    First-order   Trust-region
 Iteration  Func-count   ||f(x)||^2    step     optimality     radius
     0          3         27888.1                 2.3e+04         1
     1          6         6855.59       1         3.23e+03        1
     2          9         1970.87       1          946            1
     3         12          588.084      1          272            1
     4         15          173.191      1          85.6           1
     5         18           45.3352     1          26.6           1
     6         21            8.35697    1           7.73          1
     7         24            0.261723   0.97057     1.01          1
     8         27            0.000333112 0.249307   0.0307        2.43
     9         30            5.31423e-10 0.00956059 3.58e-05      2.43
    10         33            1.32809e-21 1.20995e-05 5.47e-11     2.43
方程已解。

fsolve 已完成，因为按照函数容差的值衡量，
函数值向量接近于 0，并且按照梯度的值衡量，
问题似乎为正则问题。
<停止条件详细信息>
```

```
    X =
        0.4871
        0.3599                        %解向量
    FVAL =
        1.0e-10 *
        -0.3447
        -0.1181                       %目标函数值
    EXITFLAG =
        1                             %函数收敛到解 x 处
    OUTPUT =
    包含以下字段的 struct:
        iterations: 10
         funcCount: 33
         algorithm: 'trust-region dogleg'
    firstorderopt: 5.4686e-11
           message: '方程已解。fsolve 已完成，因为按照函数容差的值衡量，函
    数值向量接近于 0，并且按照梯度的值衡量，问题似乎为正则问题。<停止条件详细信息>
    方程已解。函数值的平方和 r = 1.328090e-21 小于 sqrt(options.FunctionTolerance)
    = 1.000000e-03。r 的梯度的相对范数 5.468588e-11 小于
    options.OptimalityTolerance = 1.000000e-06。'
    JACOB =
        2.6144   -1.0000
       -3.0000    6.6978              %函数在解 x 处的雅可比矩阵
```

所得列表中各项的含义见表 14-6。

表 14-6　所得列表中各项的含义

列　　　名	含　　　义
Iteration	迭代次数
Func-count	目标函数的计算次数
‖f(x)‖^2	目标函数值范数的平方
Norm of step	当前步长的范数
First-order optimality	当前梯度的无穷范数
Trust-region radius	当前信赖域半径

由于 exitflag = 1，说明函数收敛到解 x 处，x=[0.4871;0.3599]，函数值非常接近于 0。

实例——电路电流求解

源文件：yuanwenjian\ch14\dldl.m

图 14-1 所示为某个电路的网格图，其中 $R_1 = 1$，$R_2 = 2$，$R_3 = 4$，$R_4 = 3$，$R_5 = 1$，$R_6 = 5$，$E_1 = 41$，$E_2 = 38$，利用基尔霍夫定律求解电路中的电流 I_1、I_2、I_3。

基尔霍夫定律说明电路网格中任意单向闭路的电压和为 0，由此对图 14-1 所示电路分析可得如下线性方程组

第 14 章 方程求解

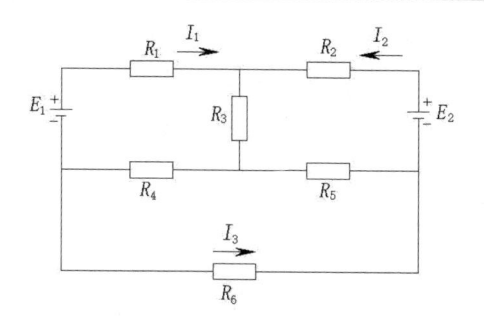

电路图

图 14-1 电路网格图

$$\begin{cases} (R_1+R_3+R_4)I_1+R_3I_2+R_4I_3=E_1 \\ R_3I_1+(R_2+R_3+R_5)I_2-R_5I_3=E_2 \\ R_4I_1-R_5I_2+(R_4+R_5+R_6)I_3=0 \end{cases}$$

将电阻及电压相应的取值代入，可得该线性方程组的系数矩阵及右端项分别为

$$\boldsymbol{A} = \begin{bmatrix} 8 & 4 & 3 \\ 4 & 7 & -1 \\ 3 & -1 & 9 \end{bmatrix}, \quad \boldsymbol{b} = \begin{bmatrix} 41 \\ 38 \\ 0 \end{bmatrix}$$

解：MATLAB 程序如下。

方法 1：系数矩阵 $\boldsymbol{A}$ 是一个对称正定矩阵（读者可以通过 eig 命令来验证），因此可以利用楚列斯基分解法求这个线性方程组的解，具体操作如下：

```
>> A=[8 4 3;4 7 -1;3 -1 9];
>> b=[41 38 0]';                %系数矩阵 A 和右端项 b
>> I=solvelineq(A,b,'CHOL')     %调用求解线性方程组的函数 solvelineq()
I =
    4.0000
    3.0000
   -1.0000
```

其中，I_3 是负值，这说明电流的方向与图中箭头方向相反。

方法 2：利用 MATLAB 将 I_1、I_2、I_3 的具体表达式写出来，具体操作如下：

```
>> syms R1 R2 R3 R4 R5 R6 E1 E2             %定义电阻和电压的符号变量
>> A=[R1+R3+R4 R3 R4;R3 R2+R3+R5 -R5;R4 -R5 R4+R5+R6];%系数矩阵 A
>> b=[E1 E2 0]';                            %右端项 b
>> I=inv(A)*b                               %利用求逆法求解
I =
(conj(E1)*(R2*R4 + R2*R5 + R3*R4 + R2*R6 + R3*R5 + R3*R6 + R4*R5 +
R5*R6))/(R1*R2* R4 + R1*R2*R5 + R1*R3*R4 + R1*R2*R6 + R1*R3*R5 + R2*R3*R4
+ R1*R3*R6 + R1*R4*R5 + R2*R3*R5 + R2*R3*R6 + R2*R4*R5 + R1*R5*R6 + R2*R4*R6
+ R3*R4*R6 + R3*R5*R6 + R4*R5* R6) - (conj(E2)*(R3*R4 + R3*R5 + R3*R6 +
R4*R5))/(R1*R2*R4 + R1*R2*R5 + R1*R3*R4 + R1*R2*R6 + R1*R3*R5 + R2*R3*R4
+ R1*R3*R6 + R1*R4*R5 + R2*R3*R5 + R2*R3*R6 + R2*R4*R5 + R1*R5*R6 + R2*R4*R6
+ R3*R4*R6 + R3*R5*R6 + R4*R5*R6)
(conj(E2)*(R1*R4 + R1*R5 + R1*R6 + R3*R4 + R3*R5 + R3*R6 + R4*R5 +
R4*R6))/(R1*R2* R4 + R1*R2*R5 + R1*R3*R4 + R1*R2*R6 + R1*R3*R5 + R2*R3*R4
```

```
   + R1*R3*R6 + R1*R4*R5 + R2*R3*R5 + R2*R3*R6 + R2*R4*R5 + R1*R5*R6 + R2*R4*R6
   + R3*R4*R6 + R3*R5*R6 + R4*R5* R6) - (conj(E1)*(R3*R4 + R3*R5 + R3*R6 +
   R4*R5))/(R1*R2*R4 + R1*R2*R5 + R1*R3*R4 + R1*R2*R6 + R1*R3*R5 + R2*R3*R4
   + R1*R3*R6 + R1*R4*R5 + R2*R3*R5 + R2*R3*R6 + R2*R4*R5 + R1*R5*R6 + R2*R4*R6
   + R3*R4*R6 + R3*R5*R6 + R4*R5*R6)
       (conj(E2)*(R1*R5 + R3*R4 + R3*R5 + R4*R5))/(R1*R2*R4 + R1*R2*R5 +
   R1*R3*R4 + R1*R2* R6 + R1*R3*R5 + R2*R3*R4 + R1*R3*R6 + R1*R4*R5 + R2*R3*R5
   + R2*R3*R6 + R2*R4*R5 + R1*R5*R6 + R2*R4*R6 + R3*R4*R6 + R3*R5*R6 + R4*R5*R6)
   - (conj(E1)*(R2*R4 + R3*R4 + R3*R5 + R4*R5)))/(R1*R2*R4 + R1*R2*R5 + R1*R3*R4
   + R1*R2*R6 + R1*R3*R5 + R2*R3*R4 + R1*R3*R6 + R1*R4*R5 + R2*R3*R5 + R2*R3*R6
   + R2*R4*R5 + R1*R5*R6 + R2*R4*R6 + R3*R4* R6 + R3*R5*R6 + R4*R5*R6)
```

14.4 综合实例——带雅可比矩阵的非线性方程组求解

源文件： yuanwenjian\ch14\ykbfxx.m、nlsf1.m

方程组求解在工程计算、纯数学、优化、计算数学等各个领域都有着重要的应用。在本章的最后一节，通过综合的例子，读者应当仔细琢磨并上机实现程序，从中体会 MATLAB 在实际应用中的强大功能。

本节考查带有稀疏雅可比矩阵的非线性方程组的求解。下面的例子中，问题的维数为 1000，目标是求 x，满足 $F(x) = 0$。

设 $n=1000$，求下列非线性方程组的解。

$$\begin{cases} F(x) = 3x_1 - 2x_1^2 - 2x_2 + 1 \\ F(i) = 3x_i - 2x_i^2 - x_{i-1} - 2x_{i+1} + 1 \\ F(n) = 3x_n - 2x_n^2 - x_{n-1} + 1 \end{cases}$$

【操作步骤】

可以使用函数 fsolve() 求解大型方程组 $F(x) = 0$。

（1）建立目标函数和雅可比矩阵文件 nlsf1.m。

```
%创建矩阵文件 nlsf1.m，保存在 MATLAB 的搜索路径下。
function [F,J] = nlsf1(x);
%这是演示的功能
%该文件包含该函数及其雅可比行列式
%评估矢量函数
n = length(x);
F = zeros(n,1);
i = 2:(n-1);
F(i) = (3-2*x(i)).*x(i)-x(i-1)-2*x(i+1)+ 1;
F(n) = (3-2*x(n)).*x(n)-x(n-1) + 1;
F(1) = (3-2*x(1)).*x(1)-2*x(2) + 1;
%如果 nargout> 1，则评估雅可比行列式
if nargout > 1
    d = -4*x + 3*ones(n,1); D = sparse(1:n,1:n,d,n,n);
    c = -2*ones(n-1,1); C = sparse(1:n-1,2:n,c,n,n);
    e = -ones(n-1,1); E = sparse(2:n,1:n-1,e,n,n);
```

```
        J = C + D + E;
    end
```

（2）在命令行窗口中初始化各输入参数。

```
>> xstart = -ones(1000,1);        %初始值
>> fun = @nlsf1;                  %定义函数句柄
>> options =optimset('Display','iter','LargeScale','on','Jacobian','on');
%显示每次优化迭代信息，启用大规模寻优搜索算法，在计算目标函数时，使用自定义的雅可
%比矩阵
```

（3）调用函数求解问题。

```
>> [x,fval,exitflag,output] = fsolve(fun,xstart,options)  %调用函数求解
                                  Norm of     First-order   Trust-region
 Iteration  Func-count  ||f(x)||^2   step      optimality      radius
     0          1          1011                    19            1
     1          2         774.963       1         10.5           1
     2          3         343.695      2.5        4.63          2.5
     3          4         2.93752     5.20302     0.429         6.25
     4          5       0.000489408   0.590027    0.0081         13
     5          6        1.62688e-11  0.00781347  3.01e-06       13
     6          7        6.70094e-26  1.41828e-06 5.84e-13       13
方程已解。

fsolve 已完成，因为按照函数容差的值衡量，
函数值向量接近于 0，并且按照梯度的值衡量，
问题似乎为正则问题。
<停止条件详细信息>
x =
   -0.5708
   -0.6819
   -0.7025
    ...
   -0.6658
   -0.5960
   -0.4164
fval =
  1.0e-12 *
   -0.0033
   -0.0075
   -0.0069
   -0.0049
   -0.0042
    ...
   -0.1563
   -0.1319
   -0.0187
exitflag =
     1
output =
  包含以下字段的 struct:
```

```
            iterations: 6
            funcCount: 7
             algorithm: 'trust-region-dogleg'
        firstorderopt: 5.8373e-13
               message: '方程已解。 fsolve 已完成,因为按照函数容差的值衡量, 函数
值向量接近于 0,并且按照梯度的值衡量, 问题似乎为正则问题。 <停止条件详细信息> 方程
已解。函数值的平方和 r = 6.700940e-26 小于 sqrt(options.FunctionTolerance) =
1.000000e-03。 r 的梯度的相对范数 5.837299e-13 小于
options.OptimalityTolerance = 1.000000e-06。'
```

14.5 课后习题

1. 在 MATLAB 中,(　　)命令用于求解线性方程组 **Ax=b**。
   A. linsolve　　　　　B. \　　　　　　C. rref　　　　　　D. inv
2. 在 MATLAB 中,(　　)命令用于判断线性方程组是否有解。
   A. isSolvable　　　　B. rank　　　　　C. cond　　　　　　D. det
3. 在 MATLAB 中,(　　)命令用于计算矩阵的逆。
   A. inv　　　　　　　B. pseudoinv　　　C. reciprocal　　　　D. reverse
4. 在 MATLAB 中,(　　)命令用于将矩阵转换为行阶梯形。
   A. step　　　　　　　B. rref　　　　　　C. reducedRowEchelonForm　D. rowStep
5. 在 MATLAB 中,(　　)命令用于求解非负最小二乘解。
   A. lsqnonneg　　　　B. nnls　　　　　　C. nonnegLeastSquares　　D. positiveLeastSquares

6. 对以下方程组进行求解。

(1) $\begin{cases} x_1 + 2x_2 + 2x_3 = 1 \\ x_2 - 2x_3 - 2x_4 = 2 \\ x_1 + 3x_2 - 2x_4 = 3 \end{cases}$ 的通解。

(2) $\begin{cases} x_1 + x_2 - 3x_3 - x_4 = 1 \\ 3x_1 - x_2 - 3x_3 + 4x_4 = 4 \\ x_1 + 5x_2 - 9x_3 - 8x_4 = 0 \end{cases}$ 的通解。

(3) $\begin{cases} x_1 - 2x_2 + 3x_3 + x_4 = 1 \\ 3x_1 - x_2 + x_3 - 3x_4 = 2 \\ 2x_1 + x_2 + 2x_3 - 2x_4 = 3 \end{cases}$ 的通解。

(4) $\begin{cases} x_2 - x_3 + 2x_4 = 1 \\ x_1 - x_3 + x_4 = 0 \\ -2x_1 + x_2 + x_4 = 1 \end{cases}$ 的解。

7. 求方程组 $\begin{cases} 5x_1 + 6x_2 = 1 \\ x_1 + 5x_2 + 6x_3 = 0 \\ x_2 + 5x_3 + 6x_4 = 0 \\ x_3 + 5x_4 + 6x_5 = 0 \\ x_4 + 5x_5 = 1 \end{cases}$ 的解并进行验证。

第 15 章 微 分 方 程

内容简介

在工程实际中，很多问题是用微分方程的形式建立数学模型，微分方程是描述动态系统最常用的数学工具，因此微分方程的求解具有很实际的意义。本章将详细介绍用 MATLAB 求解微分方程的方法与技巧。

内容要点

- 微分方程简介
- 常微分方程的数值解法
- 偏微分方程
- 课后习题

15.1 微分方程简介

微分方程论是数学的重要分支之一。大致和微积分同时产生，并随实际需要而发展。含自变量、未知函数和微商（或偏微商）的方程称为常（或偏）微分方程。

含有未知函数的导数$\left(\text{如 }\dfrac{\mathrm{d}y}{\mathrm{d}x}=2x \text{、}\dfrac{\mathrm{d}s}{\mathrm{d}t}=0.4\right)$的方程都是微分方程。一般凡是表示未知函数、未知函数的导数与自变量之间的关系的方程称为微分方程。未知函数是一元函数的方程称为常微分方程；未知函数是多元函数的称为偏微分方程。微分方程有时也简称方程。

在 MATLAB 中，实现微分方程求解的命令是 dsolve，其调用格式如下。

- S = dsolve(eqn)：求解常微分方程，eqn 是一个含有 diff 的符号方程来指示导数。
- S = dsolve(eqn,cond)：用初始条件或边界条件求解微分方程。
- S = dsolve(eqn,cond,Name,Value)：使用一个或多个名称-值对组参数指定附加选项。
- Y = dsolve(eqns)：求解常微分方程组，并返回包含解的结构数组。结构数组中的字段数量对应系统中独立变量的数量。
- Y = dsolve(eqns,conds)：用初始或边界条件 conds 求解常微分方程 eqns。
- Y = dsolve(eqns,conds,Name,Value)：使用一个或多个名称-值对组参数指定附加选项。
- [y1,...,yN] = dsolve(eqns)：求解常微分方程组，并将解分配给变量。
- [y1,...,yN] = dsolve(eqns,conds)：用初始或边界条件 conds 求解常微分方程 eqns。
- [y1,...,yN] = dsolve(eqns,conds,Name,Value)：使用一个或多个名称-值对组参数指定附加选项。

实例——微分方程求解

源文件：yuanwenjian\ch15\wffc1.m

本实例显示微分方程 $\begin{cases} Dx = y \\ Dy = -x \end{cases}$ 的解。

解：MATLAB 程序如下。

```
>> clear all
>> syms x(t) y(t)                              %定义符号函数
>> eqns=[diff(x,t)==y,diff(y,t)==-x];          %定义微分方程组
>> S=dsolve(eqns)                              %求解微分方程，返回解结构体
>> disp(' ')
>> disp(['微分方程的解',blanks(2),'x',blanks(22),'y'])
>> disp([S.x,S.y])                             %显示方程的解
S =
  包含以下字段的 struct:
    y: C2*cos(t) - C1*sin(t)
    x: C1*cos(t) + C2*sin(t)
微分方程的解  x                      y
[ C1*cos(t) + C2*sin(t), C2*cos(t) - C1*sin(t)]
```

实例——微分方程求通解

源文件：yuanwenjian\ch15\wffc2.m

本实例求微分方程 $y'' - xy' + y = 0$ 的通解。

解：MATLAB 程序如下。

```
>> clear all
>> syms y(x)                                   %定义符号函数
>> eqn=diff(y,x,2)-x*diff(y,x)+y==0;            %定义微分方程
>> y=dsolve(eqn)                               %求解微分方程
y =
    C1*x - C2*x*(exp(x^2/2)/x + (pi^(1/2)*(-x^2/2)^(1/2))/x -
(pi^(1/2)*erfc ((-x^2/2)^(1/2))*(-x^2/2)^(1/2))/x)
```

实例——微分方程边值求解

源文件：yuanwenjian\ch15\vvfc3.m、微分方程边值求解.fig

本实例求微分方程 $xy'' - 5y' + x^3 = 0$ 中 $y(1) = 0, y(5) = 0$ 的解。

解：MATLAB 程序如下。

（1）求方程解。

```
>> syms y(x)                                       %定义符号函数
>> eqn=x*diff(y,x,2)-5*diff(y,x)+x^3==0;           %定义微分方程
>> y=dsolve(eqn,'y(1)=0,y(5)=0','x')               %指定初始条件求解微分方程
y =
 - (13*x^6)/2604 + x^4/8 - 625/5208
```

（2）绘制曲线。

```
>> xn=-1:6;                        %创建-1～6 的向量，默认间隔值为 1
```

```
>> yn=subs(y,'x',xn)      %将方程解 y 中的所有 x 赋值为指定的向量 xn,求方程数值解
yn =
 [0, -625/5208, 0, 387/248, 592/93, 2835/248, 0, -1705/24]
>> fplot(y,[-1 6])        %在指定区间绘制解的图像
>> axis([-1 6 -10 15])    %调整坐标轴的范围
>> hold on                %保留当前坐标区的绘图
>> plot([1,5],[0,0],'.r','MarkerSize',20)   %使用大小为 20 的红色点标记绘
                                            %制初始条件
>> text(1,1,'y(1)=0')
>> text(4,1,'y(5)=0')     %在指定位置为数据点添加文本说明
>> title(['x*D2y - 5*Dy = -x^3,', y(1)=0,y(5)=0'])
>> hold off               %关闭绘图保持命令
```
运行结果如图 15-1 所示。

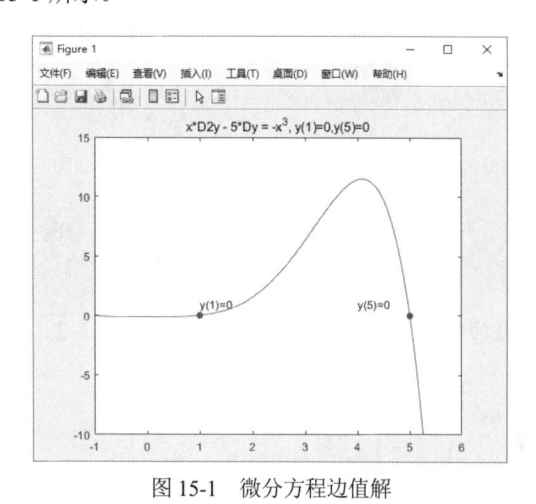

图 15-1 微分方程边值解

15.2 常微分方程的数值解法

常微分方程的常用数值解法主要包括欧拉（Euler）方法和龙格-库塔（Runge-Kutta）方法等。

15.2.1 欧拉方法

从积分曲线的几何解释出发,推导出了欧拉公式 $y_{n+1} = y_n + hf(x_n, y_n)$。MATLAB 没有专门的使用欧拉方法进行常微分方程求解的函数,下面是根据欧拉公式编写的 M 文件 euler.m。

```
function [x,y]=euler(f,x0,y0,xf,h)
n=fix((xf-x0)/h);
y(1)=y0;
x(1)=x0;
for i=1:n
    x(i+1)=x0+i*h;
    y(i+1)=y(i)+h*feval(f,x(i),y(i));
end
```

将该文件复制到当前文件夹路径下,方便读者运行书中实例时调用。

实例——欧拉方法求解初值 1

源文件:yuanwenjian\ch15\qj1.m、ol1.m

本实例求解初值问题 $\begin{cases} y' = y - \dfrac{2x}{y} \\ y(0) = 1 \end{cases}$ $(0 < x < 1)$。

解:MATLAB 程序如下。

(1)将方程建立成一个 M 文件 qj1.m。

```
function f=qj(x,y)
    f=y-2*x/y;                              %创建以 x、y 为自变量的符号表达式 f
```

(2)在命令行窗口中输入以下命令。

```
>> [x,y]=euler(@qj1,0,1,1,0.1)              %调用自定义函数计算微分方程数值解
x =
         0    0.1000    0.2000    0.3000    0.4000    0.5000    0.6000
    0.7000    0.8000    0.9000    1.0000
y =
    1.0000    1.1000    1.1918    1.2774    1.3582    1.4351    1.5090
    1.5803    1.6498    1.7178    1.7848
```

(3)为了验证该方法的精度,求出该方程的解析解为 $y = \sqrt{1+2x}$,在 MATLAB 中求解的结果如下:

```
>> y1=(1+2*x).^0.5
y1 =
    1.0000    1.0954    1.1832    1.2649    1.3416    1.4142    1.4832
    1.5492    1.6125    1.6733    1.7321
```

(4)通过图像来显示精度。

```
>> plot(x,y,x,y1,'--')    %在同一图窗中分别绘制数值解 y 和解析解 y1 的图形
```

运行结果如图 15-2 所示。

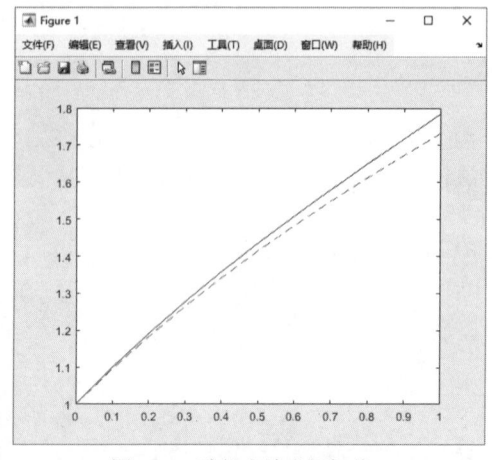

图 15-2 欧拉方法求解初值 1

从图 15-2 可以看出，欧拉方法的精度还不够高。

为了提高精度，人们建立了一个预测-校正系统，也就是改进的欧拉公式，如下所示。

$$y_p = y_n + hf(x_n, y_n)$$
$$y_c = y_n + hf(x_{n+1}, y_n)$$
$$y_{n+1} = \frac{1}{2}(y_p + y_c)$$

利用改进的欧拉公式可以编写 M 文件 adeuler.m。

```
function [x,y]=adeuler(f,x0,y0,xf,h)
n=fix((xf-x0)/h);
x(1)=x0;
y(1)=y0;
for i=1:n
    x(i+1)=x0+h*i;
    yp=y(i)+h*feval(f,x(i),y(i));
    yc=y(i)+h*feval(f,x(i+1),yp);
    y(i+1)=(yp+yc)/2;
end
```

实例——欧拉方法求解初值 2

源文件：yuanwenjian\ch15\qj2.m、ol2.m

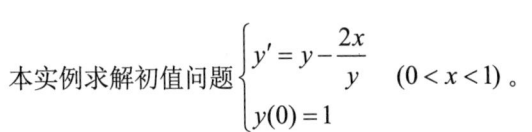

本实例求解初值问题 $\begin{cases} y' = y - \dfrac{2x}{y} \\ y(0) = 1 \end{cases}$ $(0 < x < 1)$。

解：MATLAB 程序如下。

（1）将方程建立成一个 M 文件 qj2.m。

```
function f=qj2(x,y)
f=y-2*x/y;
```

（2）在命令行窗口中输入以下命令。

```
>> [x,y]=adeuler(@qj2,0,1,1,0.1)        %求数值解
x =
         0    0.1000    0.2000    0.3000    0.4000    0.5000    0.6000
    0.7000    0.8000    0.9000    1.0000
y =
    1.0000    1.0959    1.1841    1.2662    1.3434    1.4164    1.4860
    1.5525    1.6165    1.6782    1.7379
>> y1=(1+2*x).^0.5                       %求解析解
y1 =
    1.0000    1.0954    1.1832    1.2649    1.3416    1.4142    1.4832
    1.5492    1.6125    1.6733    1.7321
```

（3）通过图像来显示精度。

```
>> plot(x,y,x,y1,'--')                   %绘制数值解曲线与解析解曲线
```

运行结果如图 15-3 所示。从图 15-3 中可以看到，改进的欧拉方法比欧拉方法要优秀，数值解曲线和解析解曲线基本能够重合。

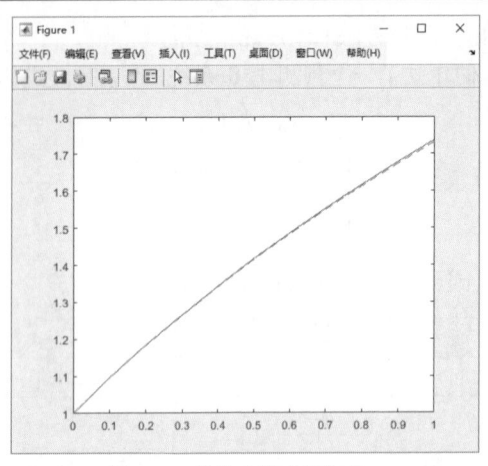

图 15-3　欧拉方法求解初值 2

15.2.2 龙格-库塔方法

龙格-库塔方法是求解常微分方程的经典方法，MATLAB 提供了多个采用该方法的函数命令，见表 15-1。

表 15-1　采用龙格-库塔方法的命令

求解器命令	问题类型	说　　明
ode23	非刚性	2 阶、3 阶 R-K 函数，求解非刚性微分方程的低阶方法
ode45		4 阶、5 阶 R-K 函数，求解非刚性微分方程的中阶方法
ode113		求解更高阶或大的标量计算
ode15s	刚性	采用多步法求解刚性方程，精度较低
ode23s		采用单步法求解刚性方程，速度比较快
ode23t		用于解决难度适中的问题
ode23tb		用于解决难度较大的问题，对于系统中存在常量矩阵的情况很有用
ode15i	完全隐式	用于解决完全隐式问题 $f(t, y, y') = 0$ 和微分指数为 1 的微分代数方程

函数 odeset() 为 ODE 和 PDE 求解器创建或修改 options 结构体，其调用格式见表 15-2。

表 15-2　函数 odeset() 的调用格式

调 用 格 式	说　　明
options = odeset(Name,Value,…)	创建一个参数结构，对指定的参数名进行设置，未设置的参数将使用默认值
options = odeset(oldopts,Name,Value,…)	对已有的参数结构 oldopts 进行修改
options = odeset(oldopts,newopts)	将已有的参数结构 oldopts 完整转换为 newopts
odeset	显示所有参数的可能值与默认值

名称-值对组具体的设置参数见表 15-3。

表 15-3 名称-值对组具体的设置参数

参　数	说　明
RelTol	求解方程允许的相对误差，默认值为 1e-3
AbsTol	求解方程允许的绝对误差，默认值为 1e-6
Refine	与输入点相乘的因子
OutputFcn	一个带有输入函数名的字符串，将在求解函数的每一步被调用：odephas2（二维相位图）、odephas3（三维相位图）、odeplot（解图形）、odeprint（中间结果）
OutputSel	输出函数的分量选择，以对组形式指定应传递的元素，尤其是传递给 OutputFcn 的元素
Stats	求解器统计信息，默认值为 off。若为 on，统计并显示计算过程中的资源消耗
Jacobian	雅可比矩阵，对于刚性 ODE 求解器，提供雅可比矩阵信息对可靠性和效率至关重要
JConstant	若 df/dy 为常量，设置为 on
JPattern	雅可比稀疏模式。对于无法提供整个分析雅可比矩阵的超大型方程组，以逗号分隔的对组形式指定
Vectorized	向量化函数切换，默认值为 off。若要编写 ODE 文件返回[F(t,y1) F(t,y2)…]，设置为 on
Mass	质量矩阵，以逗号分隔的对组形式指定，其中包含 Mass 和一个矩阵或函数句柄
MassSingular	奇异质量矩阵切换，以逗号分隔的对组形式指定
MaxStep	定义算法使用的区间最大步长
MStateDependence	质量矩阵的状态依赖性，取值有 weak（默认）、none、strong
MvPattern	质量矩阵的稀疏模式
InitialStep	定义初始步长，若给定区间太大，算法就使用一个较小的步长
MaxOrder	公式的最大阶次，应为 1~5 的整数，默认值为 5
BDF	将后向差分公式用于 ode15s 的开关，默认值为 off
NormControl	若要根据 norm(e)<=max(Reltol*norm(y),Abstol)来控制误差，设置为 on，默认值为 off
NonNegative	非负解分量。不适用于 ode23s 或 ode15i，对于 ode15s、ode23t 和 ode23tb，不适用于涉及质量矩阵的问题

实例——计算二氧化碳的百分比

源文件：yuanwenjian\ch15\co2.m、lk.m、二氧化碳的百分比.fig

某厂房容积为 45m×15m×6m。经测定，空气中含有 0.2%的二氧化碳。开动通风设备，以 360m^3/s 的速度输入含有 0.05%二氧化碳的新鲜空气，同时又排出同等数量的室内空气。求 30min 后室内含有二氧化碳的百分比。

设在时刻 t 车间内二氧化碳的百分比为 $x(t)$%，时间经过 dt 之后，室内二氧化碳浓度改变量为 45×15×6×dx% = 360×0.05%×dt − 360×x%×dt，得到

$$\begin{cases} dx = \dfrac{4}{45} \times (0.05 - x)dt \\ x(0) = 0.2 \end{cases}$$

解：MATLAB 程序如下。

（1）创建 M 文件 co2.m。

```
function co2=co2(t,x)
co2=4*(0.05-x)/45;
```

（2）在命令行窗口中输入以下命令。

```
>> [t,x]=ode45('co2',[0,1800],0.2)    %求微分方程在[0,1800]上的积分,初始值为0.2
t =
  1.0e+003 *
         0
    0.0008
    0.0015
    0.0023
    0.0030
    0.0054
    ...
    1.7793
    1.7897
    1.8000                              %求值点列向量
x =
    0.2000
    0.1903
    0.1812
    0.1727
    0.1647
    0.1424
    ...
    0.0500
    0.0500
    0.0500                              %解向量
>> plot(t,x)                            %绘制解x在对应求值点t的二维线图
```

可以得到，在30min（即1800s）之后，车间内二氧化碳的浓度为0.05%。二氧化碳的浓度变化如图15-4所示。

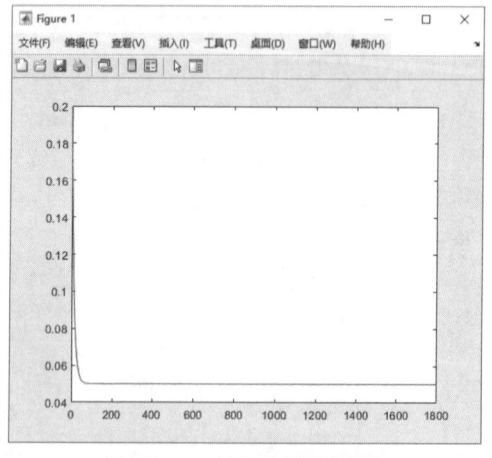

图15-4　二氧化碳的浓度变化

实例——R-K方法求解方程组1

源文件：yuanwenjian\ch15\rkfc1.m、R-K方法求解方程1.fig

本实例利用 R-K 方法对 $\begin{cases} y' = 2t \\ y(0) = 0 \end{cases}$ $(0 < x < 5)$ 方程组进行求解。

解：MATLAB 程序如下。

```
>> tspan = [0 5];                    %积分区间
>> y0 = 0;                           %初始条件
>> [t,y] = ode45(@(t,y) 2*t, tspan, y0)    %计算微分方程在指定积分区间上的积分
t =
     0
    0.1250
    0.2500
    0.3750
    0.5000
    0.6250
    ...
    4.7500
    4.8750
    5.0000
y =
     0
    0.0156
    0.0625
    0.1406
    0.2500
    0.3906
    ...
   22.5625
   23.7656
   25.0000
```

画图观察其计算精度。

```
>> plot(t,y,'-o')   %使用蓝色实线绘制解向量 y 在对应求值点 t 的二维线图，标记为圆圈
```

将方程组的解绘制得到如图 15-5 所示的图形。

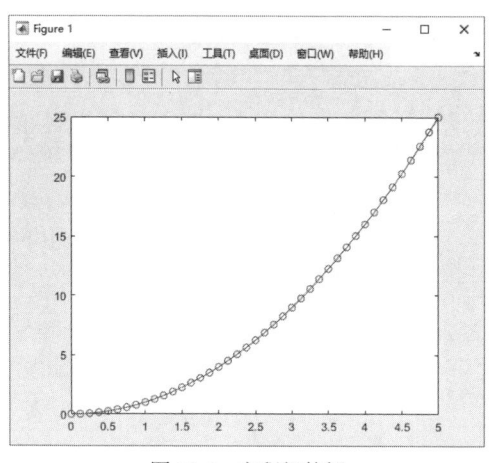

图 15-5　方程组的解

实例——R-K 方法求解范德波尔方程

源文件：yuanwenjian\ch15\rkfdbe.m、vdp1.m

本实例对于范德波尔（Van Der Pol）方程

$$y_1'' - \mu(1-y_1^2)y_1' + y_1 = 0$$

当 $\mu > 0$，将方程转换为 1 阶常微分方程

$$y_1' = y_2$$
$$y_2' = \mu(1-y_1^2)y_2 - y_1$$

解：MATLAB 程序如下。

(1) 创建 M 文件 vdp1.m。

```
function dydt = vdp1(t,y)
dydt = [y(2); (1-y(1)^2)*y(2)-y(1)];
```

(2) 计算数值解。

```
>> [t,y] = ode45(@vdp1,[0 20],[2; 0])    %求方程的数值解，积分区间为[0 20]，
                                          %初值为[2; 0]
t =
     0
     0.0000
     0.0001
     0.0001
     0.0001
     0.0002
     ...
    19.9559
    19.9780
    20.0000
y =
    2.0000         0
    2.0000   -0.0001
    2.0000   -0.0001
    ...
    2.0133    0.1413
    2.0158    0.0892
    2.0172    0.0404
```

(3) 绘制解的图形。

```
>> plot(t,y(:,1),'-o',t,y(:,2),'-o')     %在同一图窗中分别绘制y1和y2的图形
>> title('用 ode45 函数求解范德波尔方程(\mu = 1)');
>> xlabel('时间 t');
>> ylabel('解 y');                        %标注坐标轴
>> legend('y_1','y_2')                    %添加图例
```

运行结果如图 15-6 所示。

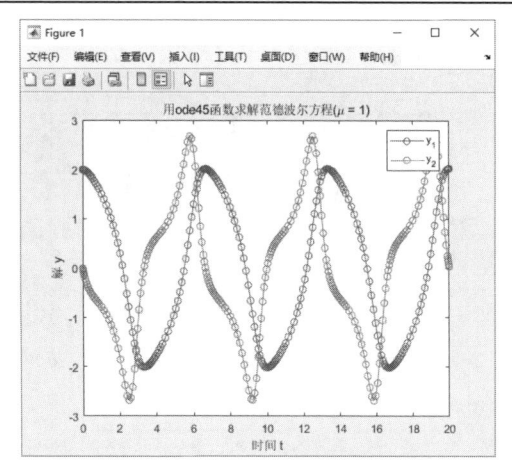

图 15-6　R-K 方法求解范德波尔方法

15.2.3　龙格-库塔方法解刚性问题

在求解常微分方程组时，经常出现解的分量数量级别差别很大的情形，给数值求解带来很大的困难。这种问题称为刚性问题，常见于化学反应、自动控制等领域。下面介绍如何对刚性问题进行求解。

实例——求解松弛振荡方程

源文件：yuanwenjian\ch15\sczdfc.m、vdp1000.m、求解松弛振荡方程.fig

本实例求解方程 $y'' + 1000(y^2 - 1)y' + y = 0$，初值为 $y(0) = 2, y'(0) = 0$。

解：MATLAB 程序如下。

（1）这是一个处在松弛振荡的范德波尔方程。要将该方程进行标准化处理，令 $y_1 = y, y_2 = y'$，有

$$\begin{cases} y_1' = y_2 \\ y_2' = 1000(1 - y_1^2)y_2 - y_1 \end{cases} \quad \begin{matrix} y_1(0) = 2 \\ y_2(0) = 0 \end{matrix}$$

（2）建立该方程组的 M 文件 vdp1000.m。

```
function dy = vdp1000(t,y)
dy = zeros(2,1);
dy(1) = y(2);
dy(2) = 1000*(1 - y(1)^2)*y(2) - y(1);
```

（3）使用函数 ode15s()进行求解。

```
>> [T,Y] = ode15s(@vdp1000,[0 3000],[2 0]);    %积分区间为[0 3000],
                                                %初始条件为[2 0]
>> plot(T,Y(:,1),'-o')                          %绘制解的图形
```

运行结果如图 15-7 所示。

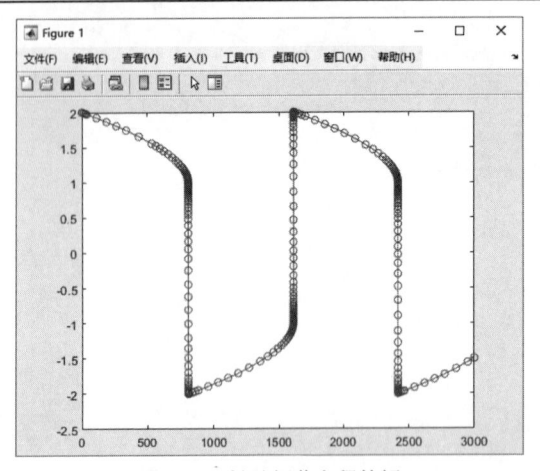

图 15-7　松弛振荡方程的解

15.3　偏微分方程

偏微分方程（Partial Differential Equation，PDE）在 19 世纪得到迅速发展，那时的许多数学家都对数学物理问题的解决做出了贡献。现在，偏微分方程已经是工程及理论研究不可或缺的数学工具（尤其是在物理学中），因此解偏微分方程也成了工程计算中的一部分。本节主要讲述如何利用 MATLAB 来求解一些常用的偏微分方程问题。

15.3.1　偏微分方程简介

为了更加清楚地讲述下面几节，首先简单介绍偏微分方程。MATLAB 可以求解的偏微分方程类型如下。

（1）椭圆型，公式如下：

$$-\nabla \cdot (c\nabla u) + au = f \tag{15-1}$$

式中，$u = u(x, y)$，$(x, y) \in \Omega$，Ω 是平面上的有界区域；c、a、f 是标量复函数形式的系数。

（2）抛物线型，公式如下：

$$d\frac{\partial u}{\partial t} - \nabla \cdot (c\nabla u) + au = f \tag{15-2}$$

式中，$u = u(x, y)$，$(x, y) \in \Omega$，Ω 是平面上的有界区域；c、a、f、d 是标量复函数形式的系数。

（3）双曲线型，公式如下：

$$d\frac{\partial^2 u}{\partial t^2} - \nabla \cdot (c\nabla u) + au = f \tag{15-3}$$

式中，$u = u(x, y)$，$(x, y) \in \Omega$，Ω 是平面上的有界区域；c、a、f、d 是标量复函数形式的系数。

（4）特征值方程，公式如下：

$$-\nabla \cdot (c\nabla u) + au = \lambda du \tag{15-4}$$

式中，$u = u(x, y)$，$(x, y) \in \Omega$，Ω 是平面上的有界区域；λ 是待求特征值；c、a、f、d 是标量复函数形式的系数。

（5）非线性椭圆型，公式如下：

$$-\nabla \cdot (c(u)\nabla u) + a(u)u = f(u) \tag{15-5}$$

式中，$u = u(x, y)$，$(x, y) \in \Omega$，Ω 是平面上的有界区域；c、a、f 是关于 u 的函数。

此外，MATLAB 还可以求解下面形式的偏微分方程组

$$\begin{cases} -\nabla \cdot (c_{11}\nabla u_1) - \nabla \cdot (c_{12}\nabla u_2) + a_{11}u_1 + a_{12}u_2 = f_1 \\ -\nabla \cdot (c_{21}\nabla u_1) - \nabla \cdot (c_{22}\nabla u_2) + a_{21}u_1 + a_{22}u_2 = f_2 \end{cases} \tag{15-6}$$

边界条件是解偏微分方程所不可缺少的，常用的边界条件有以下几种。

（1）狄利克雷（Dirichlet）边界条件：$hu = r$。
（2）诺依曼（Neumann）边界条件：$n \cdot (c\nabla u) + qu = g$。

式中，n 为边界（$\partial \Omega$）外法向单位向量；g、q、h、r 是在边界（$\partial \Omega$）上定义的函数。

在有的偏微分参考书中，狄利克雷边界条件也称为第一类边界条件，诺依曼边界条件也称为第三类边界条件，如果 $q = 0$，则称为第二类边界条件。对于特征值问题仅限于齐次条件：$g = 0$，$r = 0$；对于非线性情况，系数 g、q、h、r 可以与 u 有关；对于抛物线型与双曲线型偏微分方程，系数可以是关于 t 函数。

对于偏微分方程组，狄利克雷边界条件为

$$\begin{cases} h_{11}u_1 + h_{12}u_2 = r_1 \\ h_{21}u_1 + h_{22}u_2 = r_2 \end{cases}$$

诺依曼边界条件为

$$\begin{cases} n \cdot (c_{11}\nabla u_1) + n \cdot (c_{12}\nabla u_2) + q_{11}u_1 + q_{12}u_2 = g_1 \\ n \cdot (c_{21}\nabla u_1) + n \cdot (c_{22}\nabla u_2) + q_{21}u_1 + q_{22}u_2 = g_2 \end{cases}$$

混合边界条件为

$$\begin{cases} n \cdot (c_{11}\nabla u_1) + n \cdot (c_{12}\nabla u_2) + q_{11}u_1 + q_{12}u_2 = g_1 + h_{11}\mu \\ n \cdot (c_{21}\nabla u_1) + n \cdot (c_{22}\nabla u_2) + q_{21}u_1 + q_{22}u_2 = g_2 + h_{21}\mu \end{cases}$$

式中，μ 的计算要满足狄利克雷条件。

15.3.2 区域设置及网格化

在利用 MATLAB 求解偏微分方程时，可以利用 M 文件来创建偏微分方程定义的区域，如果该 M 文件名为 pdegeom，则它的编写要满足下面的法则。

（1）该 M 文件必须能用以下 3 种调用格式。
➢ ne=pdegeom。
➢ d=pdegeom(bs)。
➢ [x,y]=pdegeom(bs,s)。

（2）输入变量 bs 是指定的边界线段，s 是相应线段弧长的近似值。
（3）输出变量 ne 表示几何区域边界的线段数。
（4）输出变量 d 是一个区域边界数据的矩阵。
（5）d 的第 1 行是每条线段起始点的值。第 2 行是每条线段结束点的值。第 3 行是沿线段方向左边区域的标识值，如果标识值为 1，则表示选定左边区域；如果标识值为 0，则表示不选定左边区域。第 4 行是沿线段方向右边区域的值，其规则同上。
（6）输出变量[x,y]是每条线段的起点和终点所对应的坐标。

实例——绘制心形线区域

源文件：yuanwenjian\ch15\xxx.m、cardg.m

本实例编写一个绘制心形线所围区域的 M 文件，心形线的函数表达式为

$$r = 2(1+\cos\phi)$$

解：MATLAB 程序如下。

将这条心形线分为 4 段：第 1 段的起点为 $\phi = 0$，终点为 $\phi = \pi/2$；第 2 段的起点为 $\phi = \pi/2$，终点为 $\phi = \pi$；第 3 段的起点为 $\phi = \pi$，终点为 $\phi = 3\pi/2$；第 4 段的起点为 $\phi = 3\pi/2$，终点为 $\phi = 2\pi$。

下面是完整的 M 文件 cardg.m。

```
function [x,y]=cardg(bs,s)
%此函数用于编写心形线所围成的区域
nbs=4;
if nargin==0                             %如果没有输入参数
  x=nbs;
  return
end
dl=[ 0        pi/2    pi       3*pi/2
     pi/2     pi      3*pi/2   2*pi
     1        1       1        1
     0        0       0        0 ];

if nargin==1                             %如果只有一个输入参数
  x=dl(:,bs);
  return
end

x=zeros(size(s));
y=zeros(size(s));
[m,n]=size(bs);
if m==1 & n==1,
  bs=bs*ones(size(s));                   %扩展bs
elseif m~=size(s,1) | n~=size(s,2),
  error('bs 必须是标量或其数组大小与 s 相同');
end

nth=400;
th=linspace(0,2*pi,nth);
r=2*(1+cos(th));
xt=r.*cos(th);
yt=r.*sin(th);
th=pdearcl(th,[xt;yt],s,0,2*pi);
r=2*(1+cos(th));
x(:)=r.*cos(th);
y(:)=r.*sin(th);
```

为了验证 M 文件的正确性，可在 MATLAB 的命令行窗口中输入以下命令。

```
>> nd=cardg              %调用自定义函数的第一种格式,返回几何区域边界的线段数
nd =
     4
>> d=cardg([1 2 3 4])    %调用自定义函数的第二种格式,返回边界线段围成的区域的
                         %边界数据矩阵
d =
         0    1.5708    3.1416    4.7124
    1.5708    3.1416    4.7124    6.2832
    1.0000    1.0000    1.0000    1.0000
         0         0         0         0
>> [x,y]=cardg([1 2 3 4],[2 1 1 2])  %调用自定义函数的第三种格式,返回每
                                     %条边界线段的起点坐标和终点坐标
x =
    0.4506    2.8663    2.8663    0.4506
y =
    2.3358    2.1694    2.1694    2.3358
```

有了区域的 M 文件,接下来要做的就是网格化,创建网格数据。这可以通过 generateMesh 命令来实现,其调用格式见表 15-4。

表 15-4　generateMesh 命令的调用格式

调用格式	说明
generateMesh(model)	创建网格并将其存储在模型对象中,模型必须包含几何图形。其中 model 可以是一个分解几何矩阵,还可以是 M 文件
generateMesh(model,Name,Value)	在上面调用格式的基础上加上属性设置,表 15-5 给出了常用属性名及相应的属性值
mesh = generateMesh(…)	使用前面的任何语法将网格返回到 MATLAB 工作区

表 15-5　generateMesh 常用属性名及属性值

属性名	属性值	默认值	说明
GeometricOrder	quadratic|linear	quadratic	几何秩序
Hmax	正实数	估计值	边界的最大尺寸
Hgrad	数值[1,2]	1.5	网格增长比率
Hmin	非负实数	估计值	边界的最小尺寸

在得到网格数据后,可以利用 pdemesh 命令来绘制 PDE 网格图,其调用格式见表 15-6。

表 15-6　pdemesh 命令的调用格式

调用格式	说明
pdemesh(model)	绘制包含在 PDEModel 类型的二维或三维模型对象中的网格
pdemesh(mesh)	绘制定义为 PDEModel 类型的二维或三维模型对象的网格属性的网格
pdemesh(nodes,elements)	绘制由节点和元素定义的网格
pdemesh(model,u)	用网格图绘制模型或三角形数据 u,仅适用于二维几何图形
pdemesh (…,Name,Value)	通过参数来绘制网格
pdemesh(p,e,t)	绘制由网格数据 p、e、t 指定的网格图

续表

调用格式	说 明
pdemesh(p,e,t,u)	用网格图绘制节点或三角形数据 u。若 u 是列向量,则组装节点数据;若 u 是行向量,则组装三角形数据
h= pdemesh(...)	绘制网格数据,并返回一个轴对象句柄

实例——心形线网格区域

源文件:yuanwenjian\ch15\xxxwg.m、心形线网格.fig

本实例对于心形线所围区域,观察修改边界尺寸、几何秩序和增长率后与原网格的区别。

解:MATLAB 程序如下。

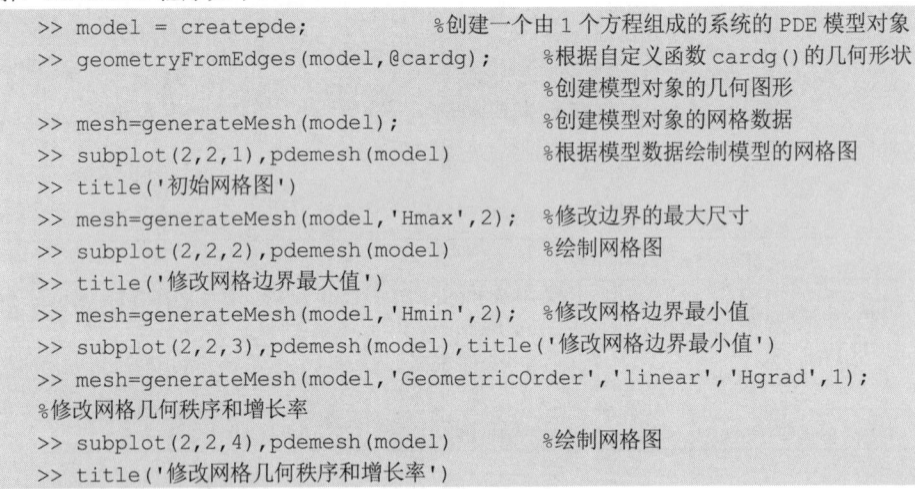

```
>> model = createpde;              %创建一个由1个方程组成的系统的PDE模型对象
>> geometryFromEdges(model,@cardg);    %根据自定义函数cardg()的几何形状
                                       %创建模型对象的几何图形
>> mesh=generateMesh(model);        %创建模型对象的网格数据
>> subplot(2,2,1),pdemesh(model)    %根据模型数据绘制模型的网格图
>> title('初始网格图')
>> mesh=generateMesh(model,'Hmax',2);  %修改边界的最大尺寸
>> subplot(2,2,2),pdemesh(model)    %绘制网格图
>> title('修改网格边界最大值')
>> mesh=generateMesh(model,'Hmin',2);  %修改网格边界最小值
>> subplot(2,2,3),pdemesh(model),title('修改网格边界最小值')
>> mesh=generateMesh(model,'GeometricOrder','linear','Hgrad',1);
%修改网格几何秩序和增长率
>> subplot(2,2,4),pdemesh(model)    %绘制网格图
>> title('修改网格几何秩序和增长率')
```

运行结果如图 15-8 所示。

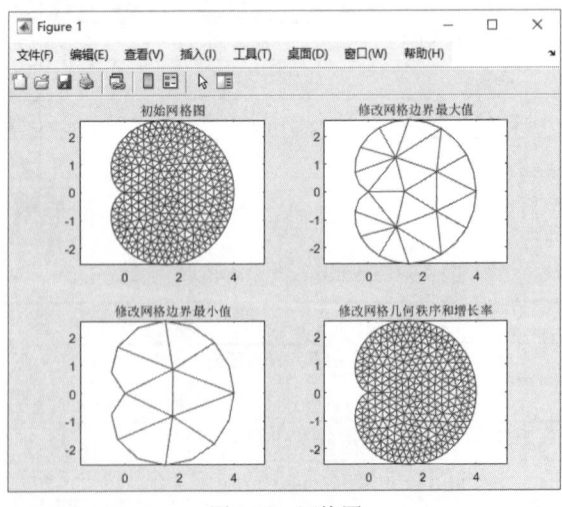

图 15-8 网格图

15.3.3 边界条件设置

15.3.2 小节讲解了区域的 M 文件编写及网格化,下面讲解边界条件的设置。边界条件的一般形式为

$$hu = r$$
$$n \cdot (c \otimes \nabla u) + qu = g + h'\mu$$

式中,符号 $n \cdot (c \otimes \nabla u)$ 表示 $N \times 1$ 矩阵,其第 i 行元素为

$$\sum_{j=1}^{n}\left(\cos\alpha c_{i,j,1,1}\frac{\partial}{\partial x} + \cos\alpha c_{i,j,1,2}\frac{\partial}{\partial y} + \sin\alpha c_{i,j,2,1}\frac{\partial}{\partial x} + \sin\alpha c_{i,j,2,2}\frac{\partial}{\partial y}\right)u_j$$

式中, $n = (\cos\alpha, \sin\alpha)$ 是外法线方向。有 M 个狄利克雷条件,且矩阵 h 是 $M \times N$ 型($M \geq 0$)。广义的诺依曼条件包含一个要计算的拉格朗日乘子 μ。若 $M = 0$,即为诺依曼条件;若 $M = N$,即为狄利克雷条件;若 $M < N$,即为混合边界条件。

边界条件也可以通过 M 文件的编写来实现,如果边界条件的 M 文件名为 pdebound,那么它的编写必须满足的调用格式为

```
[q,g,h,r]=pdebound(p,e,u,time)
```

该边界条件的 M 文件在边界 e 上算出 q、g、h、r 的值,其中,p、e 是网格数据,且仅需要 e 是网格边界的子集;输入变量 u 和 time 分别用于非线性求解器和时间步长算法;输出变量 q、g 必须包含每个边界中点的值,即 size(q)=[N^2 ne](N 是方程组的维数,ne 是 e 中边界数,size(h)=[N ne]);对于狄利克雷条件,相应的值一定为 0;h 和 r 必须包含在每条边上的第 1 点的值,接着是在每条边上第 2 点的值,即 size(h)=[N^2 2*ne](N 是方程组的维数,ne 是 e 中边界数,size(r)=[N 2*ne],当 $M<N$ 时,h 和 r 一定有 $N-M$ 行元素是 0。

下面是 MATLAB 的偏微分方程工具箱中自带的一个区域为单位正方形,其左右边界为 u=0、上下边界 u 的法向导数为 0 的 M 文件 squareb3.m。

```
function [q,g,h,r]=squareb3(p,e,u,time)
%函数 squareb3()用于输入边界条件数据
bl=[
1  1  1  1
0  1  0  1
1  1  1  1
1  1  1  1
48 1  48 1
48 1  48 1
48 48 42 48
48 48 120 48
49 49 49 49
48 48 48 48
];
if any(size(u))
```

```
  [q,g,h,r]=pdeexpd(p,e,u,time,bl);
else
  [q,g,h,r]=pdeexpd(p,e,time,bl);
end
```

该 M 文件中的函数 pdeexpd()为一个估计表达式在边界上值的函数。

15.3.4 PDE 求解

对于椭圆型偏微分方程或相应方程组，可以利用 solvepde 命令进行求解，solvepde 命令的调用格式见表 15-7。求解双曲线型和抛物线型偏微分方程或相应方程组，也可以利用 solvepde 命令进行求解。

表 15-7 solvepde 命令的调用格式

调 用 格 式	说　　明
result = solvepde(model)	返回模型表达的稳态偏微分方程的解
result = solvepde(model,tlist)	返回模型表达的时间相关的偏微分方程的解。tlist 必须是单调递增或递减的向量

实例——求解拉普拉斯方程

源文件：yuanwenjian\ch15\lplsfc.m、用 solvepde 命令进行求解.fig

本实例利用 solvepde 命令求解扇形区域上的拉普拉斯方程，其在弧上满足狄利克雷条件 $u = \cos\dfrac{2}{3}a\tan 2(y,x)$，在直线上满足 $u = 0$。

解：MATLAB 程序如下。

```
>> model = createpde();
>> geometryFromEdges(model,@cirsg);    %区域函数 cirsg()是 MATLAB 偏微分
                                       %方程工具箱自带的
>> specifyCoefficients(model,'m',0,'d',0,'c',0,'a',1,'f',0);    %方程系数
>> rfun=@(location,state) cos(2/3*atan2(location.y,location.x));
%初始条件
>> applyBoundaryCondition(model,'dirichlet','Edge',...
1:model.Geometry.NumEdges,'r',rfun,'h',1);
%在所有边缘设置狄利克雷条件
>> generateMesh(model,'Hmax',0.25);    %设置最大边界尺寸,生成模型网格
>> results=solvepde(model);            %求解模型对应的偏微分方程
>> u=results.NodalSolution;            %返回节点处的解
>> pdeplot(model,'XYData',u,'ZData',u(:,1))    %绘制解的三维表面图
>> hold on                             %保留当前图窗中的绘图
>> pdemesh(model,u)                    %绘制解的三维网格图
>> title('解的网格表面图')
```

运行结果如图 15-9 所示。

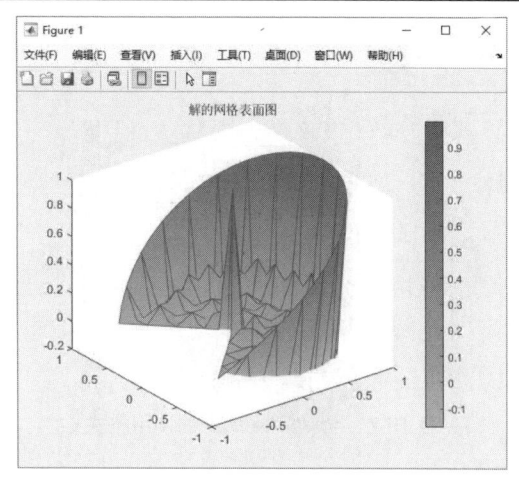

图 15-9 解的网格表面图

实例——求解热传导方程

源文件：yuanwenjian\ch15\rcd.m、求解热传导方程.fig

本实例在几何区域 $-1 \leqslant x$, $y \leqslant 1$ 上，当 $x^2 + y^2 < 0.4$ 时，$u(0) = 1$；在其他区域上，$u(0) = 0$ 且满足狄利克雷边界条件 $u = 0$，求在时刻 $0, 0.005, 0.01, \cdots, 0.1$ 处热传导方程 $\dfrac{\partial u}{\partial t} = \Delta u$ 的解。

解：MATLAB 程序如下。

```
>> clear
>> model = createpde();                    %创建 PDE 模型对象
>> geometryFromEdges(model,@squareg);      %偏微分方程工具箱中自带的正方形区域
>> applyBoundaryCondition(model,'dirichlet','Face',
1:model.Geometry.NumFaces, 'u',1);         %在所有面应用狄利克雷边界条件
>> specifyCoefficients(model,'m',0, 'd',1,'c',1,'a',0,'f',0);
%方程系数
>> u0=@(location) location.x.^2+location.y.^2<0.4;  %定义初始条件
>> setInitialConditions(model,u0);         %设置初始条件
>> generateMesh(model,'Hmax',0.25);        %生成网格
>> tlist = linspace(0,0.1,20);             %时间列表
>> results = solvepde(model,tlist);        %求解带时序的偏微分方程
>> u=results.NodalSolution;                %返回节点处的解
>> pdeplot(model,'XYData',u,'ZData',u(:,1))  %绘制解的三维表面图
>> hold on                                 %保留当前图窗中的绘图
>> pdemesh(model,u)                        %绘制解的三维网格图
>> title('解的网格表面图')
```

运行结果如图 15-10 所示。

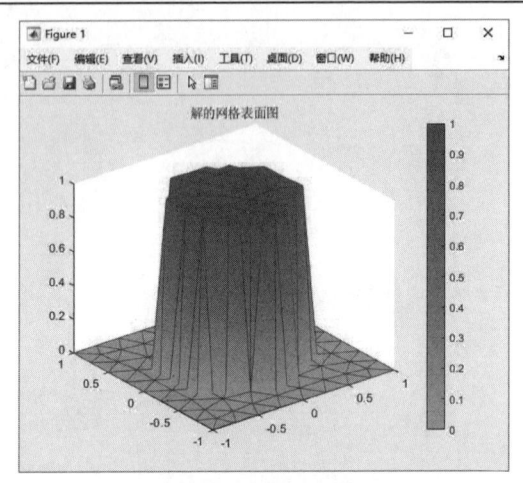

图 15-10 解的网格表面图

> **注意：**
> 在边界条件的表达式和偏微分方程的系数中，符号 t 用于表示时间；变量 t 通常用于存储网格的三角矩阵。事实上，可以用任何变量来存储三角矩阵，但在偏微分方程工具箱的表达式中，t 总是表示时间。

实例——求解波动方程

源文件：yuanwenjian\ch15\bdfc.m、求解波动方程.fig

本实例已知在正方形区域 $-1 \leq x, y \leq 1$ 上的波动方程

$$\frac{\partial^2 u}{\partial t^2} = \Delta u$$

边界条件为当 $x = \pm 1$ 时，$u = 0$；当 $y = \pm 1$ 时，$\frac{\partial u}{\partial n} = 0$。

初始条件为 $u(0) = \cos\frac{\pi}{2}x$，$\frac{\mathrm{d}u(0)}{\mathrm{d}t} = 3\sin\pi x e^{\cos\pi y}$。

求该方程在时间 $t = 0, 1/6, 1/3, \cdots, 29/6, 5$ 时的值。

解：MATLAB 程序如下。

```
>> model = createpde();                    %创建 PDE 模型对象
>> geometryFromEdges(model,@squareg);      %偏微分方程工具箱中自带的正方形区域
>> applyBoundaryCondition(model,'dirichlet','Face',...
         1:model.Geometry.NumFaces,'u',@squareg);
                                           %在所有面应用狄利克雷边界条件
>> specifyCoefficients(model,'m',1,'d',0,'c',1,'a',0,'f',0); %方程系数
>> u0=@(location) cos(pi/2.*location.x);
>> ut0=@(location) 3*sin(pi.*location.x.*exp(cos(pi.*location.y)));
                                           %定义初始条件
>> setInitialConditions(model,u0,ut0);     %设置初始条件
```

```
>> generateMesh(model,'Hmax',0.15);         %设置边界尺寸最大值,生成模型网格
>> tlist = linspace(0,1/6,5);               %时间列表
>> results = solvepde(model,tlist);         %求解带时序的偏微分方程
>> u=results.NodalSolution;                 %返回节点处的解
>> pdeplot(model,'XYData',u,'ZData',u(:,1)) %绘制解的三维表面图
>> hold on                                  %保留当前图窗中的绘图
>> pdemesh(model,u)                         %绘制解的三维网格图
>> title('解的网格表面图')
```

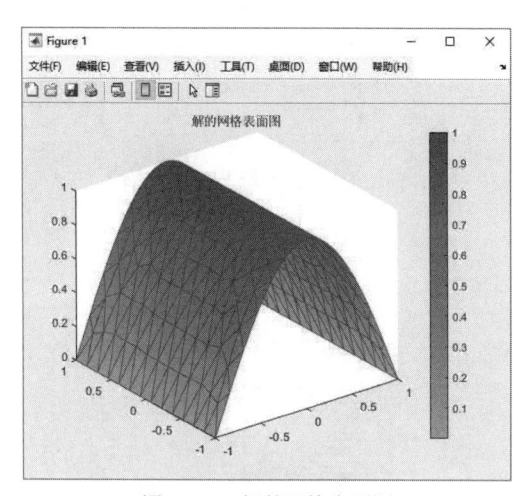

运行结果如图 15-11 所示。

图 15-11　解的网格表面图

15.3.5　解特征值方程

对于特征值偏微分方程或相应方程组,可以利用 solvepdeeig 命令求解,其调用格式见表 15-8。

表 15-8　solvepdeeig 命令的调用格式

调　用　格　式	说　　　明
result = solvepdeeig (model,evr)	解决模型中的 PDE 特征值问题,evr 表示特征值范围

实例——计算特征值及特征模态

源文件：yuanwenjian\ch15\tzzmt.m、第一特征模态图.fig、第十六特征模态图.fig

本实例在 L 形区域上计算 $-\Delta u = \lambda u$ 小于 100 的特征值及其对应的特征模态,并显示第 1 个和第 16 个特征模态。

解：MATLAB 程序如下。

```
>> clear
>> model = createpde();                       %创建 PDE 模型对象
>> geometryFromEdges(model,@lshapeg);
%创建模型,其中 lshapeg 为 MATLAB 偏微分方程工具箱中自带的 L 形区域文件
>> Mesh=generateMesh(model);                  %生成模型的网格
```

```
>> pdegplot(model,'FaceLabels','on','FaceAlpha',0.5)
%绘制模型，显示面名称，透明度为0.5
>> applyBoundaryCondition(model,'dirichlet','Edge',...
         1:model.Geometry.NumEdges,'u',0);     %在所有边添加边界条件
>> specifyCoefficients(model,'m',0,'d',1, 'c',1,'a',1,'f',0);
%指定方程系数
>> evr = [-Inf,100];                            %指定区间
>> generateMesh(model,'Hmax',0.25);             %创建网格
>> results = solvepdeeig(model,evr)             %在区间范围内求解特征值
>> results
results = 
  EigenResults - 属性:
    Eigenvectors: [273×16 double]
     Eigenvalues: [16×1 double]
            Mesh: [1×1 FEMesh]
>> V = results.Eigenvectors;                    %特征值向量
>> pdeplot(model,'XYData',V,'ZData',V(:,1));    %绘制第1个特征模态图
>> title('第1个特征模态图')
```

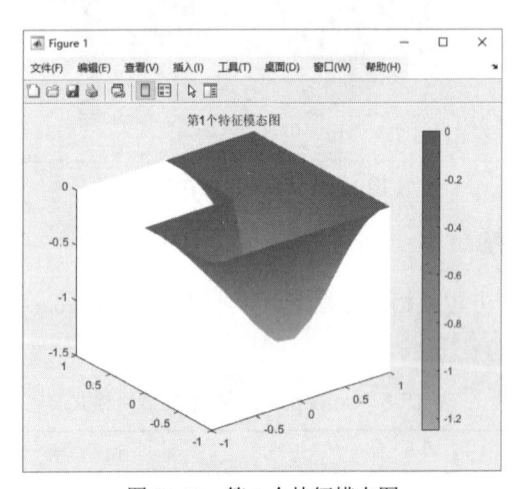

运行结果如图 15-12 所示。

图 15-12　第 1 个特征模态图

```
>> figure                                       %新建一个图窗
>> pdeplot(model,'XYData',V,'ZData',V(:,16));   %绘制第16个特征模态图
>> title('第16个特征模态图')
```

运行结果如图 15-13 所示。

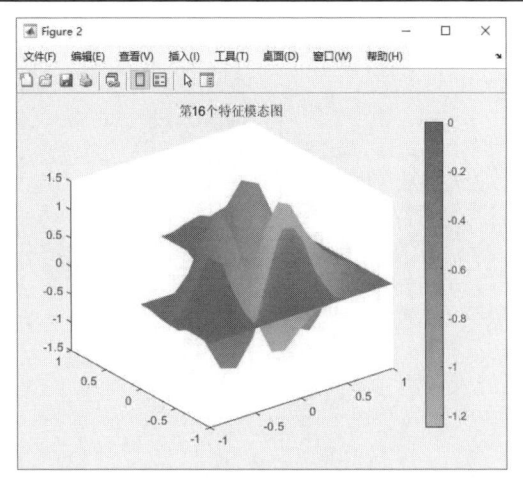

图 15-13　第 16 个特征模态图

15.4　课　后　习　题

1. 微分方程的通解是指（　　）。
   A. 满足所有初始条件的解　　　　　　B. 不包含任意常数的解
   C. 包含一个或多个任意常数的解　　　D. 特定条件下的唯一解
2. 边值问题通常是指（　　）。
   A. 已知初始条件的问题　　　　　　　B. 已知边界条件的问题
   C. 已知中间条件的问题　　　　　　　D. 已知最终条件的问题
3. 欧拉方法是一种用于求解（　　）问题的数值方法。
   A. 线性代数　　　B. 偏微分方程　　　C. 常微分方程　　　D. 静态平衡
4. 龙格-库塔方法相比欧拉方法的优势是（　　）。
   A. 更简单易用　　B. 更高的精度　　　C. 更快的计算速度　D. 更少的迭代次数
5. 偏微分方程通常用于描述（　　）。
   A. 静态系统的行为　B. 动态系统的行为　C. 线性系统的响应　D. 非线性系统的稳态
6. 在偏微分方程中，边界条件通常用于（　　）。
   A. 确定初始状态　　　　　　　　　　B. 限制解的范围
   C. 提供额外的方程以求解未知数　　　D. 确保解的唯一性
7. 求解微分方程 $y = Ce^x$ 的通解，其中 C 是任意常数。